航空摄影测量技术
与无人机移动测量研究

胡志强 潘 发 袁 金 主编

U0201144

文化发展出版社

Cultural Development Press

图书在版编目（CIP）数据

航空摄影测量技术与无人机移动测量研究 / 胡志强，潘发，袁金主编 . —北京：文化发展出版社有限公司，2019. 6

ISBN 978-7-5142-2592-1

Ⅰ．①航…　Ⅱ．①胡…　②潘…　③袁…　Ⅲ．①无人驾驶飞机－航空摄影测量－研究　Ⅳ．① P231

中国版本图书馆 CIP 数据核字（2019）第 053173 号

航空摄影测量技术与无人机移动测量研究

主　　编：胡志强　潘　发　袁　金

责任编辑：张　琪　　　　　　责任校对：岳智勇
责任印制：邓辉明　　　　　　责任设计：侯　铮
出版发行：文化发展出版社有限公司（北京市翠微路 2 号　邮编：100036）
网　　址：www.wenhuafazhan.com　www.printhome.com　　www.keyin.cn
经　　销：各地新华书店
印　　刷：阳谷毕升印务有限公司

开　　本：787mm×1092mm　1/16
字　　数：368 千字
印　　张：19.875
印　　次：2019 年 9 月第 1 版　2021 年 2 月第 2 次印刷
定　　价：52.00 元
Ｉ Ｓ Ｂ Ｎ：978-7-5142-2592-1

◆　如发现任何质量问题请与我社发行部联系。发行部电话：010-88275710

编委会

作　者	署名位置	工作单位
胡志强	第一主编	吉林省地矿测绘院
潘　发	第二主编	青海省地矿测绘院 / 青海省高原测绘地理信息新技术重点实验室
袁　金	第三主编	河北省第一测绘院
王　强	副主编	银川市勘察测绘院
段昊强	副主编	内蒙古鲁电蒙源电力工程有限公司
王津申	副主编	北京航空航天大学
周　逵	副主编	深圳市水务规划设计院股份有限公司
钟江林	编　委	广西壮族自治区地理国情监测院
郜现广	编　委	中国铁路济南局集团有限公司设计所
张忠浩	编　委	中国铁路济南局集团有限公司设计所

前言 preface

　　航空摄影测量是指从空中由飞机、卫星等航空器拍摄获得的像片。为使取得的航空像片能用于航空测量——在专门的仪器上建立立体模型进行量测，摄影时飞机应按设计的航线往返平行飞行进行拍摄，以取得具有一定重叠度的航空像片。然后，再利用摄影测量学原理及立体测图仪，将像片组成立体模型，以从事各种地图测绘及地物判读工作。航空摄影测量是量测地物空间关系，如坐标、高程、距离等，最后可得地形图、平面图、影像图及三维地面模型。航空摄影测量一直是我国基本地图成图的主要方式，由于其制图速度快，精度高且均匀，是我们今后数字制图的一个重要发展方向。随着数字地球在中国的广泛认同，数字城市建设正如火如荼。航空数字测量不仅为数字城市建设提供基础城市空间数据，还广泛应用于国土资源调查、土地利用、城市规划、道路交通、港口选址及房地产等方面。按摄影机物镜主光轴相对于地表的垂直度，又可分为近似垂直航空摄影和倾斜航空摄影。近似垂直航空摄影主要用于摄影测量目的。倾斜航空摄影主要用于科学考察和军事侦察。

　　从大到一个城市、一个国家，小到一个工程项目都离不开测绘，而航空摄影测量又扮演着极为重要的角色。我国的1∶1万、1∶2万5、1∶5万等小比例尺的地形图都是利用航空摄影测量来完成的，为我国大型基础建设提供及时准确的基础资料，如高速公路、铁路选线、水库建设等一大批国家基础任务节约大量资金，缩短建设周期。随着科学技术的不断发展，目前航空摄影测量已能满足1∶500等大比例尺地形图的精度要求。其主要产品有：数字高程模型、数字线划地图、数字正射影像图、数字栅格地图。在4D产品以外还有其他产品如数字表面模型DSM等。航空摄影测量还是地理信息系统GIS的主要数来源。

　　简而言之，无人机技术就是无人机遥感技术，是一种无人驾驶的飞行器，该飞行器融合了通信技术、遥感技术以及全球定位技术。无人机技术使用于地理信息测绘，能实现智能化、自动化以及专业化要求。当前，我国国土局资源测绘广泛使用该技术。无人机技术功能强大，可以实现即时更新、修改以及升级，为获取地理信息奠定基础。无人机的结构，主要由导航、无人机平台、定位系统以及数据处理平台四个部分组成。可以将无人机看成是全球定位系统、计算机技术以及通讯技术融为一体的机器。无人机技术有以下几个优势：数据资料更新很快。无人机选择的是低空飞行模式，空间领域限制比较小，只要天气合适就可以注册飞行，这及时的保障数据更新。无人机数据分析效率非常高。在无人机上携带着高分辨率的传感器，获取数据之后，主动根据比例尺测图要求，进行数据分析，这是传统测绘技术难以实现的。

为了满足广大航空摄影测量技术人员和无人机移动测量研究及工作人员的实际要求，作者翻阅大量航空摄影测量技术人员和无人机移动测量的相关文献、并结合自己多年的实践经验编写了此书。

由于编写时间和水平有限，尽管编者尽心尽力，反复推敲核实，但难免有疏漏及不妥之处，恳请广大读者批评指正，以便做进一步的修改和完善。

《航空摄影测量技术与无人机移动测量研究》编委会

目录 content

第一章　航空摄影测量基础知识研究

第一节　摄影测量概述

在普通测量学中，我们已经知道用常规的地形测量方法可以测绘地形图，但这并非是测绘地形图的唯一方法。在 19 世纪 50 年代摄影技术的基础上发展起来的摄影测量学同样能够用以测绘地形图。摄影测量学有着悠久的历史，传统的摄影测量学是利用光学摄影机对所研究的对象进行摄影，根据所获得的像片信息来研究、确定被摄物体的形状、大小和空间位置的一门学科和技术。它包含的内容有：获取被摄物体的影像，研究单张和多张像片影像的处理方法，包括理论、设备和技术方法，以及将所处理和量测得到的结果以图解或数字形式输出的方法和设备。

摄影测量学的主要特点是在像片上进行量测与解译，无须接触被摄物体本身，因而很少受到自然和地理条件的限制，而且可以得到瞬间的动态物体影像。摄影测量的分类方法有许多种，若按摄影机与被摄物体距离的远近可分为航天摄影测量、航空摄影测量、地面摄影测量、近景摄影测量和显微摄影测量等分支，若按应用的对象不同又可分为地形摄影测量和非地形摄影测量。地形摄影测量的主要任务是测绘各种比例尺的地形图，工程勘察设计和城镇、农业、林业、交通等各部门的规划与资源调查用图，建立相应的数据库；而非地形摄影测量则用于解决资源调查、变形观测、环境监测、军事侦察、弹道轨道及工业、建筑、考古、生物医学等各方面的科学问题。

随着时代的进步和科技的发展，如今摄影测量无论是在信息的获取、处理，还是在成果的表达方面都发生了革命性的变化，摄影测量所处理的信息不再局限于单一的框幅式航摄仪硬拷贝光学影像加普通测量仪器的观测数据，CCD（电荷耦合器件）固态数字摄影机影像、合成孔径雷达影像、卫星传感器多光谱多时相遥感影像、GPS 定位数据也应有尽有。为了快捷地处理并充分利用这些信息，发展基于计算机的全数字摄影测量信息处理系统，提供可满足各行各业需要的多样化产品的产业结构已势在必行。如今的摄影测量学科已远远超出了传统测量与制图的狭窄范围，不再局限于测绘物体形状与大小等数据的几何处理。为此，国际摄影测量与遥感学会（ISPRS）于1988年在日本京都召开的第十六届大会对摄影测量与遥感作出新的定义：摄影测量与遥感是从非接触传感器系统获得影像，通过记录、量测、分析与数字表达等处理，获取地球及其环境和其他物体可靠信息的工艺、科学和技术。简言之，它是影像信息的获取、处理和成果表达的一门信息学科。

摄影测量学从其发展过程来看，可划分为三个阶段：模拟摄影测量、解析摄影测量和数字摄影测量。模拟摄影测量是在室内借助于立体测图仪模拟摄影过程，恢复摄影时像片的内外方位元素，建立与实地相似的立体几何模型，然后在该模型上进行量测。该方法主要依赖于摄影测量内业测量设备，研究的重点放在仪器的研制上，仪器价格十分昂贵。随着计算机的问世，人们用严格计算的方法解求像点在物方空间的坐标成为可能，解决了长期困扰摄影测量工作者的复杂的几何解算和大量的数值计算问题，实现了"用数字投影代替物理投影"。所谓"物理投影"，就是指"光学的、机械的或光学－机械的"模拟投影。"数字投影"就是利用电子计算机实时地进行共线方程的解算，从而交会被摄物体的空间位置。该阶段的主要仪器设备是解析测图仪，但仪器价格依然很昂贵。

解析摄影测量的进一步发展是数字摄影测量。数字摄影测量就是利用所获取的数字影像，在计算机上进行各种数值、图形和影像处理，研究目标的几何和物理特性，从而获得各种形式的数字产品（如数字地图、DEM、DOM及测量数据库等）和可视化产品（如地形图、专题图、纵横断面图、透视图、电子地图、正射影像图等）。

目前，在摄影测量中，航空摄影测量采用的最为普遍，航空摄影测量是摄影测量的重要组成部分。航空摄影测量的主要任务就是利用各种影像信息测制各种比例尺、不同类型的地形图，建立地形数据库，为各种地理信息系统（GIS）和土地信息系统（LIS）提供最原始的基础数据。因此，摄影测量学在理论、方法和仪器设备方面的发展都受到地形测量、地图制图、数字测图、测量数据库和地理信息系统的影响。摄影测量学作为影像信息获取、处理、加工和表达的一门学科，又受到影像传感器技术、航空航天技术、计算机技术的影响，并随着这些技术的发展而发展。

利用航空摄影测量的方法测制地形图，与常规的利用地形测量的方法测制地形图相比，不仅速度快，成本低，机械化、电子化程度高，图面精度有保证，而且减少了野外工作量并改善了作业条件。因此，航空摄影测量是我国测制国家基本比例尺地形图的主要方法，也是测制大比例尺地形图、地籍图的重要方法。鉴于航空摄影测量在国民经济建设的诸多部门及军事国防等方面所发挥的重要作用，对非航测专业的学生来说，学习掌握一定的航空摄影测量的基本知识和技能具有不可小视的意义。

第二节　影像信息科学的形成

摄影测量学的发展历史就是遥感发展的历史，而遥感技术则是传统摄影测量发展的必然趋势。摄影测量与遥感有机地结合起来，已成为 GIS 技术中的数据采集与更新的重要手段；反过来，GIS 则是摄影测量与遥感数据存储、管理、表达和应用的重要平台。摄影测量、遥感与 GIS 三者之间的结合，促进了一门信息科学分支——影像信息科学的形成。

数字测图、全数字化摄影测量和遥感图像处理技术的发展需要有一个数据库或空间信息系统来存储、管理这个数字数据，并与其他非图形的专题信息相结合，进行分析、决策，以回答用户的有关问题。由于地理信息系统（GIS）和土地信息系统（LIS）都与物体的空间位置和分布有关，都属于空间信息系统的某种特定形式，这就是摄影测量和遥感技术必然与地理信息系统相结合的原因。影像信息科学是一门记录、存储、传输、量测、处理、解译、分析和显示由非接触传感器影像获得的目标及环境信息的科学、技术和经济实体。应当说，影像信息科学是由摄影测量学、遥感、地理信息系统、计算机图形学、数字图像处理、计算机视觉、专家系统、航天科学和传感器技术等相结合的一个边缘学科。它提供了基于影像认识世界和改造世界的一条途径，因而具有无限的生命力。

可以看到，影像信息获取、处理、加工和结果表达的整个过程是有机联系的，它既包含了模拟法、解析法和数字摄影测量，又包含了遥感与信息系统。图中用 * 号表示的是与影像信息科学密切相关的专业课程和专业基础课程。

一、航空摄影

航空摄影是指在专用飞机上安装航空摄影机，通过对地面的连续摄影，以获取所摄地区的原始航摄资料或信息。它主要为航测提供基本的测图资料——航摄像片（或影像信息）及一些摄影数据等。

二、航测外业

航测外业主要包括像片控制测量和像片调绘两大项内容。它是为了保证航测内业加密或测图的需要在野外实地进行的航测工作。此外，航测外业还包括像片图测图，具体内容见表 1-1。

表 1-1　航测外业的主要内容

项目	内容
像片调绘	像片调绘是指利用航摄像片所提供的影像特征，对照实地进行识别、调查和做必要的注记，并按照规定的综合取舍原则和图式符号表示在航摄像片上的工作
像片图测图	航测外业中的像片图测图主要是指固定比例尺像片图测图，它是以航摄像片为基础，经像片纠正制作成具有与测图比例尺相等的像片平面图，根据像片图的影像确定地物、地貌点的平面位置，并在像片平面图上用普通地形测量的方法实地测绘等高线，最终获得地形原图的一种测图方法
像片控制测量	像片控制测量是指在野外少量大地点或其他基础控制点的基础上，按照航测内业的需要，在航摄像片规定位置上选取一定数量的点位，利用地形测量等方法测定出这些点的平面坐标和高程的工作

三、航测内业

航测内业是指在室内依据航测外业等成果，利用一定的航测仪器和方法所完成的那部分航测工作。航测内业主要包括控制点加密（即电算加密或称解析空中三角测量）、像片纠正和立体测图三大项工作，具体内容见表 1-2。

表 1-2　航测内业的主要内容

项目	内容
像片纠正	像片纠正是为了消除航摄像片与正射影像之间的差异，以满足像片图测图及其制作正射影像图的需要而进行的那部分航测内业工作
控制点加密	为了满足内业立体测图或制作像片平面图的需要，在像片上必须确定一定数量的已知控制点（定向点或纠正点），这些点若仅凭外业来解决，或数量不够，或外业工作量大，目前该项工作在航测内业中主要采用解析空中三角测量的方法来解决
立体测图	立体测图是航测成图的主要方法，被生产单位广泛使用。它是在室内依据航摄像对摄影过程的几何反转原理，建立起可供量测的立体几何模型，然后在立体几何模型上测绘出地物、地貌元素。目前，主要利用全数字摄影测量系统来进行立体测图

四、测绘产品

航空摄影测量可以根据客户及用图单位的需要，生产出各种各样的测绘产品，如我们常见的"4D"产品，即 DEM（数字高程模型图）、DOM（数字正射影像图）、DLG（数字线划图）、DRG（数字栅格地图）；另外，还有立体景观图、立体透视图、各种工程设计所需的三维信息及各种信息系统和数据库所需的空间信息等测绘产品。

第二章　航空摄影研究

第一节　航空摄影的基本内容

一、航摄仪

航空摄影机简称航摄仪（又称航摄机），是具有一定像幅尺寸，能够安装在飞机上对地面自动进行连续摄影的照相机。航摄仪是一台结构复杂、精密的全自动光学电子机械装置，其所摄取的影像能够满足量测和判读的要求。

航摄仪与普通相机的主要区别之一是在其物镜的焦平面上（即镜箱与暗盒的衔接处）设置有一贴附框。贴附框每边的中点各设有一个框标，称为机械框标；有的航摄仪除有上述四个框标外，在贴附框的四个角隅还各设有一个光学框标。这些框标在摄影曝光时，都能与所摄地物同时构像于航摄软片上。框标是航测中建立像平面坐标系、进行像点坐标量测及对像片进行变形改正的重要依据。

与普通相机不同的还有航摄仪常使用主距的概念。所谓主距（f），是指像平面到物镜后主平面之间的距离。这是因为航摄仪像平面的位置在工厂安装时已作了定焦调整，并能保证影像清晰和几何位置精度的像平面固定下来，所以航摄仪的主距实际上就是固定的像距，它与物镜的焦距是两个不同的概念。但对航空摄影而言，由于摄影时其物距远远大于像距，因此实际上航摄仪的主距与物镜的焦距值相差很小。我们把摄影时航摄仪镜头中心到某一地面的垂直距离称为航高（H）。航高有绝对航高和相对航高之分，绝对航高（Ho）是指航摄仪镜头中心到大地水准面的垂直距离，航摄仪镜头中心到某一基准面的垂直距离则称为相对航高。

此外，在航摄仪贴附框的四周镜箱上还设置有指示飞行高度的气压表、指示摄影时刻的时表、指示光轴位置的水准器以及摄影记数器，新型航摄仪上还有一条光楔。这些指示器都能随每一幅同时记录在航摄像片上，成为曝光瞬间像片状况数据的记录。航摄仪由控制器通过电磁开关来操作启动快门和计数器，同时通过传动机构以及暗盒内的卷片轴，可以使摄影胶片一幅幅地移动。景物的反射光线通过镜筒内的镜头在胶片上曝光成像，物镜前的滤光片起减少大气灰雾影响的作用。压片机构和吸气管可在曝光之前将航摄胶片展平在焦平面上。座架与减震器相连，以减小飞机震动的影响。

二、航摄仪的分类

在航空摄影测量中使用的航摄仪一般有两种分类方式。

（1）按像幅分类。航摄仪按所摄像片的像幅可分为 18 cm×18 cm 和 23 cm×23 cm 两种，现代航摄仪多用后者。

（2）按像场角（或焦距）分类。物镜焦面上中央成像清晰的范围称为像场，像场直径对物镜后结点的夹角称为像场角。根据像场角（或焦距）的大小，航摄仪可分为常角（长焦距）、宽角（中焦距）、特宽角（短焦距）三种。

三、航空摄影的主要工作环节

1. 航摄协议书的拟订

航摄协议书应由用户单位拟订。在航空摄影规范中，对大部分技术要求都有明确规定，但对其中的个别项目，用户单位应根据其测绘任务的实际情况和对资料的要求进行仔细分析，这是用户单位在向航摄单位联系航摄任务前必须认真考虑的问题。其内容主要包括表 2-1 中的几个方面：

表 2-1　航摄协议书包括内容

项目	内容
规定航摄比例尺	在满足成图精度的条件下，一般从经济角度考虑应选择较小的航摄比例尺。具体航摄比例尺的大小和航片的重叠度应按规范的要求确定，对一些特殊的要求可提出协商
规定航摄像片应达到的质量要求	这里主要包括参照规范的规定提出飞行质量和摄影质量的要求
划定需航摄的具体区域范围	根据计划测图的范围和图幅数，按图幅分幅方法用经纬度或图号在计划图上标示出所需航摄的区域范围，或直接标示在小比例尺的地形图上
规定移交成果的方式、内容和期限	应移交的航摄资料包括：①航摄底片；②接触晒印的航摄像片（份数按合同规定提供，一般为两套）；③像片索引图的底片和像片；④航摄成果质量检查记录和航摄鉴定表；⑤航摄仪检定记录和数据；⑥附属仪器记录数据和资料；⑦各种登记表及其他有关资料；⑧移交清单。以上成果根据双方协议可一次性移交，也可分期分批移交。具体移交日期应有所限定

续表

项目	内容
规定航摄仪类型及焦距、像幅的规格	一般是先确定像幅的规格（目前生产中多采用 23 cm × 23 cm 的像幅），然后根据像幅大小与有关质量和功能的要求（如测图精度、测图的仪器设备情况、测图的比例尺和测图的方法等）选择航摄仪。目前，我国常用的航摄仪有瑞士威特厂生产的 RC 系列，德国生产的 RMK、LMK 系列航摄仪。最后根据航摄地区的地形特征和成图要求确定合适焦距的镜头。例如：欲减少地物点在像平面上的投影差，一般选择长焦距镜头；平坦地区欲提高高程量测精度，宜选择短焦距镜头；山区为了避免摄影死角，宜选择中等或较长焦距镜头

2. 航摄技术计划的制订和实施

当航摄协议书双方签字后，航摄部门就应根据用户单位的航摄技术要求，制订出具体的航摄技术计划并进行实施。

收集航摄地区的有关资料：收集航摄地区已有的地形图、控制测量成果、气象资料和其他图件、图表等资料，了解航摄地区的地形特征、地物种类及分布规律，作为制定航摄技术计划的参考或依据。

划分航摄分区：当航摄区域大、地形起伏多时，应划分成若干个航摄分区（分区的最小范围除 1:5 000 测图不得小于两个图幅外，其余不得小于一个图幅）。划分时每个分区的高差应尽量小（分区内的地形高差不应大于 1/4 相对航高），每一分区的边界线应与地形图图幅的图廓线一致，分区划分应考虑加密的要求和外业布设控制点的方便，同一分区内应使用同一架航摄仪摄影。

确定航线方向和敷设航线：航空摄影一般按东西方向直线飞行。特定条件下亦可按地形走向作南北向飞行或沿线路、河流、海岸、境界等任意方向飞行。常规摄影航线应与图廓线平行敷设。对于 1:5 000、1:10 000 测图，当图大于 3.3 时，航线应沿图幅中心线敷设。

计算航摄所需的飞行和摄影数据：在航摄中需要计算的飞行和摄影数据主要是绝对航高、摄影航高、像片重叠度、航摄基线、航线间距、航摄分区内的航线数、曝光时间间隔和像片数等。

确定航摄的日期和时间：以测制地形图为目的的航摄，其航摄日期和时间的选择一般应避免或减小植被、积雪等的遮盖，并应晴天无云。我国的北方和南方有所差异。总的来说，每年较好的航摄时间段为 4 ~ 5 月或 8 ~ 11 月，一天之内最有利的航摄时间是中午前后的几个小时（此时，地物的阴影最短，地面照度最大）。航摄的日期和时间确定后，飞机按预定计划转至航摄地区附近的机场，安装好航摄仪并检查各种仪表设备、导航设备，标好领航地图和选择正确的航摄参数。当飞机进入航摄地区上空时，按已标绘的领航图确定的目标和方向进入第一条航线。到达开始摄影标志的正上空时，打开航摄仪进行自动连续摄影；到达终止摄影标志正上空时，关闭航摄仪停止摄影。然后转弯飞行进入第二条航线，如此依次摄影，直至整个区域的空摄工作全部完成即可返航。

四、GPS 辅助空中摄影技术

1. 航摄飞行导航

航空摄影飞行必须按航摄计划中的要求，在一定的高度沿设计的航线飞行，以保证所得影像具有一定的摄影比例尺、航向重叠度及旁向重叠度。

早期的航空摄影导航是由领航员按地形图上的特征点引导飞机进入航线，确定开、关机点并通知摄影员工作。由于飞机对领航员的"视线"影响及地物的变化，导航难度较大，效果也不理想。随着 GPS 的广泛应用，现在已普遍使用 GPS 进行航空摄影导航。GPS 用于航空摄影导航采用单点定位即可满足精度要求。单点定位就是根据接收机的观测数据，利用 C/A 码伪距实时 GPS 定位来确定接收机位置，即飞机的实时位置。

将航摄设计书中 GPS 领航数据表中的航线数据输入到 GPS 中，并编辑各导航点生成航线。航线数据是指各条航线的进入点、开机点、关机点的经纬度，是在地形图上设计的航线上按要求进行量算获得的；航摄飞行时，领航员根据 GPS 显示屏上显示的计划航线，指挥飞行员进入航线并保持飞机按计划航线飞行，在开、关机点通知摄影员开、关摄影机；当 GPS 仅用于航摄飞行导航时，摄影航高一般是按飞机上的高度表确定的，GPS 只负责平面位置的确定。

2. IMU/DGPS 组合系统辅助航空摄影技术

20 世纪 90 年代以来，诞生于军事工业的 DGPS（差分 GPS）技术与 IMU 的组合应用使准确地获取航摄仪曝光时刻的外方位元素成为可能，从而实现无（或少）地面控制点，甚至无须空中三角测量工序，即可直接定向测图，从而大大缩短作业周期，提高生产效率、降低成本。国际上有很多机构和公司都将 IMU、DGPS 组合成的高精度位置与姿态测量系统（简称 IMU/DGPS 系统）应用于航空摄影中。

应用于航空遥感等领域的导航及姿态测量系统主要有卫星无线电导航系统（如全球定位系统 GPS）和惯性导航系统。GPS 的基本定位原理是卫星不间断地发送自身的星历参数和时间信息，用户接收到这些信息后，经过计算求出接收机的三维位置、三维方向及运动速度和时间信息；INS 姿态测量主要是利用惯性测量单元（IMU）来感测飞机或其他载体的加速度，经过积分等运算，获取载体的速度和姿态（如位置及旋转角度）等信息。在 IMU/DGPS 辅助航空摄影测量中主要采用载波相位差分

GPS（DGPS）定位技术，该技术可使定位精度达到厘米级，大量应用于动态需要高精度位置的领域。

一套完整的 IMU/DGPS 系统硬件主要包括 IMU、机载双频 GPS 接收机、高性能机载 GPS 天线、地面 GPS 接收机、机载计算机及存储设备。其软件包括 DGPS 数据差分处理软件、IMU/DGPS 滤波处理软件及检校计算软件。目前，国际上常用于航空摄影测量的 IMU/DGPS 系统主要有两种：德国 IGI 公司的 AEROContml 和加拿大 Applanix 公司的 POS/AV 系统。

IMU/DGPS 系统可以与多种传感器（如光学航摄仪、高光谱仪、数字航摄仪、LIDAR 及 SAR）相联，实现直接传感器定向或辅助定向测量。其中，线阵推扫式数字航摄仪（如徕卡公司的 ADS40）以及 LIDAR（机载激光三维扫描系统）中必须包含 IMU/DGPS 系统；IMU/DGPS 辅助航空摄影测量是指利用装在飞机上的 GPS 接收机和设在地面上的一个或多个基站上的 GPS 接收机同步而连续地观测 GPS 卫星信号，通过 GPS 载波相位测量差分定位技术获取航摄仪的位置参数，应用与航摄仪紧密固连的高精度惯性测量单元（IMU）直接测定航摄仪的姿态参数，通过 IMU、DGPS 数据的联合后处理技术获得测图所需的每张像片高精度外方位元素的航空摄影测量理论、技术和方法。IMU/DGPS 辅助航空摄影测量的方法主要包括直接定向法和 IMU/DGPS 辅助空中三角测量方法。

直接定向法是利用高精度差分 GPS 和惯性测量单元在航空摄影的同时获得差分 GPS 数据和姿态数据，通过事后 GPS 差分处理及姿态测量数据处理，获得摄影时刻航摄仪精确位置坐标和姿态，通过对系统误差的改正，进而得到每张像片的高精度外方位元素。IMU/DGPS 辅助空中三角测量方法是将基于 IMU/DGPS 技术直接获取的每张像片的外方位元素作为带权观测值参与摄影测量区域网平差，获得更高精度的像片外方位元素成果。

第二节　航摄资料的质量要求

为了满足航测成图的需要，航摄部门所提交的航摄资料（主要是航摄像片），经检查验收后必须满足规范和协议规定的技术要求，用户方可接收。用户在检查、验收航摄资料时，除清点按合同要求应提供的资料名称和数量外，主要检查航摄负片的飞行质量和摄影质量。

一、对飞行质量的要求

1. 对像片倾斜角的要求

像片倾斜角是指航摄仪的主光轴与过镜头中心的铅垂线之间的夹角,用a表示。在目前条件下,所摄得的航摄像片难免有一定的倾斜,为了减小该因素对航测成图的不利影响,要求像片倾斜角一般不大于2°,个别倾斜角最大不超过3°;检查像片倾斜角是按圆水准器影像中气泡所处的位置来确定的,如RC型航摄仪,其圆水准器的分划是每圈0.5°,圆水准器一共有5个分划,根据摄影后圆水准气泡偏离的圈数,可以读出像片倾斜角的度数,以此来判定像片倾斜角是否超限。

2. 对航摄比例尺的要求

在确定航摄比例尺时往往与满足成图精度要求和提高经济效益之间存在着一定的矛盾。比如说,若航摄比例尺大,则点位的刺点和量测精度就高,同时也利于像片的判读、调绘,但航线数和像片数必然增多,摄影工作量大、经济效益降低;反之,若航摄比例尺较小,则对提高经济效益有利,但测图精度有时较难保证。

3. 对航高差的要求

一般来说,飞机在航空摄影时很难准确地保持同一高度水平飞行,这样航摄像片之间会有航高差的存在。由于航高差的影响,航片之间的比例尺会有所差异,特别是当相邻航片之间这种差别较大时,会影响立体观察和立体量测的精度。对于中小比例尺测图,规范要求同一航线上相邻像片的航高差不得大于30m;最大航高和最小航高之差不应超过50m;摄影分区内实际航高不应超出设计航高的5%(实际航高指摄影时飞机实际的飞行高度,设计航高则指飞机计划飞行的高度)。

4. 对像片重叠度的要求

为了满足航测成图的需要,考虑到航线网、区域网的构成及模型之间的连接等,要求相邻三张航摄像片应有公共重叠部分。航摄中,我们把相邻两张像片具有同一地面影像的部分称为重叠,可分为航向重叠和旁向重叠。航向重叠是指同一航线相邻像片之间的重叠,旁向重叠则是指相邻两条航线之间像片的重叠。像片重叠的大小比重一般要求:航向重叠度(Px)应为60%～65%,个别最大不得大于75%,最小不得小于56%。当个别像对的航向重叠度虽小于56%,但大于53%,且相邻像对的航向重叠度不小于58%,能确保测图定向点和测绘工作边距像片边缘不小于1.5cm时,可视为合格;旁向重叠度(Py)应为30%～35%,个别最小不得小于13%;在沿图幅中心线敷设航线,实现一张像片覆盖一幅图时,航向重叠度可加大到80%～90%,且应保证图廓线距像片边缘至少大于1.5cm。

检查像片重叠度是否满足要求时,应以重叠部分最高地形部分为准。当像片航向或旁向的重叠度小于最小重叠度要求时,将可能产生"航摄漏洞"。航摄漏洞会给航测成图带来严重困难。重叠部分小到不能建立立体模型，但在单张像片应用范围内还有地面影像的称为航摄相对漏洞；否则称为绝对漏洞。

5. 对航线弯曲度的要求

航线弯曲是指航摄时飞机不能准确地在一条直线上飞行，实际航线呈曲线状。航线弯曲的大小用航线弯曲度 e 表示。航线弯曲度的确定方法首先把一条航线的像片按其重叠正确排好，然后用直尺量取该航线两端像片像主点之间的距离 L，同时量出偏离该直线 L 最远的像主点之距 δ，两值之比的百分数即为航线的弯曲度 e，即

$$e = \frac{\delta}{L} \times 100\%$$

首先，航线弯曲度将影响像片的旁向重叠度，弯曲度太大，有可能产生航摄漏洞；其次，航线的不规则将增加航测作业的困难，影响航测内业加密精度。因此，规范规定航线弯曲度一般不应大于 3%。

6. 对像片旋偏角的要求

航摄像片的旋偏角是指相邻像片像主点的连线与航向两框标连线之间的夹角。旋偏角是航空摄影时航摄仪定向不准所产生的。当像片的旋偏角过大时，会使得像片重叠不正常，而且在一定程度上影响航空摄影测量内业测量的精度。所以，航摄像片的旋偏角要求一般不大于 6°，最大不超过 8°（且不得连续 3 片）。

像片旋偏角是否满足要求，一般采用以下的方法进行检查：首先在相邻像片上标出两个像主点位置，然后按像主点附近地物将两张像片重合，并将两个像主点分别转刺在相邻像片上，再用量角器分别量测出两张像片上的两像主点连线与沿航线方向框标连线的两个夹角，以其中最大的一个夹角为旋偏角。

二、对摄影质量的要求

航空摄影后所获得的航摄像片，首先要求目视检查时应满足影像清晰、色调一致、层次丰富、反差适中、灰雾度小；航摄像片上不应有云影、阴影、雪影；航摄像片上不应有斑点、擦痕、折伤及其他情况的药膜损伤；航摄像片上所有摄影标志（如圆水准器、时钟、框标、像片号等）应齐全且清晰可辨；航摄像片应具有一定的现势性。

第三节　数码航空摄影

一、数码航摄仪的特性

数码航摄仪的特性的主要内容，见表 2-2。

表 2-2　数码航摄仪的特性

特性	主要内容
像元总数	对于面阵排列的 CCD 像元，像元总数为行与列的乘积。相同的像元尺寸，在相同比例尺摄影时，像元总数越多，则一幅影像地面的覆盖面积越大
像元的大小和排列	像元大小决定了数码航摄仪获取影像的几何分辨率，像元小则分辨率高；像元的排列分为线阵排列和面阵排列，线阵排列的双线阵排列能提高影像的质量，面阵排列一般是按行列排列成规则的矩形
数据压缩和记录	由于数码航摄仪在工作期间需要连续获取影像并实时记录，对如此大量数据的传输及记录，就需要考虑对数据进行压缩。数据压缩用压缩率表示；数据记录包括记录的格式和记录的速度。记录格式分为通用格式（JPEG、TIFF 等）和专用格式。记录速度用"数据量 /s"表示，同时还需要大容量的机载存储器
摄影物镜	因为数码航摄仪的实际像幅较模拟航摄仪小，所以数码航摄仪摄影物镜的几何尺寸较小。考虑到 CCD 器件的特点，曝光量的确定一般以固定光圈的方式进行自动曝光，所以数码航摄仪多采用一个固定的光圈号数，一般是 4 或 5.6
获取连续影像的最小周期	获取连续影像的最小周期是数码摄仪进行连续摄影时的最小时间间隔。其主要取决于 CCD 器件的响应时间、数据压缩率、数据记录的速度
辐射分辨率和感色范围	辐射分辨率是指影像的灰度采样级数，以比特（bit）表示。如辐射分辨率为 8 比特，则灰度采样为 $2^8 = 256$ 级；感色范围是 CCD 所能感受的光谱范围以及对不同波长光的响应，数码航摄仪一般能感受可见光及近红外波段

二、几种常见的数码航摄仪介绍

1. ADS40 数码航摄仪

Leica 公司的 ADS40 数码航摄仪就是典型的三线阵数码航摄仪，它采用线阵列推扫式成像原理，在成像面上分别安置前视、下视、后视 3 个全色波段 CCD 线阵传感器，从不同方向进行前视、下视和后视扫描，获取 3 个不同方向上的数字影像。所有目标在 3 个全色扫描条带分别记录，能直接生成 3 个立体像对，这 3 个条带影像可以构成 100% 的三度重叠。蓝、绿、红和近红外波段阵列安置在全色阵列之间，通过三色分色镜记录目标的多光谱信息。航空摄影时，传感器采用推扫式成像原理，7 个通道同时对地面连续采样，同时获得目标 3 个全色与 4 个多波段数字影像。

ADS40 数码航摄仪的成像方式不同于传统航摄仪的中心投影构像，传统的航空摄影是在航线上按照设计的重叠度拍摄像片，每张像片都是中心投影。ADS40 数码航摄仪得到的是中心投影的条带影像，每条扫描线有其独立的摄影中心，最后得到的是一整条带状无缝隙的影像。ADS40 数码航摄仪由传感器组件 SH40、数字光学组件 DO40、控制箱 CU40、大容量存储系统 MM40、操作面板 O140、导航界面 PI40、PAV30 陀螺稳定等部件组成。

传感器组件 SH40 中镜头平面上安装 3 个全色线阵 CCD，每个为 $2 \times 12\,000$ 像元，交错 3.25 um 排列；4 个多光谱线阵 CCD，每个为 12 000 像元，像元大小为 6.5 um × 6.5 um；除复杂的传感器元件、电器部件、在线单板计算机外，还在聚焦平面上精确安装了惯性测量装置 IMU。在 CU40 中集成了 CPS 接收机及 Applanix 公司的定位定向系统（Position & Orientation System, 简称 POS），POS 通过对 IMU 数据及 GPS 数据的实时处理，保证了飞机的平稳飞行，并为后来影像的外部定向提供了高精度的初始值。MM40 由 6 个高速 SCSI 磁盘构成，能记录 4 h 的航摄数据，传输率高达 40 ~ 50 mb/s。O140 和 PI40 界面采用图形化、触摸式、高分辨的显示屏，更易于操作。为控制、协调、监视各个独立部件的运行，ADS40 数码航摄仪还提供图形化的飞行控制管理系统 FCMS，大大减轻了用户正确操作传感器的压力。

推扫式成像方式具有获取高质量影像的特点，但是线阵式的航空传感器给摄影测量工作也带来了新的挑战。由于在飞行过程中，传感器的位置和姿态一直处于不断的变化中，传感器对地面的每条扫描轨迹与其他扫描轨迹之间是不平行的，因此线阵 CCD 传感器得到的影像是扭曲变形的，必须使用 GPS/IMU 数据对原始影像进行逐行的纠正。

2. UltraCam-D 数码航摄仪

UltraCam-D（简称 UCD）数码航摄仪由奥地利 Vexcel 公司开发生产，它是属于多镜头组成的框幅式数码航摄仪，一次摄影可同时获取黑白、彩色和彩红外影像。

（1）UCD 数码航摄仪系统的组成

UCD 数码航摄像机系统主要由传感器单元（SU）、存储计算单元（SCU）、移动存储单元（MSU）以及空中操作控制平台和地面后处理系统软件包等部分构成，其主要内容见表 2-3。

表 2-3　UCD 数码航摄仪系统的组成

名称	内容
存储计算单元（SCU）	UCD 的存储计算单元（SCU）是一个拥有 15 套高性能、高可靠性、能在高空中工作的计算机和先进网络设备组成计算系统。其中，13 套计算机对应 13 个 CCD 面阵相机，能在空中对获取的影像进行高速并行处理，提高拍摄速度；其他两套计算机，一套用于系统的整体控制，另一套备用。为了提高数据的安全性，所有拍摄影像在 SCU 中均被记录两次
移动存储单元（MSU）	UCD 系统能够在 45min 内将 SCU 存储的 2 700 张影像数据（满载拍摄）导出并存储在移动存储单元（MSU）中，航摄操作员可以在返航途中或地面上完成这个操作，然后方便地将 MSU 中的原始数据带回地面处理中心进行后期处理
传感器单元（SU）	UCD 的传感器单元（SU）由 8 个高质量的光学镜头组成，其中 4 个全色波段镜头沿飞行方向等间距顺序排列，另外 4 个多光谱镜头对称排列在全色镜头的两侧。UCD 系统通过 13 个面阵 CCD 采集影像数据，其中 9 个 CCD 用于全色波段生成全色影像，4 个 CCD 用于多光谱段同时生成彩色 RGB 影像和近红外影像

空中操作控制平台用来制作飞行计划，可以很方便地实时观察摄影情况。地面后处理系统软件包主要是对导出的影像数据，先进行辐射校正并对数据重新排序后获得第一级影像数据；然后对第一级影像数据进行全色影像的拼接、校正和多光谱影像的合成，获得第二级影像数据；最后对第二级影像数据进行融合、配准，生成高分辨率的彩色和彩红外影像。

（2）UCD 数码航摄仪系统的工作原理

为了获取中心投影的影像，UCD 数码航摄像机系统在每个镜头承影面上精确安置了不同数量的 CCD 面阵：全色波段 4 个镜头对应呈 3×3 矩阵排列的 9 个 CCD 面阵，其中主镜头对应四角的 4 个 CCD 面阵，第一从镜头对应前后 2 个 CCD 面阵，第二从镜头对应左右 2 个 CCD 面阵，第三从镜头对应中间 1 个 CCD 面阵；多光谱段的 4 个镜头分别对应另外 4 个 CCD 面阵。

UCD 系统所使用的 13 个 CCD 面阵尺寸均为 4 008×2 672 像素，其中形成全色影像的 9 个 CCD 面阵之间存在一定程度的重叠（航向为 258 像素，旁向为 262 像素），CCD 获取的影像数据通过重叠部分影像精确配准，消除曝光时间误差造成的影响，生成一个完整的中心投影。全色影像通过与同步获取的 RGB 和彩红外影像进行融合、配准等处理，生成高分辨率的真彩色和彩红外影像产品。

（3）UCD 数码航摄仪的成像过程

UCD 系统的 4 个全色镜头沿飞行方向排列，在航摄过程中，当第一个镜头到达目标上空，正中心的 1 个 CCD 被曝光；随飞机的飞行，第二个镜头到达相同位置，上下 2 个 CCD 及绿色和近红外镜头对应的 CCD 曝光；第三个镜头（主镜头）到达同一位置时，四角的 4 个 CCD 及红色和蓝色镜头对应的 2 个 CCD 曝光；第四个镜头到达时左右 2 个 CCD 曝光。至此，整个像幅内所有 CCD 的曝光操作全部完成。由于每个像机镜头之间的距离很短（8cm），所以相邻镜头之间的曝光时间也很短（大约 1ms），因此所有镜头几乎都是在同一位置、同一姿态下曝光的，这样就能将 9 个 CCD 面阵拼接，得到一个完整的中心投影大幅面全色影像。

3．国产 SWDC 数字航摄仪

SWDC 数字航摄仪是在国家测绘局、科技部中小企业创新基金的扶持下，由中国测绘科学研究院、北京四维远见信息技术有限公司等多家单位联合开发研制的。SWDC 数字航摄仪是基于多台非量测相机，经过精密相机检校和拼接，集成测量型 GPS 接收机、数字罗盘、航空摄影控制系统、地面洁处理系统，经多相机高精度拼接生成虚拟影像，以提供数字摄影测量数据源，是一种能够满足航空摄影规范要求的大面阵数字航空摄影仪。

SWDC 数字航摄仪特点：可以更换镜头，以适应不同的应用场合。SWDC 可更换 50mm、80mm 焦距镜头，其 80mm 焦距的技术指标与进口数码相机几乎一样，而 50mm 焦距的 SWDC 又可以用在有高程精度要求的场合和国家中小比例尺的地形图测绘中；短焦距的 SWDC 可以获得大的 GSD（像元的地面尺寸），即小的摄影比例尺。由于 SWDC 的角像元（CCD 尺寸除以焦距）比其他数码相机大，所以在同样的成图比例尺条件下（同样的 GSD 条件下），航高可以降低，有利于争取天气飞行，加上数码相机可以调整感光度，在阴天、轻雾等天气条件下飞行，经过图像预处理也可以获得合格的影像。另外，短焦距的 SWDC 旁向视场角大（90°），有利于航线数的减少；接近方形的影像（11:8）与传统的像片形状相似，符合作业习惯；高程精度高。50mm 焦距的 SWDC 基高比大（0.59），有利于高程精度的提高；具有匀光、匀色的处理功能。由于拼接影像的内部重叠度为 10%，大大高于其他数码相机，这就为拼接影像的色彩均衡提供了良好的基础，同时可对整个测区影像进行匀光、匀色，有利于正射影像的制作；直接的天然真彩色。SWDC 的彩色不是融合彩色，而是 BAYER 彩色，它是在黑白的 CCD 上面蒙上一层品字形的阵列滤光片，然后通过一定的算法恢复像元的 RGB 值，具有逼真度较好的特点，特别是植被影像色彩自然，绝不会产生色彩错位的现象；内置的双频 GPS 接收机，可实现高精度定点曝光，并记录曝光时刻的位置数据（投影中心精确坐标），为 GPS 辅助空三提供原始数据，可以节省大量外业控制点；可以实现无控制航测和少控制航测。由于投影中心有精确到 5cm 左右的三维坐标，中小比例尺测图时，可以实现在无控制点、无基站、无 IMU 的情况下，精度达到 2～3 倍的 GSD；当有一个控制点时，精度可达到 0.5 倍的 GSD。

三、数码航摄仪与胶片航摄仪的比较

目前，航空摄影采用的航摄仪仍然是以传统的胶片航摄仪为主，先通过胶片获取地面影像信息，然后经过冲洗、扫描、数字测图等工序获得各种数字地图产品。采用传统胶片航摄仪进行航空摄影对天气情况有严格的要求，尤其是中小比例尺真彩色航空摄影，相对航高一般在 3 000m 以上，即使在碧空条件下，胶片的色彩也不能还原到理想的情况。

随着计算机和传感器技术的发展，已经出现的大像幅数字航摄仪可为摄影测量直接提供数字影像，并可同时获取黑白、真彩色及彩红外影像。与传统胶片航摄仪相比，采用数字航摄仪不仅减少了冲洗、扫描等环节，也避免了影像扫描时的信息损失。数字影像可以用计算机进行图像增强及色彩还原和纠正，相比胶片的摄影处理更加方便有效，所以数字航摄仪可以在气象条件较差、不能进行传统航空摄影的情况下获得较理想的地面影像，提高航空摄影的效率。

影像获取方式的区别：传统胶片航摄仪是利用胶片感光来获取负片的，数字航摄仪则是采用 CCD 直接获得数字影像的。一台数字航摄仪可同时获取全色、真彩色及彩红外数字影像，传统胶片航摄仪只能获得一种影像。另外，数字航摄仪还具有无须胶片、免冲洗、免扫描等优点。CCD 是利用曝光时产生的电流强度来表示受到光照的强弱的，其光学动态范围（相当于胶片的宽容度）就是 CCD 所能感受到最明亮和最微弱光线之间的范围。现代的电子技术和计算机技术使 CCD 的光学动态范围比胶片的宽容度要大，借助滤光片 CCD 可以将对红、绿、蓝光线的感应限定在理想的光谱范围，更容易进行色彩还原，所以数字航摄仪的影像获取能力比传统胶片航摄仪的影像获取能力要强。

像移补偿方式的区别：航摄仪在低空拍摄时，由于飞机飞行速度很快，必须采用像移补偿装置来防止出现影像在飞行方向的模糊。胶片航摄仪的像移补偿方法是机械式的，使位于焦平面的胶片在曝光时以适当速度移动来获得清晰的影像。数字航摄仪的像移补偿是将多个在短时间内以极快快门速度拍摄的影像加上像点位移量后叠加在一起，同一像元的信号是从航向的多个 CCD 单元获得电流的累加获得的，这样既消除了像点位移，又保证了足够的曝光量。

像幅大小的区别：胶片航摄仪的像幅大小为 23cm × 23cm，若使用 18pm 的扫描分辨率扫描（一般情况下，高于 18pm 的扫描分辨率扫描只会增加噪声，而不能提取更多的信息，少数大比例尺航片的扫描分辨率可能达到 14pm），影像大小约为 12 700 × 12 700 像素，框幅式数字航摄仪像幅一般是长方形的，如 UCD 影像大小为 11 500（旁向）× 7 500（航向）像素。由此可以看出，胶片航摄仪与 UCD 的旁向像

素数量大体相当，若获取同样地面分辨率的影像，飞行效果相同（航线数接近）。但是航向若是相同重叠度，则框幅式数字航摄仪的基高比相对于胶片航摄仪的基高比要小，其高程精度要差一些。

第三章　像片判读

第一节　基础内容

　　像片判读是进行像片调绘的基础，即进行像片调绘首先必须掌握对地物的辨认和定性，然后才能用相应的符号表示这些物体。因此，可以说，像片判读是进行像片调绘工作的一项基本技术。但像片判读绝不仅仅用于航测成图中的像片调绘，在众多科学领域里和军事上它还有更重要、更广泛的用途。

　　根据各种地物、地貌的光谱特征，像片的成像规律以及各种影像判读特征，借助某些仪器设备和有关资料，采用一定的方法对像片影像进行分析判断，从而确认影像所表示的地面物体的属性、特征，为测制地形图或为其他专业部门提供必要的要素，这一作业过程称为像片判读（或称像片解译）。像片判读所指的像片不仅是航摄像片，也可以是卫星像片、地面摄影像片或其他特殊摄影像片；既可以是黑白像片，也可以是彩色像片、多光谱像片、红外像片、微波像片等；根据判读的目的不同，像片判读可区分为地形判读和专业判读。地形判读主要是指航空摄影测量在测制地形图过程中所进行的判读，其判读目的是通过像片影像获取地形测图所需要的各类地形要素。专业判读是为解决某些部门专业需要所进行的带有选择性的判读，其判读目的是通过像片影像获取本专业所需的各类要素；根据判读的方法不同，像片判读又可区分为目视判读和电子计算机判读。目视判读是指判读人员主要依靠自身的知识和经验以及所掌握的其他资料和观察设备，在室内或者与实地对照去识别像片影像的过程。电子计算机判读又称为电子计算机模式识别，它借助于电子计算机根据识别对象的某些特征，对识别对象进行自动分类和判定。目前，像片判读的主要方法是目视判读，目视判读又可进一步分为野外判读和室内判读。野外判读就是在野外根据实地地物、地貌的分布状况和各种特征，与像片影像对照去进行识别的方法。在很长时间内，航测成图中的像片调绘工作都是采用这种方式，它的优点是判读方法简单，易于掌握，判读准确可靠；缺点是野外工作量大，效率低。在目前条件下，野外判读在生产中占有十分重要的地位。室内判读则是主要根据物体在像片上的成像规律和可供判读的各种影像特征以及收集到的各种信息资料，采用平面、立体观察手段和影像放大、图像处理等技术，并与野外调绘的"典型样片"比较，进行推理分析，完全脱离实地所进行的判读。显然，室内判读的主要优点是能充分利用像片影像信息，发挥已有的各种图件资料、仪器设备的作用，减少野外工作量，改善工作环境，提高工作效率，无疑室内判读是发展方向。但室内判读对判读人员自身的素质要求较高，目前判读的准确率还不是很高。因此，室内判读还必须和野外判读结合起来，这就是所谓的室内外综合判读法。

第二节　像片的判读特征

一、形状特征

形状特征是指地物外部轮廓在像片上所表现出的影像形状。根据形状特征识别地物时应注意表 3-1 中的问题：

表 3-1　根据形状特征识别地物时应注意的问题

序号	内容
1	不突出于地面的物体位于倾斜地面上时，如山坡上的旱地、树林等，由于投影差的影响，面向像主点的倾斜面及其地物被拉长，背向像主点的倾斜面及其地物被压短，位于其他方向的倾斜面及其地物将根据投影差的变化规律而产生不同程度的变形；突出于地面而具有一定空间高度的物体，如烟囱、水塔等，由于受投影差的影响，其构像形状随地物在像片上所处的位置而变化。地物位于像主点附近，不论空间高度如何，在像片上的构像为地物顶部的正射投影图形；地物位于像主点以外，在像片上的构像则由顶部图形和侧面图形两部分组成。侧面图形随着离开像主点的距离大小而变化，离开像主点的距离越大，构像越长，且地物顶部的构像总是朝着离开像主点的方向移位
2	在像片比例尺较小时，某些形体较小的地物的构像形状将变得比较简单甚至消失，如长方形的小水池其构像变成一个小圆点；在 1:20 000 的像片上很难找到一个普通电线杆的构像，这时就不能再从形状上去识别地物了
3	同一地物在相邻像片上的构像由于投影差大小、方向不同，其形状也不一样
4	对于突出于地面的物体，通过立体观察可以看到物体的空间形状，因此立体观察更有利于从空间形状去识别地物
5	由于航摄像片倾斜角很小，对于平地不突出于地面的物体，如运动场、旱地、稻田、河流、湖泊等在像片上影像的形状与实地地物的形状基本相似

一般情况下，地面上地物的形状千差万别，它们在像片上构像的形状也各不相同，地物的形状不仅是描绘地物的重要依据，在一定程度上还能反映出地物的某些性质。因此，形状特征是判读地物的重要标志。

二、大小特征

大小特征是地物在像片上构像所表现出的轮廓尺寸。在航摄像片上，平坦地区的地物与其相应构像之间，由于像片倾角很小，基本上可以认为它们存在统一比例关系，即实地大的物体在像片上的构像仍然大。但在起伏地区，像片上各处的比例尺不一致，因而实地同样大小的地物，在像片上处在高处的比处在低处的地物的构像要大。

地形图上许多地物都是按规定尺寸表示的，如依比例尺、不依比例尺和半依比例尺表示的房屋，双线沟渠与单线沟渠，甚至道路和等级也与路宽有关。因此，对有些难以区分其属性的物体，往往只要通过对影像尺寸的简单量测就能将其区分。

需要指出的是：地物构像尺寸大小不仅取决于地物本身的大小和像片比例尺，还与像片倾斜、地形起伏、地物形状及其亮度等因素有关；对于与背景形成较大反差的线状地物，如草地上的小路，其构像宽度一般大于实际宽度。

三、色调特征

地面上五颜六色的地物，在黑白像片上显示成深浅不一的黑白影像，这种影像的黑白程度称为色调。色调的深浅以灰阶表示。航摄像片一般分为10个灰阶：白、灰白、淡灰、浅灰、灰、暗灰、深灰、淡黑、浅黑、黑。

在用色调特征辨认地物时，人们就会发现，这个特征是不固定的，同一物体的影像由于光照等因素的不同，它们的色调也就不同。因此，在利用其色调特征时，应充分考虑到决定物体影像色调的主要因素，以便正确运用它。

影响物体影像色调的主要因素见表3-2：

表3-2 影响物体影像色调的主要因素

影响因素	内容
物体的亮度	人眼感觉到的物体的明亮程度称为物体的亮度。物体的亮度取决于它们所受的照度和对光的反射能力。亮度越大的物体，对光的反射能力越强，在像片上的色调就越浅
物体表面的照度	物体表面的照度是指物体表面单位面积上受光量的多少。一般情况下，阳光与地面受光面的角度越大，受光量越大，其影像色调越浅；反之，受光量越小，其影像色调越深

续表

影响因素	内容
摄影季节的影响	不同地区的植被随着季节的变迁，植被的颜色将产生明显的变化，其影像色调也会有所不同，如我国北方阔叶树在春季时多为浅绿色，夏季时为深绿色，秋季时开始变黄，其影像色调将分别为浅灰、深灰、淡白色调
地物表面的粗糙程度	平滑的地表面反射光线的方向性很强，主要产生镜面反射，其影像色调与摄影机所处的位置和所接收的反射光线的多少有关。如果反射光线恰好通过摄影机的镜头，则地物在像片上的影像呈亮白色；否则，进入摄影机镜头的反射光线大大减弱，地物在像片上的构像色调变暗。粗糙的地表面产生漫反射，此时影像的色调主要取决于地物自身的亮度。应当指出，水域在像片上构像的色调情况较复杂，它不仅与水的深浅有关，也与水中悬浮物的性质、水底物质的性质、悬浮物的多少、颗粒的大小等因素有关
地物的含水量	对于同一物体，由于含水量不同，其影像色调也不同。因为水分能吸收光线，水分越多吸收光线越多，影像色调越暗，如同一块旱地或干沟、小路，雨后摄影色调明显加深

四、阴影特征

高出地面的物体在航摄像片上一般会形成三部分影像：①为受阳光直接照射，由其自身的色调形成的影像；②为未受阳光直接照射，但有较强的散射光照射所形成的影像，称为本影；③为被建筑物遮挡在地面上所形成的阴暗区，即建筑物的影子，称为落影，其色调很深。

利用阴影特征判读时应当注意，在同一张像片上阴影具有方向一致的特点。在相邻像片上，如果不是航区分界线，阴影的方向也基本保持不变。一般情况下，阴影与本影成一定角度相交，只有当阴影与本影方向一致时才重合。

对像片的判读来说，阴影有两种相反的作用：有利方面：阴影反映了地物的侧面形状，有助于增强立体感，对投影面积小而空间高度大的地物（如烟囱、水塔、电线杆等），利用阴影判读十分有利，可根据落影和本影的交会点准确判定其位置；不利方面：由于阴影色调很深，使处在阴影中的地物变得模糊不清，甚至完全被遮盖，从而给判读带来困难或产生错判。

五、纹理特征

成片分布的细小地物在像片上成像，在平滑程度、颗粒大小、色调深浅、花纹变化等方面造成有规律的重复，这就是影像的纹理特征。每一种地物都有自己特有的纹理特征，人们可以从纹理的差异中去区分和判别它们的类型及属性。例如，一颗草是无法辨认的，一片草地在像片上形成的色调就构成了纹理特征，它却是可以识别的。草地有细腻、平滑的丝绒状纹理，若与颗粒很大的阔叶林相比，从纹理的差异上是很容易区分的。

六、图案结构特征

如果说纹理特征是指地物成群分布时无规律的积聚所表现出的群体特征，那么地物有规律的分布所表现出的群体特征就称为图案结构特征。如树林与经济林都是由众多的树木组成的，但它们的空间排列形状都有明显差别；天然生长的树林其分布状况是自然选择的结果，而人工栽种的经济林则是经过人工规划的，其行距、株距都有一定的尺寸。有经验的农艺师甚至可以根据图案结构的微小差异区分各种经济林的性质，利用图案结构特征还可以区分各种类型的沙地、居民地等地物。

七、色彩特征

色彩特征只适用于彩色像片。在彩色像片上各种不同物体反射不同波长的能量（地物的波谱特性），像片影像以不同颜色反映物体特征。判读时，不仅可以从彩色色调，而且可以从不同颜色去区分地物，因此具有更好的判读效果。但由于其在高空摄影的天然彩色像片效果较差，成本也较高，故在地物判读中很少使用。

八、相关位置特征

地物之间互相联系、互相依存的特征称为相关位置特征。如居民地与道路、桥梁与河流、铁路与火车站等都有不可分割的联系，以此为基础进行推理分析，就可以解释一些难以判读的影像。一种地物识别出来后，另一种地物就可以根据它们之间的关系进行判定，如沙漠中发现有几条小路通向同一个点状地物，一般可以判定这里有水源。

对地物进行判读不可能只用一种特征，只有根据实际情况，综合运用上述各种判读特征才能取得较满意的判读效果。应当指出，作业人员只有具备丰富的经验和丰富的知识才能表现出较高的判读水平。

第三节　野外像片判读的基本方法

野外判读就是在野外用像片影像与实地对照进行判读，看起来比较简单，但也必须掌握一定的方法，其基本方法如下：

（1）选好判读位置。判读时，判读人员要尽可能站在视野开阔、地势较高的地方进行判读。这样，看的范围大，总貌特征比较明显，容易确定像片方位和自己在像片上所处的位置。

（2）确定像片方位。就是将像片方向与实地方向联系起来，使它们基本一致，这也叫像片定向。像片定向时，首先应在像片上找出判读人员所在的位置，然后与四周明显突出的目标对照，旋转像片，使之与实地方位一致。像片定向之后再进行详细的判读就比较容易了。

（3）判读地物、地貌元素。像片判读的最终目的就是判读航测成图所需要的地物、地貌元素。此时，应注意掌握"由远到近，由易到难，由总貌到碎部，逐步推移"的判读方法（见表3-3），然后综合运用判读特征，在像片上找到判读目标的准确位置。

表3-3　判读方法

方法	内容
由远到近	远处范围大，总貌清楚，先判读远处大目标的位置，再推向近处，寻找所需判读目标的准确位置
由易到难	先抓住容易判定的特征地形，迅速找到它们在像片上的具体位置，作为判读其他地物的突破口，以此为基础，向周围扩展开来，找出较难判定目标的准确位置
由总貌到碎部	一个地区，一般是由村庄、河流、山岭、山路、森林、稻田、旱地等主要地物构成这一地区总貌。总貌描绘了这一地区地形的轮廓，给人以很深的印象，在像片上也最容易判定。在判定总貌的基础上，再缩小到某一范围去判定某个小目标的位置就比较容易了
逐步推移	这是判读中常使用的方法，假设第一个地物已经判出，则紧跟着的第二个地物也就不难判定，以此类推，逐步推移，就一定能够准确判出所需要的判读目标

综合运用表3-3中的方法就能较迅速、准确地判定全部地物、地貌元素的位置。

（4）走路过程中的判读。全野外判读更多的时候是在走路过程中进行的，即边走边判读，尤其是在地物密集的地区，到处都分布着需要判读的目标，这时就应注意"看、听、想、记"相结合，时时掌握自己在像片上的相应位置，随时将判定的地物在调绘片上标明出来，并对判读结果采用相关位置特征及比例尺核对实际距离进行检核，才能收到良好的效果。

（5）勤看立体，随时检核。看立体模型是帮助判读的重要手段，立体模型可以使需要判读的地物显得更清楚、更生动，对比感更强。应当指出，由于地物众多，地形千变万化，判读中出现错判的事时有发生，因此在判读过程中要经常进行检查，从多方面推断，直到确信无误。

总之，像片判读是项复杂、细致、责任很重、技术性很强的工作，在判读过程中，由于地形条件千变万化，地物种类繁多，错判、漏判的事会经常发生，因此要求从事这项工作的专业人员，不但要具有很好的技术水平，而且要有优良的思想素质，这样才能有效地完成这项工作。

第四章 航测外业像片控制测量

第一节 像片控制点布设的基本要求

一、像片控制点的分类

像片控制点是指符合像片测图各项要求的测量控制点，分为表 4-1 中的三种：

表 4-1 测量控制点的分类

类别	内容
平高控制点	需同时测定点的平面位置和高程（X，Y，Z），简称平高点
高程控制点	野外只需测定点的高程（Z），简称高程点
平面控制点	野外只需测定点的平面位置（X，Y），简称平面点

同一幅图或同一区域内，像片控制点应按从左到右、从上到下的顺序统一安排，有次序地进行编号，以方便查找和记忆。同一类点在同一图幅或同一布点区内不得同号；利用邻幅或邻区的控制点时仍用原编号，但应注明邻图幅图号，如 N15［18-（20）］，后面括号内的数字为邻图幅图号的简写。

二、航外控制测量对大地点分布密度的要求

航测成图不仅要求大地点有较高的精度，而且要求按一定密度布设；大地点如果没有足够的密度，不仅给航外控制测量带来困难，增加工作量，而且会影响精度。一个测区如果大地点稀少，必然会感到施测方案的制定受到制约。

1. 平面控制点分布密度

1：10 000 测图主要以国家三、四等三角点为基本控制点，我国的三等三角点平均边长为 8 km，四等三角点平均边长为 4 km，每个三角点控制的范围大约是平均边长的平方。因此，我国三、四等三角点的密度完全可以满足 1：10 000 测图的需要。

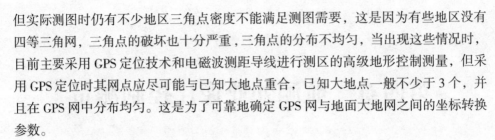

但实际测图时仍有不少地区三角点密度不能满足测图需要，这是因为有些地区没有四等三角网，三角点的破坏也十分严重，三角点的分布不均匀，当出现这些情况时，目前主要采用 GPS 定位技术和电磁波测距导线进行测区的高级地形控制测量，但采用 GPS 定位时其网点应尽可能与已知大地点重合，已知大地点一般不少于 3 个，并且在 GPS 网中分布均匀。这是为了可靠地确定 GPS 网与地面大地网之间的坐标转换参数。

2. 高程控制点分布密度

四等以上水准路线间距：在平地不超过 20km，丘陵地、山地、高山地可根据情况适当放宽。

航外像片控制高程测量一般在平地采用测图水准，丘陵地、山地、高山地采用电磁波测距高程导线或三角高程导线。测图水准允许的导线全长为 20km，电磁波测距高程导线全长规定平地不超过 14km，丘陵地规定为 25km，山地、高山地规定为 40km。由此可见，规范规定的四等以上水准路线间距为 20km 的分布密度，由于自然因素及人为因素的破坏，一般尚不能满足航外控制点高程联测的需要。在实际生产作业时，平地、丘陵地通常需要加密等外水准。等外水准附合路线全长规定为 40km，山地、高山地又常常利用电磁波测距高程导线，因此规范规定的水准路线分布密度基本上保证了测图需要。个别地区如果联测高程仍有困难，则可在三等水准的基础上加密四等水准进行补救。

三、航外控制测量对高级地形控制点的精度要求

高级地形控制点是指可作为首级像片控制测量的各种等级的起闭点。在国家等级控制点的基础上进一步加密高级地形控制点的测量工作称为高级地形控制测量。大家知道，一个测区若没有足够的已知大地点，那么像片控制点的施测难度就相当大，因此必须首先加测一些高级地形点，然后去联测像片控制点。平面高级地形控制点包括精密导线点、5 级小三角点，高程高级地形控制点包括等外水准点、国家等级水准点。

高级地形控制点直接为联测像片控制点提供起算数据，对成图质量影响很大，因此必须对高级地形控制点提出以下较高的精度要求：

高级地形控制点对于附近国家等级三角点的平面位置中误差不超过图上 ±0.05mm；像片平面和平高控制点对于附近国家等级三角点或高级地形控制点的平面位置中误差不超过图上 ±0.1mm；高级地形控制点、像片高程控制点对于附近水准点或三角点的高程中误差，平地、丘陵地、山地均不超过 1/10 基本等高距（高山地按山地要求）。

对于一些地区性的大地点，应仔细查明施测年代、作业依据、坐标及高程系统、成果精度等情况，慎重使用。

四、像片控制点布设的基本原则

像片控制点的布设必须满足布点方案的要求，一般情况下按图幅布设，也可以按航线或采用区域网布设；位于不同成图方法的图幅之间的控制点，或位于不同航线、不同航区分界处的像片控制点，应分别满足不同成图方法的图幅或不同航线和航区各自测图的要求，否则应分别布点；在野外选刺像片控制点，不论是平面点、高程点或平高点，都应该选刺在明显目标点上；当图幅内地形复杂，需采用不同成图方法布点时，一幅图内一般不超过两种布点方案，每种布点方案所包括的像对范围相对集中，可能时应尽量照顾按航线的布点，以便于航测内业作业；像片控制点的布设，应尽量使内业作业所用的平面点和高程点合二为一，即布设成平高点。

五、像片控制点布设的基本要求

航外像片控制点的布设不仅和布点方案有关，而且必须考虑航测成图的特点，即考虑在航测成图过程中像点的量测精度，绝对定向和各类误差改正对像片控制点的具体点位要求。为此，规范规定航外像片控制点应满足下列要求：

选用的像片控制点点位目标影像应清晰，易于判刺和立体量测。当目标与其他像片条件发生矛盾时，应着重考虑目标条件；像片控制点距离像片上各类标志应大于1mm，距像片边缘不得小于1cm（18cm×18cm像幅）或1.5cm（23cm×23cm像幅）。上述规定是为了不影响立体观测，提高立体量测的精度。因为像片控制点在接近压平线和各类标志时，测标不能准确切准目标；而像片边缘又存在着较大的各种误差，清晰度也较低，不能保证量测精度。但应注意，在航测成图中平面精度优于高程精度，且航向模型连接精度优于旁向模型连接精度；像片控制点应选在旁向重叠中线附近，离开方位线的距离应大于3cm（18cm×18cm像幅）或4.5cm（23cm×23cm像幅）。当旁向重叠过大时，离开方位线的距离应大于2cm（18cm×18cm像幅）或3cm（23cm×23cm像幅）；否则，应分别布点。因旁向重叠较小，需分别布点时，控制范围所裂开的垂直距离不得大于2cm。这项规定是为了保证航线模型量测精度，同时相邻两条航线共用同一控制点也可以减少野外工作量。因航线旁向重叠较小，需分别布点时，根据内业测图理论和实践可知，内业加密应在像片控制点所包围的范围之内进行，超出这个范围越远成图精度将越低。为了保证像片控制点能有效地控制测绘面积，超过控制点的作业一般不能大于1cm，如果上、下航线各超出1cm，则最大为2cm，这就是裂开的最大垂直距离；按区域网布点时，区域网四周控制点要能控制测绘面积、自由图边应布设在图廓线以外；按航线网布点时，航线两端的控制点应分别布设在图廓线所在的像对内，每端上、下两控制点最好选在通过像主点且垂直于方位线的直线上，左右偏离不大于一条基线（18cm×18cm 像幅）或半条基线（23cm×23cm 像幅）；航线中央的控制点应尽量选在两端控制点的中间，左右偏离不超过一条基线；全野外布点时，用于立体测图的四个定向点点位偏离通过像主点且垂直于方位线的直线不大于 1cm，最大不得大于 1.5cm，构成的图形尽量成矩形；当采用一张中心像片覆盖一幅图的方法作业时，像片控制点距离图廓角、图廓线不大于 1cm，最大不得大于 1.25cm（图板上不大于 5 cm）；位于不同布点方案间的控制点，应确保高精度的布点方案能控制其相应面积，并尽量公用，否则应按不同要求分别布点。这是因为布点方案与成图方法和地形类别有关，精度要求也不一样，只有这样才能保证不降低高精度图幅的成图精度要求。一般平坦地区比丘陵地区的布点精度高，丘陵地区比山地的布点精度高。

第二节　航外控制测量的布点方案

航外控制测量的布点方案是指根据成图方法和成图精度在像片上确定航外像片控制点的分布、性质、数量等各项内容所提出的布点规则。它是体现成图方法和保证成图精度的重要组成部分。

按像片控制点在航测成图过程中所起的作用，航外控制测量的布点方案可区分为全野外布点和非全野外布点两种方案，简述如下。

全野外布点是指内业测图定向和数字微分纠正作业所需要的全部控制点均由外业测定的布点方案。这种布点方案精度较高，但外业工作量很大，只在少数情况下采用。全野外布点方案按成图方法不同一般分为综合法全野外布点方案和立测法全野外布点方案。非全野外布点是指内业测图定向和数字微分纠正作业所需要的像片控制点主要由内业采用电算加密所得，野外只测定少量的控制点作为内业加密的基础。这种布点方案可以减少大量的野外工作量，提高作业效率，充分利用航空摄影测量优势，实现自动化、数字化操作，是目前生产部门主要采用的一种布点方案。非全野外布点方案按构网方式不同，可分为区域网布点和单航线布点两种方案。规范中根据地形类别和像幅大小列出了非全野外的各种布点方案。

在选择布点方案时，主要应考虑地形类别、成图方法和成图精度，但也要考虑其他方面的实际情况，如航摄比例尺、航摄像片的质量情况、测区的地形条件、仪器设备及技术条件、内外业任务的平衡情况等，这样才能选出较好的布点方案。

一、全野外布点方案

1. 综合法全野外布点

综合法测图是指用与成图比例尺相等的像片平面图或正射影像图作为图底所进行的测图。像片平面图的制作由内业纠正工序来完成，传统的方法是用纠正仪对航摄像片进行纠正，经晒像、切割、镶嵌制成像片平面图（此法目前已很少用），现在常采用的方法是利用数字高程模型，以数字微分纠正的方法得到正射影像图。外业以平面位置已确定的像片图为图底，在实地测绘地貌，根据影像调绘地物，最终获得地形原图。

从以上情况可以看出，综合法测图有三个特点：①以航摄像片的影像为基础；②地物要在实地调绘，地貌在实地测定；③必须经过像片纠正确定地物、地貌的平面位置。

目前，像片平面图的获取已由过去传统的机械纠正方法转变到数字正射影像的制作，使以前综合法测图只适用于平坦地区测图的情况发生了变化，其相应的像片控制方案也被立测法取代。

2. 立测法全野外布点

立体测图方法中的绝对定向步骤（参见第三章），须利用像片控制点来确定立体几何模型在地面坐标系中的空间方位和大小，因此我们把立测法成图过程中模型的绝对定向所需的全部控制点均由外业测定的布点方案称为立测法全野外布点。其布点方案为：在每个立体像对测绘面积的四个角上各布设一个平高点。正射投影作业也采用该布点方案。

采用非全野外布点方案时，外业只须测定少量的控制点作为内业进行加密的基础，内业在此基础上，通过加密作业可以求得内业测图所需的全部绝对定向点或纠正点的平面位置和高程。因此，作为加密基础的外业控制点必须精度高、位置准确、成果可靠，而且应满足不同加密方法所提出的各项要求。

所谓加密，是指在控制点稀少，不能满足内业测图定向和数字纠正的情况下，内业采用某些仪器设备和计算手段，通过对立体模型的量测，精确地测定一部分像片控制点，以满足测图定向的需要。目前，加密的方法主要是解析空中三角测量，又称电算加密。

3. 区域网布点

根据解析空中三角测量原理，在包括若干条航线或若干幅图的大范围内建立相互连接的区域立体模型，通过平差计算确定各加密点的地面坐标，即区域网加密就是以若干条航线为一个区域的加密。这种加密方法具有精度高、需要野外控制点少、野外工作量小的优点，因此该布点方案广泛应用于大面积航测成图中。

区域网布点的基本原则：平高控制点按网的周边布设，有周边6点法、周边8点法和周边多点法布设三种情况；高程控制点则采用网状布点。区域网的划分一般按图廓线整齐划分，亦可根据航摄分区、地形条件等情况划分，力求网的图形呈方形或矩形。区域网的大小和像片控制点间的跨度主要依据成图精度、航摄资料条件以及对系统误差的处理等因素确定。

（1）平高控制点的布设

①当采用一张中心像片覆盖一幅图的方法作业时：区域网范围在16幅图以内采用周边6点法布设平高控制点，如图4-1所示；在16幅图以上（含16幅）48幅图以内则采用周边8点法布设平高控制点，如图4-2所示；在48幅图以上（含48幅）则采用周边多点法布设平高控制点，如图4-3所示。旁向控制点间的跨度要求：平地、丘陵地不大于两条航线，山地、高山地不大于3条航线，航向两相邻控制点的间隔按规范的有关规定执行。此要求是为了限制误差积累，提高加密精度。

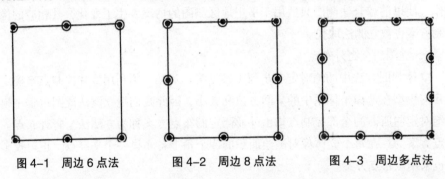

图4-1　周边6点法　　　　图4-2　周边8点法　　　　图4-3　周边多点法

②当有两两条以上航线覆盖一幅图时，平地、丘陵地以4幅图为一个区域的，采用周边6点法布设平高控制点，区域网在4幅图以上的采用周边8点法布设平高控制点，如图4-4所示；山地高山地以6幅图为一个区域的，采用周边6点法布设平高控制点，如图4-5所示，6幅图以上的，采用周边8点法布设平高控制点，如图4-4（b）所示。旁向控制点间的跨度，要求平地、丘陵地不大于3条航线，山地、高山地不大于4条航线；航向两相邻控制点间的跨度按规范的有关规定执行。

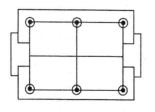
（a）以4幅图为一个区域

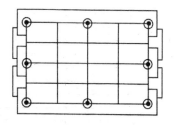
（b）以16幅图为一个区域

图 4-4

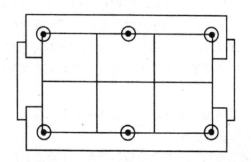

图 4-5　以 6 幅图为一个区域

（2）高程控制点的布设

高程控制点采用网状布点法。一般在平高控制点布设的基础上，于区域网中垂直航向布设 3 排、4 排，最多不超过 5 排高程控制点，如图 4-6 ~ 图 4-8 所示。航线两端上下应有一对高程点。这里的排数是按航线网高程加密精度估算公式进行估算的。

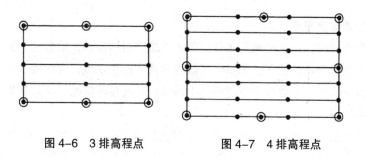

图 4-6　3 排高程点　　　　　图 4-7　4 排高程点

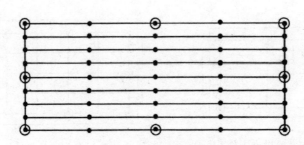

图4-8　5排高程点

①当按高程加密精度估算公式估出的值在3排与4排之间时，应按3排布设高程控制点，并在网的上下边相邻两排高程控制点中部附近加布高程点；若在4排与5排之间，则按4排布设高程点，并在网的上下边相邻两排高程点中部加布高程点。当相邻两排高程点间的跨度值小于4条基线时，按4条基线布设一排高程点，并在网的上下边加布高程点。

②对于高山地、特殊困难地区，每航线两端上下在布设一对高程点后，网的中部可采用均匀布设高程点法布设。

③不规则区域网的布点，一般在凸转折处布设平高点，凹转折处一条基线时布设高程点，两条以上基线时布设平高点。补飞航线应在航线三度重叠处布设平高点。

4. 单航线布点

单航线布点的基本原则是在每条航线上布设6个平高点或5个平高点，即所谓的六点法和五点法。

六点法主要适用于山地和高山地，在每条航线的首、中、末各布设一对平高点。

五点法主要适用于平地、丘陵地，在每条航线的首、末各布设一对平高点，航线中部布设一个平高点。

三、特殊情况布点

在实际作业中，由于受地形条件限制或航摄资料的影响，常常会遇到一些不能按正常规定要求布点的情况。如摄影区域内出现大面积水域，致使像主点和标准点位落水，航向或旁向重叠过大或过小，不同航区的连接等情况，这时就要用特殊的布点方法来处理。

处理特殊情况的布点，应视具体情况以满足内业控制加密和立体测图要求为原则布设控制点，点位在像片上的条件可适当放宽，同时也要考虑到实测的可能。

1. 航区分界处的布点

当以图幅为单位按航线布点时，若航向相同，航区分界处位于旁向：不论航摄仪是否为同一类型，焦距是否一致，旁向重叠多少，航高差多大，均按同一航区相邻航线对航摄资料的有关要求和布点的有关规定处理；当以图幅为单位按航线布点时，若航向相同，航区分界处位于航向：若两航区使用同一类型的航摄仪，其焦距之差小于0.03mm，航向重叠正常，旁向衔接错开小于10%，衔接后的弯曲度在3%以内，航高差符合规范要求时，可按同航线处理，否则应分别布点。航区分界处两侧航线各自满足本航线要求分别布点时，应注意控制范围不能产生裂缝。

2. 像片航向重叠过大或过小时的布点

像片航向重叠在80%以上时，称为航向重叠过大。这时，应根据实际情况抽去多余像片，以抽片后的像片数为准，布设像片控制点。但应注意，抽片后相邻像片之间的航向重叠度不应小于规范规定的正常重叠度的范围。

像片航向重叠度小于56%时，称为航向重叠过小。这时，应按航摄漏洞处理，即外业必须以单张像片测图或白纸测图进行补救，并根据具体情况增加野外控制点的布设，其布设原则是：漏洞所在像对的四角应各布设一个平高控制点；保证漏洞两端航线段能进行正常加密立体测图。

3. 像片旁向重叠过大或过小的布点

像片旁向重叠在60%以上时，称为旁向重叠过大。这时，可根据实际情况抽掉其中部分航线，布点方案则按抽去航线后的情况确定。如果像片重叠过大而又不能抽去航线，控制点应布设在旁向重叠中线附近，离开方位线的距离不得小于3cm（23cm×23cm像幅），否则应分别布点。

立测法成图时航线中个别像片旁向重叠度小于13%时，称为旁向重叠过小。若在旁向重叠中线附近，距像片边缘不小于1cm（18cm×18cm像幅）或1.5cm（23cm×23cm像幅）的位置能选出相邻航线公用控制点，则仍按正常情况布点处理。若旁向重叠小于2cm而大于1cm（18cm×18cm像幅）或小于3cm而大于1.5cm（23cm×23cm像幅），且影像清楚，则在该重叠中部补测1～2个高程点。如果不能满足上述条件，像片影像不清楚或重叠度小于上述规定，则重叠不够的部分必须采用单张像片测图或平板仪测图。实践证明，按照上述方法处理能保证测图基本精度要求。

4. 像主点和标准点位落水时的布点

像主点和标准点位处有水影、云影、雪影，使影像模糊不清或无明显地物时，称为像主点和标准点位落水。像主点和标准点位落水因为无法找到具体像点位置，因而不能进行相对定向和模型连接。一般情况下，像主点和标准点位落水时，其他部分总还可以找到没有落水的同名像点；只要有同名像点存在，总可以在某一区域进行相对定向和模型连接，但随着定向点和连接点分布状况不同，相对定向和模型连接的精度和工作效率将受到影响。根据实践和理论分析证明：像主点和定向点离开标准点位后，相对定向精度显著降低，因此像主点和标准点位落水时，要限制像主点和定向点的选点范围，并根据实际情况调整布点方案，以保证成图的基本精度要求，其规定为：

（1）像主点落水后，在离像主点 2cm（18cm×18cm 像幅）或 3cm（23cm×23cm 像幅）的范围内，能选出连接点时，不论落水的像片有多少张，均可以按正常航线布点。

（2）标准点位落水后，在离像主点 4cm（18cm×18cm 像幅）或 5cm（23cm×23cm 像幅）以外，在三片重叠范围内能选出连接点时，可按正常航线布点。

不能满足上述规定时，外业均需分段分区布点，落水地段按全野外布点。

5. 滨水地区及海湾、岛屿地区的布点

在海滨、岛屿、湖滨、江河水网地区，有时像片上出现大面积水域或零星岛屿，给内业加密和测图带来困难。这时，外业一般要采用一些特殊的布点方法或其他补救措施；内业可根据外业布点情况，在基本上能保证成图精度条件下，采用一些灵活的测图手段保证测图任务的完成。

应当指出，在某些情况下，以航测手段确实难以保证测图精度时，应采用常规地形测量方法测图。由于这些地区已失去内业加密条件，因此均采用全野外布点方案。

采用全野外布设的控制点应满足立体测图的需要。一般，所布设的平高点的数量和分布以能控制整个测绘面积为原则，超出控制点连线以外 1cm 的突出部分应加测平高点，困难时个别平高点改为高程点。为了测图方便，有条件的地方应尽量加测部分水位点。当一张像片内大部分是水，只有个别排列成条状或零星分布的小岛，难以按规定布点时，外业布点以能控制岛屿的大小和高程为原则酌情布设。此种布点方案灵活多样，应根据具体情况在不违背布点原则的基础上进行处理。

对于目前使用的数码航空摄影影像，由于是采用数字传感器获取的数字影像，因此其影像清晰、色彩丰富、逼真、分辨率高（12pm），且一次摄影可以同时获取灰度、彩红外、真彩色等多种影像。但数码影像（DMC 影像）与光学影像成像的几何原理不同，是非严格的中心投影，其像幅为 16cm×9cm，与光学影像差别较大，采用数码航空摄影影像进行摄影测量的关键是研究精度问题。因此，通过理论分析与实际验证，确定合理的像片控制点布设和测量方案，使数字空中三角测量精度满足成图要求。

但在目前的实际工作中，对同样大小的测区，数码摄影的像对数较多，像片控制工作量大，内业测图更换像对较频繁，效率不高，正射影像生产接边多，高层建筑拼接不完整，这些方面将很快得到改进。

第三节 航外控制测量的实施

一、资料的收集与分析

1. 大地资料的收集与分析

大地资料是计算航外像片控制点平面坐标和高程的起算数据，收集和分析大地资料对顺利实施航外控制测量、保证航测成图质量具有十分重要的作用。

大地资料包括大地点的坐标、高程，以及与使用大地成果有关的其他数据、文字材料、图件等。大地点是指国家等级的三角点、GPS 点、精密导线点、水准点等。

大地资料一般由各省测绘局统一分管，在收集大地资料时要注意资料的完整性，不能只抄取成果，还要注意抄取其他资料，如技术总结、成果说明、点之记、三角点联测图、水准点路线图等，这些资料对使用成果可以提供许多帮助。同时，还应收集年代较近、比例尺较大的老图，因为这些老图是航外控制测量和调绘工作的重要工具，是进行控制测量技术设计的基础，对今后开展工作十分有利。

收集完资料后，应首先对所有资料进行分析，查明大地资料施测的年代、施测单位、作业依据、平面及高程的起算坐标系统、成果精度等，对照规范以确定其使用价值。然后根据所收集的大地资料组织技术人员赴测区踏勘，确定大地点的位置及标石、标架的完好情况，为拟定控制测量技术计划提供可靠的依据。

2. 航摄资料的分析、检查

分析检查航摄资料的目的是查明航摄像片的飞行质量和摄影质量是否符合规范规定的各项要求，并以此提出合理的施测方案及对航摄像片出现的某些质量问题提出处理办法。

检查时，可利用老图在像片上标出图廓线位置，着重查看像片覆盖的范围，尤其是自由图边的覆盖范围是否符合规范的规定。各图边均应在立体重叠范围内，检查图幅中有无航摄漏洞和需要按特殊情况布点的问题。另外，检查时还应注意查看航摄鉴定表内对各项飞行质量情况的记载，与现有像片资料对照，看是否存在像片重叠度、像片倾斜角、旋偏角、航线弯曲度等方面的重大质量问题。最后将全部质量问题记录在案并标明位置，在技术设计时提出处理办法。

二、测区踏勘

测区踏勘就是作业单位派人直接到测区进行实地调查，收集与测绘生产有关的情况和资料。测区踏勘是测绘生产前必不可少的一项工作，其目的在于通过深入细致的调查研究，取得测区情况正确、客观的第一手资料，从而为测绘生产的合理实施提供保障。

1. 测区踏勘的内容

测区踏勘的主要内容见表4-2。

表4-2　测区踏勘的主要内容

项目	内容
气象、气候资料的收集	包括气温、降雨、风、雪、雾、冻土深度等情况和数据，这些资料可以为安排野外生产计划提供依据
测区行政区划的调查	应查明测区的行政归属，行政中心的所在地，以及各级境界的划分情况，并收集有关资料，为技术设计和作业时的调绘工作提供参考，也便于与当地政府联系，以确保测绘任务的顺利实施
居民及居民地	应了解测区内居民的民族种类、人口、风俗习惯、语言文字等情况；了解居民地及其他地理名称的命名规律；调查居民地的类型、分布特点、建筑形式等以便解决如何正确表示居民地，确定综合取舍原则等问题
测区已有成果、成图情况及测量标志的完好情况	应了解本部门或其他测量部门在测区内进行过测绘工作的成果成图情况、资料种类、范围、等级、精度及利用价值，以免造成重复和浪费。同时，还必须调查标志的完好情况，以便考虑补救的措施
交通运输情况	应调查了解测区内各种道路的等级、分布、质量、通行能力等情况，以便在技术设计时确定主要道路的具体等级，以及道路网在图上的取舍原则，同时也为安排出测、运输、迁站、小组活动等提供依据
特殊地物、新增地物情况的调查	主要是指规范和图式中不明确或没考虑到的、当地比较突出需要表示的地物以及航摄后新增加的地物，调查这些地物的情况，以便在技术设计时考虑应采取的相应措施
土壤、植被情况	要特别注意调查沙地、戈壁、盐碱地、沼泽地以及各种植被的分布情况，分布特点，同时要弄清植被的种类、平均高度、密度等生长情况，这些对选取作业方法、配备器材装备、计算工作量都有影响
地貌情况	了解测区内主要地貌的类型，平均概略高程，一般比高、坡度，人工地貌和自然地貌的分布和特征等情况，以便解决成图方法及如何运用等高线和各种地貌符号正确显示地貌特征的问题
典型样片的调绘及实地摄影	选取各种类型地形元素的典型航摄像片在野外进行实地调绘工作，用样图来说明各种元素的表示方法及综合取舍的原则，以便指导生产。对于有典型意义的特殊的地形元素，应进行实地摄影，用图像说明它们的具体特征
水系、水文情况	应调查了解测区内河流、湖泊、水库、沟渠等水系的分布、特征，以及附属建筑物等情况；同时应收集和测定河宽、水深、流速、水位等水文资料，为技术设计时确定水系表示的原则和特殊问题的处理提供可靠的数据及情况

另外，还应了解测区内劳动力、交通工具、向导、翻译的雇请情况；木材，砂石，材料，主、副食品的供应情况；治安、卫生情况等。总之，要达到全面了解测区情况，为解决生产、技术的各种问题提供全面可靠的资料。

2．测区踏勘的方法

测区踏勘的方法一般是先收集分析现有的资料，如现有的老图、像片等，然后拟订踏勘计划（计划应包括参加的人员，踏勘的时间、路线、目的和重点等），最后按照踏勘计划到实地进行踏勘。

3．编写踏勘报告书

这是测区踏勘的最后一道工序，将测区踏勘中看到的、了解到的情况和收集到的资料进行分析和概括，编写成系统的、全面的、层次清楚的、符合设计需要的文字报告材料。报告书中的内容有测区范围、地理概括、交通运输、居民及居民地、气候、地区作业困难类别、其他情况及建议（包括对作业装备，劳动防护装备，材料采购，运输问题，出测、收测时间及作业日数队部及中队部的设置地点等提出建议性质的意见）等内容。

4．编写技术设计书

技术设计书是各个作业小组进行野外作业的重要依据，因此应在测区踏勘的基础上，根据测绘任务的要求进行编写，主要有以下内容：

（1）设计的目的和范围。包括上级下达任务的文号和其他文件依据，完成此项任务的政治、经济意义，测区地理位置、面积及测图比例尺。

（2）测区的自然地理概况。按测区踏勘报告书内容简要编写。

（3）测区已有的成果、成图资料。主要包括三角测量、GPS测量、水准测量、航摄、旧图等成果资料情况。应分别说明这些资料的收集情况、质量情况，以及三角点、高等级GPS点、水准点标志在实地的完好情况，对这些资料利用的可能性和利用方案。

为了使介绍更清楚，可以绘制"测区已有成果资料图"，如三角点、GPS点、水准点分布图，航摄像片覆盖情况图等。

（4）技术设计方案。技术设计方案是技术设计书的主要部分，也是实际作业时的作业依据之一。它是根据测区实际情况、资料情况、内外业生产情况以及任务情况等综合权衡后制订出来的。

技术设计方案应包括以下内容：确定航测成图方法、布点方案，以及像片布点要求和规定；提出各类控制点的平面、高程的加密方案、限差、计算方法和各项要求；对确定采用的成图方法，提出表示地貌的基本等高距以及描绘等高线的各项要求；对像主点落水、航摄相对漏洞和绝对漏洞、航区结合处、像片重叠过大或过小、滨水地区、隐蔽地区等特殊问题提出处理方法；如果技术设计中提出的处理方法在规范中没有相应规定，应详细写出作业过程、限差规定和精度估算的结果；像片调绘，应说明各类地形元素应该执行的表示方法和有关规定，如某些地物具体应该执行的综合取舍原则，道路等级的划分原则，图式中没有规定的独立地物如何借用图式符号等。此项叙述不应该是规范图式的重复，而需重点针对本测区容易混淆和被忽视以及本测区出现的特殊地形元素或情况，加以突出的叙述，使规范、图式与本测区的具体情况相结合，恰当地处理好各种调绘问题。必要时应作出典型调绘样本，使作业时做到符号统一、综合取舍程度统一。

（5）绘制设计图。设计图是设计书的重要组成部分，一般应标绘以下内容：高等级控制点的位置、等级和图形；需加密的控制点及等外水准路线的布设及联测方案；像片控制点的概略位置；成图方法、调绘和控制的困难类别；测区范围和周围的成图、接边情况；图号、像片号，航线、航区结合情况；主要城镇、交通干线、主要水系和境界。

以上内容可根据情况分开或合并绘制，设计图的比例尺大小也要根据内容多少而定，以表示清楚、易读为原则。

（6）编制计划表格。主要有工作量综合表，外业时间利用表，生产进度计划表，主要设备、物资表等。

（7）成果成图资料的检查验收和上交。设计书中必须明确规定各作业组、中队、大队的检查验收方式，检查验收的数量和主要项目，规定上交资料的项目、名称等。

三、高级地形控制测量

当国家等级三角点、GPS 点、精密导线点、水准点的数量及分布不能满足航外像片控制测量对起算点的基本要求时，应布设 E 级 GPS 点、测角中误差为 5″ 的电磁波测距导线点，以及施测等外水准、电磁波测距高程导线等，作为像片控制测量的基础。

1. 平面控制测量

（1）5″ 级电磁波测距导线

电磁波测距导线是以国家等级点为基础，布设成单一附合导线或有结点的导线网。仪器应采用每千米测距中误差（标称精度）不大于 10mm 的 Ⅱ 级电磁波测距仪。

一般，在平坦地区或通视困难地区采用电磁波测距导线。导线布设的各项要求参照有关规范的规定执行。

（2）GPS 定位测量

GPS（全球定位系统）是美国从 20 世纪 70 年代起开始研究和应用的。目前，GPS 技术不仅可以用于导航定位，而且可以用于大地测量定位。其定位精度可达厘

米级，完全可以代替传统的各级大地控制测量。作为航测外业的控制测量，利用
GPS 技术测定高级地形控制点的坐标，其在精度和速度上均优于一般测量方法。

GPS 接收机自动化程度高，观测操作十分方便。在进入测区后，首先将该区域
地理坐标（从图上查取）和作业时间等输入机内，由厂方提供的软件设备就能显示
提供卫星通过该地区的最佳观测时间段，然后根据接收机的数量和给出的时间段，
制订安排到各测站点进行观测的计划。具体观测时，只需将接收机天线安置对中于
测站点上（或像控点上），并输入点名、观测时间段等有关信息，接收机即可自动
接收信号，获取所需的观测成果。

应用 GPS 技术建立控制网测定高级地形控制点坐标的理论与经典控制网的概念
有很大的区别，它有下列特点：

① GPS 网中所有点位都是独立测定的，不存在控制点间误差传递的问题，因此
无须"逐级控制""分级施测"。

②观测时间短。目前，利用经典的静态定位方法，完成一条基线的相对定位所
需要的观测时间，根据不同的精度要求，一般为 1 ~ 3h。

③点与点之间不需要通视。既要保持良好的通视条件，又要保障测量控制网的
良好结构，这一直是经典测量技术在实践方面的困难问题之一。GPS 测量不要求观
测点之间相互通视，因而不再需要建造觇标。这一优点使其既可大大减少测量工作
的经费和时间，同时也使点位的选择变得更为灵活。

④可以全天候工作。GPS 的观测工作可以在任何地点、任何时间连续地进行，
一般不受天气状况的影响。

⑤定位精度高。现已完成的大量试验表明，目前在小于 50km 的基线上，其相
对定位精度可达 $1 \times 10^{-6} ~ 2 \times 10^{-6}$，而在 100 ~ 500km 的基线上可达 $10^{-7} ~ 10^{-6}$。

2. 高程控制测量

高级地形控制点的高程在平地可用等外水准测定，在丘陵地、山地、高山地一
般采用三角高程路线或电磁波测距高程导线。等外水准测量时应起闭于国家四等以
上的水准点或四等水准联测过的三角点或高级地形控制点，平差后的等外水准点可
再发展一次等外水准。经纬仪三角高程路线和电磁波测距高程导线的起闭点应为等
外水准联测过的三角点或高级地形控制点。有关高程联测的各项规定应按规范执行。

3. 选点和埋石

高级地形控制点的选点工作应在充分调查测区已有大地点的基础上，根据任务
要求和已知成果资料及测区自然寺点等情况，拟订最合理的布设方案。选点时，
应注意通视良好，以便于在施测像片控制点时应用。

点位确定之后，一般应进行埋石，并根据测区情况建造简易觇标或竖立标杆。

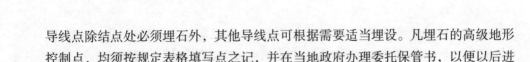

导线点除结点处必须埋石外，其他导线点可根据需要适当埋设。凡埋石的高级地形控制点，均须按规定表格填写点之记，并在当地政府办理委托保管书，以便以后进行测量工作时使用。

4. 观测、计算及成果整理

高级地形控制点是航外控制测量的基础，按技术计划布设的 GPS 点、精密导线点应首先安排施测。具体的观测计算方法、原理和要求均与常规的地形测量（或控制测量）完全相同，这里不再重复。

观测、计算工作结束后，应对计算资料进行系统的整理并装订成册。一般，可按一个测区装订成一册，若测区范围较大、点较多，则可按 1∶100 000 或 1∶50 000 图幅为单位分区装订。

四、像片控制测量技术计划的拟订

各作业组在领取各种资料并对资料进行分析后，即可根据规范的有关规定和业务主管部门制定的技术设计书，着手拟订控制测量技术计划。航外控制测量技术计划的拟订是一项十分重要的工作，周密而又细致的技术计划不仅可避免工作的盲目性，减少失误，加快测量速度，而且可以提高成图质量。

拟订技术计划一般在出测前进行，具体方法和步骤如下所述。

1. 在老图上标绘大地点和图廓线

对于施测年代较早的大地点，老图上已有表示，只须根据它们的坐标和点之记检核其位置，并用较醒目的颜色标示。对于老图上没有表示的大地点，可根据其坐标以展点的方法确定其在老图上的位置。对于水准点，可根据点之记和路线图与老图上的地物、地貌相对照，判定出其概略位置。

在老图上标绘图廓线可采用对称折叠和量算两种方法。对称折叠是指以老图的图廓线为准，纵横对折，再对折，直到获得所需图廓线的折叠线，如 1∶25 000 的一幅老图等于 1∶10 000 的 4 幅图，那对折两次的折叠线即是 1∶10 000 的图廓线。所谓量算法，是指用直尺量出老图四周图廓线的长度，按图幅分幅情况计算各边的等分点，然后将各相应等分点连线，最终获得所需图幅的图廓线位置。

2. 在像片上转标图廓线和大地点

在像片上选取像控点必须考虑图廓线、大地点的位置，因此应将老图上标出的图廓线和大地点转标到像片上。转标时，要注意利用老图上的地物、地貌线画的符号与像片上相应影像进行对照判读，并用红、蓝玻璃铅笔以相应的符号把它们标示出来。同时，还应将像片上的像主点、方位线等标绘出来，以便选点时像控点的点位满足规范的有关规定。

3. 在像片上选点

像片选点是指在像片上初步确定像片控制点的合适位置，是拟订联测计划的重要内容之一。在像片上选点时应注意以下问题：

所选点位必须满足布点方案的要求。布点方案一般由上级部门在技术设计书中确定，不同的布点方案对像片控制点的性质、数量、分布均有不同要求，必须按规范规定严格执行。因此，确定布点方案是进行像片选点首先要考虑的问题；所选点位必须满足控制点在像片上的基本位置要求；选点时必须考虑刺点目标的要求。刺点就是用细针在像片上对准所选定的点位刺穿一个小孔，用以标示控制点在像片影像上的准确位置，为内业量测提供点位依据。因此，刺点目标的选择必须符合有关规定；选点时必须考虑实际施测的可能性。所选的像控点虽然已满足了上述各项要求，但实际上无法施测或施测困难。因此，选点时要考虑周围的地形条件和相应的联测方法，以保证实测的可能性。选点时应考虑已有大地点的利用。凡符合上述各项要求的大地点均可代替像片控制点，以减少野外工作量。像控点选好之后应进行统一编号，一般是从北向南、从左向右依次进行编号。在同一图幅或同一区域内不能重号。如果利用邻幅或邻区的控制点，则应在其编号后加注该图幅的图号。

像片编号是指在每一张像片上编写图幅号、航线序号和像片序号，以便于查找像片。图幅号应注于像片的北边中央；航线序号一般采用由北向南，以（1）、（2）、（3）的顺序书写于图幅号下面；像片序号一般可采用摄影时的编号，不再重新编号。

4. 制订像控点联测计划

像控点的联测计划一般在老图上进行，因此在像片上选出像控点后，还要将这些控制点转标到老图上。然后在老图上根据大地点和像控点的分布情况，结合地形特点、像控点的性质和精度要求以及规范的有关规定，综合思考，最终制订出比较合理的平面和高程联测计划。

（1）控制点平面位置的联测计划

联测计划包括联测方法的选择和按规定确定具体的联测图形或联测路线。目前，主要采用的联测方法是全球定位技术（GPS）和电磁波测距附合导线、支导线及引点等方法。

在地区平坦、隐蔽，通视困难的情况下，一般采用电磁波测距导线施测。由于电磁波测距精度高，通视条件容易满足，故是当前用于隐蔽地区的主要施测手段；由于像控点受着许多条件的限制，选点相对比较困难，在不少情况下进行联测都不容易，因此在航外控制测量中使用引点、支导线点和补点的情况较多，这点应当注意；应当注意，这里所说的补点不是像控点，它不受像片条件和布点方案约束，它的位置可以根据联测像片控制点的需要选定。在控制测量中，一般将补点选在图幅内地形最高、通视最好的地方，这样不仅补点本身容易交会出来，也便于作为已知点去发展其他像片控制点。因此，补点是控制点联测中经常用到的一种过渡点。

目前，GPS 技术已在各测量单位广泛应用，利用 GPS 技术测定像控点的坐标，其精度和速度均优于上述传统的控制测量，且不受地形、通视等条件的限制，是当前较理想的一种施测方法。但当知道需要施测的像片控制点周围有不利于 GPS 定位的客观因素存在时，如微波发射塔、电视差转台、高压走廊、大面积水域等，可考虑在其附近加测一对相互通视的补点。

（2）像片高程控制点的联测计划

控制点的高程联测是航外控制测量的重要组成部分。像片上设计的高程控制点和平高控制点均须测定其高程。像控点的高程联测一般采用测图水准、电磁波测距高程导线、三角高程导线、独立交会高程点等方法，其测定精度应符合相对于附近等外水准点或联测过等外水准的三角点、GPS 点的高程中误差，平地、丘陵地、山地均不超过 1/10 基本等高距（高山地按山地要求）的要求。实际作业中应根据不同的地形条件，选用不同的施测方法。目前，主要采用测图水准及电磁波测距高程导线两种方法。

测图水准主要用于平坦地区，起闭于等外水准以上联测过的三角点、小三角点或其他高程控制点。测图水准采用水准标尺单面一次读数，读记至厘米。观测时仪器应尽量安置在前、后标尺的中间，水准路线全长不超过 20km，高差闭合差不超过 0.4m。

（3）对控制点发展次数的要求

根据精度估算和实践证明，由大地点测定的像控点，在保证成图精度的情况下，可以再发展控制点，但发展次数必须限制。

对平面控制点：电磁波测距附合导线的发展次数，自三角点或高级地形控制点起不超过 3 次；当连续配合三角点或高级地形控制点发展时，不超过 4 次。最后一级控制点不得发展引点及支导线点。三角锁（线形锁）和电磁波测距附合导线上的点可相互发展，并能发展交会点，但交会点不能作为三角锁（线形锁）和导线的起闭点。引点和支导线点不能再发展新点。

对高程控制点：测图水准、电磁波测距高程导线、经纬仪三角高程路线和独立交会高程的发展次数，自三角点或高级地形控制点起，不超过 3 次；当连续配合三角点或高级地形控制点发展时，不超过 4 次。测图水准、电磁波测距高程导线、经纬仪三角高程路线可发展独立交会高程点，但独立交会高程点不能作为导线的起闭点。

5. 绘制像控点联测计划图

将老图上拟订的像片控制点联测计划，按一定的比例尺和规定符号，重新整饰到图纸上，以供实际作业时使用。联测计划图的比例尺应等于或大于老图比例尺，联测计划图上的大地点、像片控制点位置均是概略标定的，各符号规定如下：

图廓线和各种注记用黑色；像主点绘边长为 5mm 的蓝色正方形并注出像片编号；三角点绘边长为 7mm 的红色三角形；GPS 点绘边长为 7mm 的红色三角形，中间加内接圆圈；导线点绘边长为 7mm 的红色正方块；水准点绘直径为 5mm，中间加 "×" 的绿色圆圈；补点绘直径为 7mm 的红色圆圈，并注出相应的点名或点号；平面控制点和平高控制点绘直径为 5mm 的红色圆圈，并注出相应的点名和点号；控制点平面位置测定方向线绘红色直线；三角高程测定方向线绘绿色直线，实线与虚线分别表示双向或单向观测（虚线端表示未设站）；高程导线、测图水准路线绘绿色曲线；等外水准路线绘红色曲线；图幅编号、成图方法及计划图名称均注于北图廓外中央位置；计划图的比例尺注在南图廓外中央，作业员姓名及编制日期注于南图廓外东端；如图幅内有像主点落水、航摄漏洞等情况，须在相应位置标注。

绘制联测计划图的目的在于加强工作的计划性，减少工作中的损失和不必要的返工。实际作业时还会有某些变动，因此在全部控制测量工作完成后，还要根据最后施测情况重新绘制，并附于"测量计算手簿"中，以供使用者参考。

五、像片控制点的选刺、观测、计算

像片控制点的野外测定工作包括选点、刺点、插旗、观测、计算和成果整理等内容。虽然在室内已经拟订了像控点的联测计划，且已在像片上确定了这些像控点的概略位置，但还必须到实地去落实计划，找出具体点位并最后给以确定，然后才能在这些点上打桩、插旗，按照不同的要求进行观测和计算，最终获得所需要的测量成果。

1. 野外实地选点

所谓实地选点，就是用像片影像与实地对照，然后在实地找到符合规范各项要求的控制点位置。实地选点应首先根据技术设计时提供的控制点的概略位置去寻找刺点目标，如果设计时提供的控制点位置在实地无法找到，或通视情况不好，联测有困难，以及其他原因需挪动点位，则必须特别注意，挪动后的点位仍须符合规范中的有关规定。

实地选定的像控点，不仅满足布点方案及其在像片上点位的要求，还应符合像控点刺点目标的要求。为保证刺点准确和内业量测精度，刺点目标应根据地形条件和像控点的性质进行选择。

平面控制点的刺点目标，应选在影像清晰、能准确刺出点位的目标点上，以保证平面位置的准确量测。一般，应选在线状地物的交点和拐角上，如道路交叉点、固定田角、场坎角等，此时线状地物的交角或地物拐角应为 30° ～ 150°，以保证交会点能准确刺出。弧形地物和阴影等均不可选作刺点目标。

高程控制点的刺点目标应选在高程变化不大的地方，以保证内业在立体模型上量测高程时，不会因量测位置不准确而对高程产生较大的影响。因此，高程点一般选在地势平坦的线状地物交会处，如地角、场坎角，平山顶及坡度变化较缓的圆山顶、鞍部等也可作为刺点目标。狭沟、太尖的山顶和高程变化急剧的斜坡均不能选作高程控制点的刺点目标。

平高控制点的刺点目标应同时满足平面控制点和高程控制点的要求。

森林地区由于选刺目标比较困难，一般可以选刺在没有阴影遮盖的树根上，或者选刺在高大突出、能准确判断的树冠上；在沙漠、草原等选点困难的地区，也可以灌木丛、土堆、坟堆、废墟拐角、土堤、窑等作为选刺点的目标。当点选刺在高于地面的地物顶部时，应量注顶部至地面的比高；点位刺在田坎等地物边缘时，由于内业量测高程不易区分基准面，因此应在像片反面注明刺在坎上或坎下。

当所选的控制点点位确定下来并确认准确无误后，即可在该点位置上打下木桩，以标定控制点的位置；若地面为岩石，可不打木桩，但应用油漆在地面上标出点位，然后在木桩上固定一个用木花杆（或竹竿）做成的觇标，作为观测水平角和垂直角的目标。

2. 像片刺点和像片反面整饰

像片刺点就是用细针在像片上刺孔，准确地标明像片控制点在像片上的位置，给内业提供判读和量测的依据。像片刺点准确与否直接影响内业加密和测图的精度，因此应认真仔细。

实际刺点时，应在像片背面垫上塑料板，用直径不大于 0.1mm 的小针尖在选定的目标上刺孔，在有刺穿的感觉后，将针拔出；然后将像片对向天空，观察刺孔是否符合要求，并在像片背面用铅笔作出标记。内业可通过刺点处的亮光判定点位进行准确的量测。由此可见，点位刺偏、刺错，内业将无法应用这一刺点成果。为了避免可能出现的差错，规范规定像片刺点必须经第二人进行实地检查。

像片刺点应满足以下要求：刺点时应在相邻像片中选取影像最清晰的一张像片用于刺点，刺孔直径不得大于 0.1mm，并要刺透。刺偏时应换片重刺，不允许有双孔；平面控制点和平高控制点的刺点误差，不得大于像片上 0.1mm。高程控制点也应准确刺出；同一控制点只能在一张像片上有刺孔，不能在多张像片上有刺孔，以免造成错判；国家等级三角点、水准点、埋石的高级地形控制点，应在控制像片上按平面控制点的刺点精度刺出，当不能准确刺出时，水准点可按测定碎部点的方法刺出，三角点、埋石点在像片正反面的相应位置上用虚线表示，并说明点的位置和绘点位略图。

像片的反面整饰是指按一定要求在像片反面书写刺点说明，并简明绘出刺点略图，标明控制点的位置和点名、点号。

图中圆圈代表平面点、平高点或高程点，并分别以 P、N、G 编写其点号。三角形代表三角点，虚线边的三角形代表不能准确刺出点位的三角点。刺点说明或略图写绘于控制点考边的方便处。点位说明要简明扼要、清楚准确，同时应与所绘略图一致。略图一般应模仿正面影像图形绘制且与正面影像的方位、形状保持一致，这样内业判读时比较方便。最后应按规定签注刺点者、检查者姓名及日期，以示负责。

像片控制点的观测和计算与常规地形测量中图根控制点的观测和计算在原理、方法以及各项要求方面均相同，这里不再重复。

六、GPS 联测像控点的作业步骤

GPS 在实地测量点的三维坐标可以代替常规的三角测量和水准测量，一般采用 GPS 静态相对定位方法。将欲观测的航测外业控制点连同必要的测区已知的三角点和水准点构成 GPS 卫星定位网。该网是由一个又一个的同步环路构成的。所谓同步环路，就是指几台 GPS 信号接收机在同一时段内在几个测站上同步观测共视卫星所构成的环形几何图形。当某基线进行了两个以上的时段观测时，就产生了基线复测坐标闭合差。由不同时段所测基线构成的闭合环路，叫作异步环路。

1. 选点

GPS 测量选点与常规的地面测量不同，它不要求各测站点间的通视而主要考虑测站本身是否满足像控点的条件和是否有利于接收卫星信号。

所选点位在满足像控点条件的前提下，应尽量选在较开阔的地方，而且要避免多路径误差的影响。所谓多路径误差，是指反射波对直接波的破坏性干涉而引起的站星距离误差。下述场合不宜设立 GPS 测站：具有强反射的地面。例如，邻近水面、平坦光滑的地面、盐碱地带、金属矿区等地方将会引起强烈的反射信号；具有强反射的环境。例如，测站位于山谷、山坡或建筑物旁等，在这些环境下，也许测站附近植被良好，有较好的散射和吸收微波的能力，但是邻近测站的地物或地形能够引起较强的反射波，从而导致较强的多路径效应，甚至引起定位数据的粗差；附近具有电磁波强辐射源。例如，在雷达、电台、微波中继站、高压线和变电站附近，不仅导致强反射波，而且它们所辐射的强电磁波，将会被极灵敏的 GPS 天线单元所接收，

从而"烧坏"天线单元。

限于像控点自身在像片上规定位置的要求而使点位不能改变，但又恰恰处于具有强反射波的地方，为了减少多路径误差，可采取以下措施：适当变更天线高度，避开强反射点，或者每一时段采用一种天线高度，取用几种不同的天线高度下的GPS数据的"中数"，以削弱多路径误差；采用大偏心观测的方法，避开强反射波；采用人为抑制措施。例如，给 GPS 信号接收天线增设大小适当的微波吸收屏，以吸收到达天线的反射波。

2. GPS 网形设计和时段安排

GPS 卫星定位网的设计原则是：着眼于整个区域，直接将欲测的像控点和测区已知的三角点、水准点构成网环路和子环路，以形成封闭的 GPS 网。网形设计一方面要顾及各 GPS 测站的精度均匀，另一方面要尽可能构造一些区域性的子环路和全局性的网环路，以利于探测和剔除 GPS 数据粗差，进行质量控制。GPS 观测通常使用 3 ~ 4 台 GPS 接收机同步观测一段时间来完成各测站的相对定位，称为一个时段的观测。观测到的卫星越多，观测时间可以越短，一般需要 20 ~ 60min。

3. 外业数据采集

野外数据采集是根据已做好的作业计划在野外进行 GPS 观测工作，有表 4-3 中的几个步骤：

表 4-3 外业数据采集

项目	内容
天线安置	GPS 天线应尽可能安置在三脚架上，并对中、整平。天线安置后，应在各观测时段的前后各量测一次天线高
观测作业	在开机观测工作之前，接收机一般需按规定经过预热和静置。观测作业的主要任务就是捕获 GPS 卫星信号，并对其进行跟踪、处理和量测，以获取所需要的定位信息和观测数据。接收机在开始记录数据后，作业员应注意查看有关观测的卫星数量、卫星号、相位测量残差、实施定位结果及其变化、存储介质的记录情况等。在观测过程中，接收机不得关闭或重新启动，不准改变天线高
观测记录	GPS 的观测过程是自动的，其观测接收的数据会自动记录在存储介质上。作业员应在接收机启动前和观测过程中，按照规范要求随时填写测量手簿，不得事后补记

4. 观测成果的外业检核

观测成果的外业检核是确保外业观测质量、实现预期定位精度的重要环节，所以当观测任务结束后，必须在测区及时对外业的观测数据质量进行检核和评价，以便及时发现不合格的成果，并根据情况采取淘汰或重测、补测措施。外业观测成果的检核内容有：同步边观测数据的检核；重复观测边的检核；独立边构成的环闭合差检核；同步环闭合差的检核。

5．观测数据的测后处理

GPS 数据采集后，一般采用相应的随机后处理软件自动进行计算，大体过程为：预处理、平差计算、坐标系统的转换或与已有地面网的联合平差。

经过以上步骤，最后可得到所需像控点的大地坐标。

七、控制测量成果的整理工作

1．计算成果的整理

计算成果的整理工作是指将全部计算成果分类制表并按规定顺序装订成册，以便于长期保存和查找。装订后的成果为"测量计算手簿"。同时，将全部控制点的坐标、高程（包括大地点成果）一并抄入本图幅图历表内，或者抄入本区域左上角图幅的图历簿内。然后将图历簿、观测手簿、控制像片、调绘像片、测量计算手簿及检查验收意见书等一并装入资料袋，并填写资料清单上交。高级地形控制点成果要单独整理装订。

2．控制像片的正面整饰

为方便内业对像片控制点的应用，凡是提供给内业使用的大地点、5″小三角点、5″导线点、像片控制点均须在像片正面按规定进行整饰。整饰的方法和要求如下：凡已准确刺出的三角点、GPS 点、5″导线点、平面点和平高点均用红色墨水分别以边长或直径为 7mm 的相应符号进行整饰；已刺出的水准点、高程点用绿色墨水以直径 7mm 的"O"符号表示；凡不能准确刺出点位的三角点、小三角点、导线点用虚线以相应符号表示；当相邻区域的控制点公用时，邻区的控制像片应作转标，并加注实刺片的图幅编号和像片编号；点名、点号及高程注记要求字体正规，用红墨水以分数形式注出：分子注点名、点号，分母注高程。水准点的高程注到小数点后两位，其他高程注到小数点后一位；平面点只注点号；刺点者、转刺者、检查者均应在像片反面签名。

3．像片控制测量的接边

像片控制测量成果整理工作完成以后，应及时与相邻图幅或区域进行像片控制测量接边。像片控制测量接边工作包括以下内容：邻幅或邻区域所测的像片控制点，如果为本幅图或本区域公用，则应检查这些点是否满足本图幅或本区域各项要求，如果满足要求，则将这些点转刺到本图幅或本区域的控制像片上，同时将成果转抄到计算手簿和图历簿中；自由图边的像片控制点，应利用多余的调绘像片进行转刺并整饰，同时将坐标、高程等数据抄在像片背面，作为自由图边的专用资料上交；

接边时应着重检查接边处是否因布点不慎产生了遗漏控制点的现象，以便及时补救。所有观测手簿、测量计算手簿、控制像片、自由图边和接边情况都必须经自我检查、上级部门的检查验收并按要求修改和补测合格后方可上交。

第五章　像片调绘

第一节　像片调绘的基础知识

　　像片调绘是利用像片进行判读、调查和绘注的总称，即根据像片影像进行判读，同时在判读的基础上，按照规范规定的原则对各类地形元素进行综合取舍，并进行调查、询问、量测，然后以相应的图式符号着墨表示，为航测内业成图提供基础信息资料的工作；像片调绘是航测成图过程中十分重要的工作，其成果是内业测图的主要依据，所以像片调绘的质量直接影响到最后成图的精度。因此，要求在进行像片调绘时，必须认真负责、一丝不苟，因为一旦调绘内容有错，内业是难以发现的。

一、地形图图式符号的应用

　　图式符号是识别和使用地形图的重要依据。怎样正确理解图式符号的意义，掌握图式符号的应用，是调绘中的重要问题，下面就图式符号的理解与应用作一介绍。

　　1. 图式符号的作用

　　在地形图上，用图式符号表示地物或地貌的类别、位置、形状、大小、作用和功能等特征，图面既清晰易读，又可利用图上的图式符号量测各地物、地貌之间的方向、水平距离、高差和面积等，从而丰富了地图的表达能力与量测的准确性。

　　2. 图式符号的分类

　　根据地物、地貌的特征和性质，包括文字注记在内，可将地形图图式符号分为九大类（见表5-1）：

表5-1　图式符号的分类

类别	内容
水系	包括河流、湖泊、海岸、水库、沟渠、渡口、码头、水井、泉、沼泽等
测量控制点	指三角点、小三角点、水准点等

续表

类别	内容
道路及附属设施	包括铁路、公路及其附属建筑物和机耕路、乡村路、小路、桥梁等
居民地及设施	包括独立房屋、街区、窑洞、蒙古包、城墙、围墙、栅栏、工矿设施、发电站、加油站、气象台、电视发射塔、游乐场、革命烈士纪念碑、亭、庙宇、水塔、烟囱、窑等
境界	指国界、省界、地区界、县界、乡界和自然保护区界等
地貌	指等高线、陡崖、冲沟、土堆、坑穴、山洞、滑坡、梯田坎等
管线	指电力线、通信线、各种管道等
植被及土质	包括地类界、树林、疏林、幼林、灌木林、竹林、经济林、稻田、旱地、草地、盐碱地、露岩地、沙地、石块地等
注记	指各种地理名称、各种说明的注记和数字注记

3. 符号的定位

所谓符号定位，就是指确定地形图图式符号与实地相应物体之间位置关系的方法。也就是要明确规定出：符号的哪一点代表实地相应物体的中心点，哪一条线代表实地相应物体的中心线或外部轮廓线。这样，才能准确知道实地物体在地形图上的位置。符号的定位要求如下：

（1）依比例尺表示的符号：符号的轮廓线表示实地相应物体轮廓的真实位置。

（2）圆形、正方形、长方形等独立的几何图形符号：其定位点在几何图形中心，如三角点、埋石点、燃料库等。

（3）宽底图形符号：其定位点在底线中心，如蒙古包、纪念碑、烟囱、水塔、宝塔等。

（4）底部为直角的符号：其定位点在直角的顶点，如独立树、风车、路标、加油站等。

（5）几种几何图形组合成的符号：其定位点在下方图形的中心点或交叉点，如跳伞塔、无线电塔、敖包、教堂、气象站等。

（6）下方没有底线的符号：其定位点在下方两端点连线的中心点，如窑、彩门、山洞、亭子等。

（7）半依比例尺表示的线状符号：其定位线在符号的中轴线，如道路、河流、堤、境界等。依比例尺表示时，在两侧线的中轴线。

（8）不依比例尺表示的其他符号：其定位点在其符号的中心点，如桥梁、水闸、拦水坝、岩溶漏斗等。

（9）符号图形中有一个点的，该点为地物的实地中心位置。

4. 符号的方向

地形图上符号的方向描绘有一定的规律。在调绘中既要把符号的位置描准也要把符号的方向绘准。符号的方向一般分为按真方向和按固定方向描绘的两种符号。

真方向符号。这类符号描绘的方向要求与实地地物的方向一致，如独立房屋、窑洞、山洞、打谷场、河流、道路等，但城楼、城门符号要求垂直于城墙方向，向城墙外描绘。

固定方向符号。这类符号描绘的方向要求始终垂直于南北图廓线，符号上方指向北，如前面介绍的水塔、烟囱、独立树等。

清绘时一定要事先从图式中查明符号的方向有什么要求，否则会因为符号方向的错误使别人无法理解或得出错误的结论。

5. 符号的使用方法与要求

（1）图式符号除特殊标注外，一般实线表示建筑物、构筑物的外轮廓与地面的交线（除桥梁、坝、水闸、架空管线外），虚线表示地下部分或架空部分在地面上的投影，点线表示地类范围线、地物分界线。

（2）依比例尺表示的地物分以下情况：

地物轮廓依比例尺表示，在其轮廓内加面色，如河流等，或在其轮廓内适中位置配置不依比例尺符号作为说明；面状地物其分布范围内的建筑物按相应符号表示，在其范围内适中位置配置名称注记，若图内注记不下名称注记时，可在适中位置或主要建筑物位置上配置不依比例尺符号，如学校等，也可在其范围内配置说明注记简注，如饲养场等；分布界线不明显的地物，其范围线可不表示，但在其范围内配置说明性符号，如盐碱地等；相同的地物毗连成群分布，其范围依比例尺表示，可在其范围内适中位置配置不依比例尺符号，如露天设备等。

（3）两地物相重叠时，按投影原则下层被上层遮盖的部分断开，上层保持完整。

（4）各种符号尺寸是地形图内容为中等密度的图幅规定的。为了使地形图清晰易读，除允许符号交叉和结合表示外，各符号之间的间隔（包括轮廓线与所配置的不依比例尺符号之间的间隔）一般不应小于0.2mm。如果某些地区的密度过大，图上不能容纳，允许将符号的尺寸略为缩小（缩小率不大于0.8）或移动次要地物符号。双线表示的线状地物的符号间距很近时，采用共线表示。

（5）实地上有些建筑物、构筑物，图式中未规定符号，又不便归类表示者，可表示该物体的轮廓图形或范围，并加注说明。地物轮廓图形线用0.12mm实线表示，地物分布范围线、地类界线用地类界符号表示。

（6）在图式的植被和土质符号中，以点线框者，应以地类界符号表示实地范围线；以实线框者，指示不表示范围线，只在范围内配置符号。

（7）符号旁的宽度、深度、比高等数字注记，小于3m的，标注至0.1m；大于3m的，标注至整米。

二、像片调绘的综合取舍

1. 综合取舍

所谓综合，就是按一定的原则，在保持地物原有的性质、结构、密度和分布状况等主要特征的情况下，对某些地物分不同情况进行形状和数量上的概括；所谓取舍，就是根据地形图的需要，在进行调绘过程中选取重要的地物、地貌元素进行表示，而又舍去次要的地物、地貌元素不表示。因此，综合取舍就是在调绘或测图过程中对地面物体所进行的选择和概括，综合过程中有取舍，而取舍过程中又有综合，两者相互依存，不能孤立地去看待它们。

2. 综合取舍的原则

综合取舍是调绘或测图过程中比较复杂、难以掌握的一项技术，一般可根据表5-2中的原则来决定综合取舍。

表 5-2 综合取舍的原则

原则	内容
根据地形元素分布的密度和地区特征决定综合取舍	地形元素分布密度过大的地区，要多舍去一些次要的地物而进行较大的综合；地形元素分布密度过小的地区则只取不舍。同时，在综合取舍中，还应注意保持地物、地貌要素的相对密度及其固有特征，否则就会失真。如某地区水源很多，有较多的小水塘，取舍时绝不能把所有的小水塘都舍去而只取大水塘，这样会使图面上反映的该地区水塘不多而与实地不符，完全失去了水塘多的特征
根据地形元素在国民经济建设中的重要作用决定综合取舍	地形图主要是服务于国民经济建设的，因此地形图所表现的内容也应服从这一主题，凡是在国民经济建设中有重要作用的地形元素，就是调绘时选择表示的主要对象
根据用图部门对地形图的不同要求进行综合取舍	不同专业部门对地形图所表示的内容及表示的详尽程度各有不同的要求。如水利部门要求对水系作出详细表示，因而对水系要素要尽量多取，对其他要素则可作较大的综合或舍去
根据成图比例尺的大小进行综合取舍	成图比例尺越大，对地物的表示就越详尽，应少舍多取；反之，成图比例尺越小，在图面同样大小的范围内表示的地物就越多，综合取舍的幅度就可以大些，就可以相对多舍，多综合一些

3. 调绘像片应达到的基本要求

通过综合取舍，调绘像片应达到以下基本要求：

（1）表示准确。包括调绘表示没有移位，着墨整饰不跑线，以及地物、地貌的性质和名称注记准确等。

（2）合理协调。在调绘像片上，要求综合取舍合理，地物、地貌的相互关系处理要恰当，能反映实地的地理特征。同一测区内使用的图式符号要一致，图面上表示的内容要完整，调绘像片之间的接边要正确统一。

（3）清晰易读。要求图面整饰清晰，注记字体正规，地物和地貌要素的表示主次分明、清晰易读、负载合理。

三、像片调绘的准备工作

1. 调绘像片的准备

首先应对调绘像片编号，并选择影像清晰的像片作为调绘像片。然后对像片影像质量再进行一次检查，尤其应检查像片比例尺不小于成图比例尺的 1.5 倍，地物复杂地区还应放大；由于像片表面一般比较光滑，不易着铅、着墨，因此调绘前应对像片进行适当处理。一般的方法是用砂橡皮擦拭像片表面，直到清楚着铅，但注意不要擦坏影像。

2. 调绘面积的划分

调绘面积是指每一张调绘像片进行调绘的有效工作范围。为了满足内业成图的需要和保证像片图及图幅间不致发生漏洞与重复，必须在每张像片上绘出调绘面积的边缘轮廓线，简称为调绘线。划分调绘面积线有以下要求：调绘面积以调绘面积线标定。为了充分利用像片，减少接边工作量，在正常情况下，要求采用隔号像片作为调绘像片来描绘调绘面积线，且不得产生漏洞或重叠；调绘面积线距像片边缘应大于 1cm；当采用全野外布点时，调绘面积的四个角顶应在四角的像片控制点附近，且尽可能一致，偏离控制点连线不应大于 1cm；当采用非全野外布点时，调绘面积线在调绘像片间重叠的中部；调绘面积线应避免分割居民地和重要地物，且不得与线状地物相重合；图幅边缘的调绘面积线，如为同期作业图幅接边，可不考虑图轮廓线的位置，仍按上述方法绘出，以不产生漏洞为原则；如为自由图边，实际调绘时应调出图廓线外 1cm，以保证图幅满幅和接边不发生问题；图幅之间的调绘面积线用红色，图幅内部用蓝色，并以相应颜色在调绘面积线外注明与邻幅或邻片接边的图号、片号，这样要求主要是为了便于区分和查找相邻调绘像片；调绘面积线在平坦地区一般绘成直线或折线；在起伏地区则要求像片的东、南边绘成直线或折线，像片的西、北边则根据相邻调绘像片东、南边的调绘面积线，在立体观察下转绘成曲线。

3. 调绘计划的拟订

调绘计划是指调绘工作开始前，对像片、老图及其他有关资料的初步分析，所拟订的实际工作方案。调绘计划中主要考虑调绘范围、调绘重点、调绘路线以及调绘中应注意解决的其他问题。如果第二天准备调绘某一张像片，首先应对像片进行立体观察，结合有关资料进行分析，掌握调绘地区的特征和地物分布的复杂难易程度，如居民地的分布及类型特征，水系、道路、植被、地貌、境界，以及地理名称的分布情况及表现情况等。然后根据这些特征及情况，就可以估计调绘的困难程度，从而安排调绘的重点和调绘的路线，为调绘中可能出现的问题找到解决的办法。有了这样的思想准备，就会取得较好的调绘效果。

4. 调绘工具的准备

外出调绘时，除准备好调绘像片外，还应带上配立体的像片、像片夹、老图、立体镜、铅笔、小刀、砂纸、橡皮、钢笔、草稿纸、皮尺、刺点针及其他必要的安全防护用品（如草帽、药品等）。另外，每张调绘像片都要贴一张透明纸，用以记录某些调绘内容。

四、像片调绘的基本程序和方法

1. 像片调绘的基本作业程序

像片调绘的基本作业程序，见表 5-3。

表 5-3　像片调绘的基本作业程序

程序	内容
准备工作	包括调绘像片和调绘工具的各项准备工作以及调绘计划的拟订
像片判读	根据各种判读特征，对照实地确定所需调绘的各种地物、地貌元素的性质，以及它们在像片上的形状、大小、位置和分布情况
综合取舍	在像片判读的基础上，根据综合取舍的原则和相应规范、图式的有关规定，对所调绘的地物、地貌元素进行合理的概括和选择
着铅	用铅笔将已确定需要表示的地物、地貌元素，用符号或其他形式的描绘记录在像片或透明纸上。这是室内着墨清绘的重要依据
询问、调查	这里主要是指向当地群众询问地名和其他需要了解的情况，调查各级政区界线的位置和可能没被发现的地形元素
量测	指量测陡坎、冲沟、植被等规范规定必须量注的比高和树高
补测新增地物	将摄影后地面上新出现的、航摄像片上没有它们影像的地物，在实地补绘出来
清绘	根据实地调绘的结果，在室内按图式符号和有关要求进行着墨整饰，以最终获得正式调绘成果

续表

程序	内容
复查	对清绘结果实地进行检查，同时对清绘中不清楚的问题或遗漏的地物，通过实地查证落实或补绘
接边	对相邻调绘像片之间的调绘内容以调绘面积线为准进行检查、接边

2. 像片调绘的基本方法

（1）远看近判的调绘方法。远看就是调绘时要随时注意观察远处的情况。因为有些地物，如烟囱、独立树、高大的楼房，从远处观察时十分明显突出，而到近处观察时由于视场狭窄，反而看不清或者感觉不出它们的重要目标作用了。近判就是指在远处判断不清的地物，到近处准确判定其位置。

（2）以线带面的调绘方法。调绘时以调绘路线为骨干，沿路线两侧的一定范围内地物都要同时调绘，即走过一条线，调绘一大片。这样可加快调绘的速度。

（3）着铅要仔细、准确、清楚。着铅是调绘过程中重要的记忆方式，它所记录的内容也是室内清绘的依据，所以必须仔细、准确、清楚。

除像片上明显、易记的地物，如铁路、公路、河流、水库、耕地、树林等，可以不着铅或简单注记外，一般调绘的地物都要仔细着铅。

（4）要养成"三清""四到"的良好习惯。"三清"就是站站清、天天清、幅幅清。站站清是指调绘一处就要把这里的问题全部搞清楚；天天清是指调绘的内容应即时清绘，一般要求当天调绘的内容，第二天必须清绘完，不允许隔几天后才清绘；幅幅清是指一幅图的工作彻底搞清楚后，再进行下一幅图的工作。"四到"是指跑到、看到、问到、画到。其最终目的是看清、画准、不遗漏。

（5）注意依靠当地群众。调绘过程中有许多情况必须通过向当地群众询问、调查才能解决，如地理名称、政区界线、植被名称、道路通行情况及许多生活问题、工作条件等。因此，依靠群众、尊重群众是每个测绘工作人员应有的态度和重要的工作方法。

第二节　各类地形元素的调绘

一、居民地的调绘

居民地是人类生活、居住及从事各种社会活动和生产活动的主要场所。在国民经济建设中，居民地也是政府各级部门最关心的问题之一，在识图、用图时，居民地具有良好的方位目标作用。调绘时，根据居民地的建筑形式和分布状况，一般将其分为四类：街区式居民地、散列式居民地、窑洞式居民地及其他类型居民地。

1. 居民地的一般特征

外形特征：指居民地外部轮廓图形特征。

类型特征：指居民地内部的分布特点，如散列分布、街区式分布等。

通行特征：指居民地内部街道、巷道的分布情况及与外部道路的连接关系。

方位特征：指居民地内、外有方位意义的突出建筑物和其他地物。

地貌特征：指居民地内、外的地貌形态，如陡崖、冲沟、坑穴等。

2. 居民地的影像特征

房屋在像片上的构像由其顶部、阴影和房屋的侧面影像组成。房顶影像是判读的主要部分，其色调主要与房屋的结构、材料、太阳照射方向及房屋在像片上的位置有关。房屋的侧面影像是由投影差引起的，它的大小与房屋高度和房屋在像片上的位置有关；像片上，房屋影像的形状多为长方形、正方形或其他几何图形。在立体观察下，房屋比较容易识别。由房屋组成的街道呈线状或带状分布，与房屋边线之间有明显的色调差别，街道之间互相连通，并与外部道路相接。

3. 独立房屋的调绘

独立房屋是指在建筑结构上形成一体的各种形式的单幢房屋。只要是长期固定，并有一定方位作用的独立房屋，以及居民地内外能反映居民地分布特征的独立房屋，不管房屋的形状、大小、用途、质量如何，也不区分住人和不住人，均以独立房屋表示。

对于长小于图上 1.0mm、宽小于图上 0.7mm 的独立房，以不依比例尺符号表示；对于长大于图上 1.0mm，宽小于图上 0.7mm 的，以半依比例尺独立房屋符号表示；若长、宽尺寸分别大于上述规定，则按依比例尺独立房屋符号表示。

调绘独立房屋应注意以下问题：

（1）保持真方向描绘。因为独立房屋方向有判定方位的作用，特别是位于路边、河边、村庄进出口处的独立房屋更为重要，因此一定要保持真方向描绘。不依比例尺表示的独立房屋，符号的长边代表实地房屋屋脊的方向；当为正方形或圆形时，符号的长边应与大门所在边一致。依比例尺和半依比例尺表示的独立房屋也要注意实际形状和位置的准确。

（2）判绘要准确。调绘时判读要仔细，不要将已拆除的房屋或者菜园、草垛、瓜棚等当作独立房屋描绘。

（3）当独立房屋分布密集不能逐个表示时，只能取舍不能综合。此时，外围房屋按实位置绘出，内部可适当舍去。

（4）有特殊用途的独立房屋应加说明注记，如抽水机房、烤烟房，应分别加注"抽""烤烟"等说明。新疆等地用于晾晒葡萄干的晾房应加注"晾"字。

（5）由围墙或篱笆形成庄院的独立房屋，当围墙、篱笆能依比例尺表示时，视实际情况用相应符号表示；否则只绘房屋。

（6）正在修建的房屋，已有房基的用相应房屋符号表示，否则不表示；受损坏无法正常使用的房屋或废墟，图上只表示有方位意义的破坏房屋。图上面积小于 $1.6mm^2$ 的破坏房屋一般不表示，但在地物稀少的地区可用符号表示。

4. 街区式居民地

房屋毗连成片且按一定街道（通道）分割形式排列，构成街道景观的居民地，称为街区式居民地。街区式居民地的调绘一般应先调外围，绘出外轮廓和其他地物，然后进入居民地内部，区分主次街道，并采用综合取舍进行调绘。

街区的外轮廓按像片影像描绘，其凸凹部分在图上小于 1.0mm 时，可综合表示。当外轮廓是土堤、围墙等地物时，用相应符号绘出，不需再另绘轮廓线。位于街区附近，特别是街道进出口附近的独立房屋，不能综合为街区，以免失去其特征。对于街区内部的房屋可进行较大的综合。当房屋间距在图上大于 1.5mm 时，应分开表示。街区内较大空地应表示，可根据南北方居民地特征，取舍指标一般为图上 4 ~ $9mm^2$。

街区式居民地的通行特征主要是指街道（巷道）的分布以及主次街道的划分。街道按其路面宽度、通行情况等综合指标区分为主干道、次干道和支线。主干道边线用 0.15mm 的线粗，按实地路宽依比例尺或用 0.8mm 路宽表示；次干道边线用 0.12mm 的线粗，按实地路宽依比例尺或用 0.8mm 路宽表示；支线指城市中联系主、次干道或内部使用的街巷、胡同等，用 0.12mm 的线粗，按 0.5mm 路宽表示。大中城市的主要街道应加注名称。

描绘街道要求做到主次分明、取舍恰当、街道进出口和街道交叉口位置准确。如果街道交叉口实际是错开的，并不是对直的十字形状，表示的时候应反映出其实际特征，不能人为地绘齐对直。

较小的居民地，当街区内的街道宽度均小于图上 0.5mm 时，也要区分出主次干道或支线，并用 0.8mm 宽度表示主要街道，用 0.5mm 宽度表示次要街道。主次街道以其作用大小区分，而不管街道的宽度和大小。在某些地区，河、渠贯穿居民地，街道宽度按上述尺寸表示会影响街区特征时，可适当缩小街道宽度。当街区中的街道线与房屋或垣栅轮廓线间距在图上小于 0.3mm 时，街道线可省略。

居民地内的街道（巷道）一般要表示。但当居民地内巷道过密时，次要街巷可进行适当取舍：取连接街道或者道路的巷道，舍去死胡同；取较宽较直的巷道，舍去拐弯较多较窄的巷道。

居民地内具有方位特征的其他地物以及具有地貌特征的各种地貌元素，均应按规范、图式有关规定进行表示。对于乡镇政府所在的居民地，需调注行政区内总人口数，一般注在乡镇名称下方。居民地中的突出房屋是指形态或颜色与周围房屋有明显区别并具有方位意义的房屋，房屋的轮廓线加粗为 0.25mm。藏族地区有方位意义的经房也用符号"a"表示，并加注"经"字。

多幢 10 ～ 18 层的房屋构成高层建筑区。超高层房屋指高度与周围房屋有明显区别、19 层以上并具有方位作用的房屋，以外围轮廓加晕线绘出。

5. 散列式居民地

散列式居民地是指房屋分散、间距较大、无明显街道的居民地。一般分为分散式和行列式两种：分散式居民地一般未形成街区，房屋依天然地势建筑，无分布规律；行列式居民地一般沿河、渠、道路、山谷等线状地物有规律的分布，大部分未形成街区。二者的共同点是房屋分布稀疏，到处可以通行。散列式居民地主要由独立房屋和三五成群连接在一起的小居住区构成。当实地房屋分布密集成团，图上不能逐个表示时，其外围的房屋按真实位置绘出，内部可适当取舍，取舍时，要注意表示分散的房屋和着重选择有方位作用的单独房屋。当实地房屋排列整齐（如工人新村及规划的新农村）时，应注意保持外围特征，内部的排数可适当取舍。当实地房屋呈均匀而稀疏分布时，应在保持分布特征的前提下进行取舍，取舍时要总体衡量，着重选择道路和河流两旁及有明显方位作用的房屋予以表示。

城市、集镇中，企事业单位大院内散列分布的房屋，以及整齐排列的住宅小区均应按散列式居民地的调绘原则处理。

6. 窑洞式居民地

窑洞式居民地是我国黄土高原地区农村的主要建筑形式之一，一般分为地面上窑洞和地面下窑洞两种。地面上窑洞是指依自然坡壁削坡，然后向里开挖而成的窑洞；地面下窑洞是指在平地向下开挖一平底大坑，然后向坑壁开挖成窑洞。根据窑洞的分布情况又分为分散的、成排的、单层的、多层的窑洞及窑洞与房屋配合居住等形式。

（1）窑洞的判读特征

建在向阳面的窑洞，开挖时削坡的棱线比较清楚，航摄像片上的影像为一很小的黑色缺口，这是判读窑洞的较好特征；但当窑洞被沟壁阴影遮盖时，不易判读，此时应借助立体观察配合其他特征进行判读；窑洞前一般都有小院或小空地，其色调呈白色，这也是判读窑洞很好的特征；大部分窑洞前都有些零星的树木或灌木，在像片上呈黑色，可以作为判读窑洞的参考特征。

（2）调绘窑洞式居民地的注意事项

窑洞符号应按真方向描绘。散列分布的窑洞在其分布范围内择要表示，无方位作用的零散窑洞一般不表示。当居民地内的窑洞不能逐个表示时，可适当取舍；窑洞毗连成排，在图上长度小于2.6mm的，用一个符号表示；图上长度大于2.6mm的，两端的符号按真实位置表示，中间按长度并联配置符号；在坡壁上呈多层分布的窑洞式居民区，不能逐层表示时，上、下两层按真实位置表示，中间各层按层状分布的特点择要表示；窑洞居住区内混杂有房屋时，应以相应房屋符号表示；应形象反映窑洞与冲沟、道路、陡崖、房屋等的相关位置；石窟是在岩石陡壁上人工凿成的石洞，应择要以窑洞符号表示，并加注"石"字，著名石窟应加注名称。

7．其他类型的居民地

（1）蒙古包、放牧点

蒙古包是我国内蒙古及其他地区牧民游牧时居住的常年或季节性的活动毡房或帐篷。在航摄像片上呈灰白色圆点，中央有一黑色小点，立体感比较明显。蒙古包在地物稀少地区具有非常重要的作用，无论是季节性的或固定的蒙古包均要表示，符号绘在驻扎地中心位置上，有名称的应加注名称，季节性的加注居住月份。

（2）棚房

棚房是指有顶棚而四周无墙或仅有简陋墙壁的建筑物。与其他房屋连接在一起或街区内的棚房不单独表示，独立的或远离居民地的棚房有良好的方位作用，一般应表示。季节性使用的棚房和渔村也用棚房符号表示，并加注使用月份，有名称的应加注名称。临时性的棚房不表示。

8．垣栅的调绘

垣泛指墙，栅即是栅栏。垣栅包括城墙、土围墙、砖石围墙、铁丝网、篱笆及其他栅栏等。

（1）城墙

城墙是指古代遗留下来的具有防卫性质的高大墙体。调绘时应注意准确判定基底内外轮廓线的位置。当城墙基底宽度小于图上1.5mm时，按不依比例尺符号表示。城墙上的地物如房屋、城楼、碉楼、亭等以相应符号表示，符号顶部朝向城外方向。

（2）围墙

围墙是一种常见的地物，在地籍图上，许多围墙往往成为权属界线。调绘围墙时要求中心线位置准确。高1.5m以上且图上长度大于5mm的土墙、石墙、砖墙、土围墙、垒石围墙均用围墙符号表示。对于图上长度大于5mm但高度不足1.5m的矮小围墙，可用细实线表示其范围，不绘小方块。当围墙与街道线重合或间距小于0.3mm时，以围墙符号代替街道线表示，但围墙的小方块应向内描绘，以保持街道整齐。

（3）栅栏、铁丝网、篱笆

栅栏、铁丝网、篱笆均为不同材料建成的不同形式的拦截物。只表示高 1m 以上且图上长度大于 5mm 的拦截物，通电的铁丝网加注"电"字。

9. 居民地与其他地物关系的表示方法

（1）居民地与道路的关系

各类道路（除铁路外）通过城市、集镇或其他街区式居民地的路段，均以街道符号表示。当单线路或双线路进入街区式居民地时，如果两边街区不等长，此时应在短街区一边补齐街道线；当双线路进入街区式居民地时，如果一边有街区而另一边无街区，则应在无街区一边加绘街道线，以显示街区式居民地的特征；当独立房屋紧靠双线路时，以道路边线代替房屋轮廓线表示。独立房屋紧靠单线路时，房屋符号按真实位置绘出，道路符号间隔以 0.2mm 移位表示；散列式居民地内有明显通道时，道路应直接从居民地中间通过；如果内部房屋零乱，当道路不明显时，道路只绘到能明显绘出的地方。

（2）居民地与水系的关系

位于河、湖内高架在水面上的房屋，按真实位置描绘；当房屋部分伸入水面时，水涯线应绘至房屋符号边缘间断；房屋紧靠河、湖岸边，其间隔小于图上 0.2mm 且无主要通道，则房屋边线可代替水涯线，否则房屋应与水涯线保持 0.2mm 间隔移位表示。房屋与干沟、水渠等的关系也按上述原则来处理。

（3）居民地与垣栅的关系

当垣栅与房屋边线间隔小于 0.2mm 时，以房屋边线代替垣栅符号表示；当垣栅与房屋边线间隔大于 0.2mm 或中间形成通道时，房屋与垣栅符号应各自单独表示。当垣栅内外都有房屋时，不绘垣栅符号。当围墙与街道线紧靠不能同时绘出时，应以围墙符号代替街道线绘出，但街道线不能代替围墙。

（4）居民地与堤的关系

当房屋在堤上时，应间断堤的符号，房屋按真实位置绘出；当房屋在堤坡时，主要堤可间断房屋所在一边的符号，房屋按真实位置绘出，一般堤可省去房屋所在一边的短线，房屋可以间隔 0.2mm 略移位表示。当房屋在堤脚时，堤按真实位置绘出，房屋可略移位表示。

二、独立地物的调绘

独立地物是指在形体结构上自成一体且具有特殊用途的物体，一般是指分布于居民地内外，与人们的日常生活和工作密切相关的重要设施，它是判定方位、确定位置、指示目标的重要标志。

独立地物依其重要性和本身形态可分为两种。一种独立地物是突出于地面的立体形态,这种独立地物有明显的立体形态,从远处就能清楚地看到目标,有突出的方位作用,其在像片上的影像常为点状或线状图形,难以察觉;但在对照实地调绘时,可根据其四周地物的关系,仔细辨认地物的顶部图形、投影图形和阴影,判定其位置、形状和性质,如烟囱、水塔、纪念碑、电视发射塔等。另一种独立地物是只具有平面图形而没有突出于地面的立体形态,这类独立地物位置固定、目标明显,易于在平面上识别,如打谷场、水泥预制场等。

1. 调绘独立地物的基本要求

(1)位置准确

由于独立地物是判定方位、确定位置、指示目标的重要标志,所以要求独立地物的位置必须准确。不依比例尺表示的独立地物,一般要求用刺点针刺出其中心点的位置,且描绘时刺点中心与符号中心严格一致;依比例尺表示的独立地物则要求准确绘出轮廓线位置;对于像片上无法准确判定位置的独立地物,则应实测来确定。

(2)取舍恰当

独立地物的取舍应恰当,要优先表示最突出的独立地物。如工业地区烟囱很多,并不全都属于独立地物,应选取其中突出高大的表示;但在地物稀少的地区,有些地物也许并不高大,却因为周围地物极为稀少而显得突出,必须表示。

对于能反映地区经济文化特征的科学观测站、电视发射塔、卫星地面接收站、游乐场、体育馆、汽车站(乡镇以上的客运站)、加油站、大型停车场、飞机场、纪念像、艺术塑像、古遗址及文物碑石等,有的虽然并不突出高大,但也应准确表示;居民地外独立的且不依比例尺表示的医院、学校应适当选取用符号表示,凡依比例尺表示的应适当配注名称或在其范围内加绘医院和学校的符号。

2. 注意独立地物符号的配置位置

图式上对个别独立地物符号代表的位置作了特殊规定,如气象台(站)符号应绘在风向标的位置上,不依比例尺的发电站符号绘在主厂房位置上,面积较大的庙宇符号绘在大殿位置上,加油站符号应绘在油箱位置或储油的房屋上。

3. 注意独立地物与其他地物的避让关系

当独立地物符号与其他地物符号不能同时准确、完整表示时,应保证独立地物符号完整、准确地绘出,其他地物移位或断开;当两个独立地物紧靠在一起,符号不能按真实位置同时绘出时,应选主要的按真实位置绘出,另一次要的地物作相对移位,符号间隔0.2mm。

4．注意独立地物符号的运用

地形图图式虽然给出了许多符号来表示地物，但毕竟有限，与地面上实际存在的地物种类相比仍然相差很远，尤其是随着社会的进步，新的地物将不断出现，在实际调绘中常会遇到某些地物找不到恰当的符号进行表示，尤其是调绘现代化的工厂、矿山，情况就会更为复杂。因此，在调绘过程中，要求调绘人员充分理解图式精神，尽量利用图式给出的符号去表示各种各样的地物。一般情况下，我们可以根据独立地物的外形特征、独立地物的作用和意义以及其他的具体情况去选用符号，如塔形建筑物这个符号含义很广，图式上规定散热塔、跳伞塔、蒸馏塔、瞭望塔等均用塔形建筑物符号表示。

三、交通线路及其设施的调绘

交通线路在国民经济建设中占有十分重要的地位，是人们从事生产劳动，进行社会交往，出外旅游等方面必不可少的，因此调绘时要认真、仔细地表示。

道路的共同特点是呈网状分布，在像片上的构像为白色或灰色带状影像。

1．调绘道路的基本要求

要正确区分道路的类别和等级，以显示不同道路的不同作用和不同的通行能力；道路的位置要准确。道路符号的中心线应与实地道路中心线一致，不能移位；各种附属建筑物和附属设施均应准确表示；道路的取舍要合理、恰当；道路两侧的地物、地貌应注意表示，并交代清楚它们之间的关系。如道路通过河流、沟谷，道路进入居民地、道路之间相交等，均应按规定进行表示；各种数字和文字注记要正确。

2．铁路的调绘

铁路在各类道路中是最重要的一类道路，铁路运输也是我国最重要的运输方式，因此必须准确细致地进行调绘。铁路在像片上的构像是中间为灰黑色，两侧为白色的带状影像，无明显的转折点，转弯处曲率半径大，形成圆滑的曲线；立体观察时不易察觉其坡度变化，有造型正规的附属建筑物和立交桥。

（1）铁路的分类

铁路的分类的主要内容，见表5-4。

表5-4　铁路的分类

类别	内容
复线铁路	是在一条路基上铺设两条标准轨线路的铁路。如果复线铁路在一条路基上能以真实位置表示，则应以单线铁路符号分别表示，但两条线路间距不应小于 0.3mm；如果不能按真实位置分别表示两条线路，则以两条标准轨的几何中心为准用相应符号表示

续表

类别	内容
单线铁路	是在路基上铺设一条标准轨（轨距为 1.435m）线路的铁路
窄轨铁路	是指轨距小于标准轨距的铁路。临时性的不表示
电气化铁路	是指以电力作为机车动力的单线铁路或复线铁路。电气化铁路可从铁路上方是否有供火车机车使用的电力线进行判定，然后在相应的铁路符号上加注"电"字
架空索道	是指山区利用装置在高架上的钢缆运输矿产和木材等物质的线路，两端的支架按实地位置用圆点表示，中间配置表示。临时性的不表示
简易轨道	是指在工矿区内使用的小型铁路。临时性的不表示

在调绘复线铁路时要注意，当复线铁路在某处因地形或其他原因分开不在一条路基上时，若能以真实位置绘出单线铁路，则应用单线铁路符号分别表示；若不能分别用单线铁路符号绘出，则应以两条标准轨的几何中心为准，用复线铁路符号表示；如果不是双线铁路，当两条单线铁路相遇，彼此平行而不能各自绘出符号时，应各自稍向外移位，仍以单线铁路表示，绝不能绘成双线铁路符号。因为双线铁路是指火车在两地之间可以同时对开的铁路，上述情况绘成双线铁路显然是错误的。

（2）火车站的表示方法

火车站是铁路线上的重要调绘目标，是装卸货物、上下旅客、列车交会的场所，地物较复杂，必须细心判绘，并标注车站名称。

车站内的房屋，如售票房、候车室、检车室、巡道房、机车房、仓库等，不区分用途和建筑材料一律用相应房屋符号表示。车站内的站台、货台以及车站广场不单独表示，但站台和货台上的房屋（包括棚房），广场上的塑像、喷水池等独立地物应按相应符号表示。

① a 为机车转盘：是提供给机车转换方向的设备。它的主体部分是一个铺设有多条轨道且可以转动的大圆盘，当需要转换方向的机车驶入圆盘时，圆盘转动到所需要的火车站及其附属设施方向，机车即可驶入新的轨道。机车转盘是火车站的重要附属设施，必须注意表示。

② b 为信号灯、柱：是铁路上设置的指示火车能否通行的信号设备，是良好的夜间方位目标。图上只表示站线外有方位作用的信号灯、柱。

③ c 为水鹤：是指供机车注水的设备，在 1:10 000 图上不表示。

④ d 为天桥：是指车站内高架于站线之上，用于输送旅客进入站台的桥型建筑物。在站内目标明显并且具有十分重要的作用，必须按规定符号表示。

⑤ e 为车挡：是指铁路支线终点设置的挡车设备。它不仅有挡车作用，也可以

在设计新线路时考虑接头用。调绘时不区分拦截物形状、大小以及材料性质，均用同一符号表示。

⑥f为站线：是指在车站内提供列车过站、会让、停留使用的全部轨道线。车站越大，来往列车越多，站线也就越多。较大的编组站，站线多达几十条，其分布范围很大，在航摄像片上的影像特征非常明显，易于判绘。调绘时如果能按图式符号全部表示，则逐条表示；若不能全部表示，则外侧站线应准确表示，中间站线均匀配置，但站线间距不应小于0.5mm，符号中的"9"代表轨道数。

（3）地铁

城市中铺设在地下隧道中高速、大运量的用电力机车牵引的铁道，个别地段由地下连接到地面的线路也视为地铁。

（4）磁浮铁轨、轻轨线路

磁浮铁轨、轻轨线路均为封闭运行的快速轨道交通线路，用同一符号表示。磁浮铁轨是指专供采用磁浮原理的高速列车运行的铁路；轻轨是指城市中修建的高速、中运量的轨道交通客运系统。磁浮铁轨加"磁浮"简注。轻轨（或磁浮）列车停靠及乘客上下车的场所（轻轨站）用相应地物符号表示，并加注专有名称注记。

3. 公路的调绘

公路是指路基坚固，用水泥、沥青、砾石和碎石等材料铺装路面，常年可以通行汽车的道路。公路在像片上的影像特征比较明显，其影像色调与铺面材料有关。如果是沥青路面，则为灰色至深灰色；如果是水泥、砾石路面，则为白色。调绘公路时应注意表示路堤、路堑、桥梁、涵洞、行树、隧道等附属设施。公路两侧的其他地物也应着重表示。公路进出居民地以及和其他地物之间的关系应交代清楚。

（1）高速公路

高速公路是指具有中央分割带、多车道、立体交叉、出入口受控制的专供汽车高速行使的公路。其路基质量高，路面宽，坡度小，转弯少且转弯半径大，附属建筑物和附属设施完整（如桥梁、涵洞、隧道、立交桥、分道隔离墩、服务区、路标等），管理质量高，全封闭或半封闭，可供汽车分道昼夜高速行驶的公路，能适应汽车120km/h或更高的速度行驶。

（2）等级公路

等级公路是指路基坚固，路面质量较好，附属建筑物和附属设施较完善，晴雨天均能通行汽车的道路，其铺面材料一般有水泥、沥青、碎石、砾石等。公路的宽度是指公路路基的宽度。

国道是指具有全国性的政治、经济、国防意义，并确定为国家级干线的公路；省道是指具有全省政治、经济意义，连接省内中心城市和主要经济区的公路以及不属于国道的省际间的重要公路；专用公路是指专供特定用途服务的公路；县道、乡道及其他公路是指连接县城和县内乡镇的，或国道、省道以外的县际、乡镇际的公路。

等外公路是指路基不很坚固，路面只经过简单的修筑，质量较差，大都是沟通县、乡、村，直接为农业、林业或工厂、矿山运输的支线公路，汽车流动量不大，会让车困难。农村修筑的规划路，若路基质量较好，能通汽车的可用等外公路符号表示，并加注"土"字。

建筑中的公路是指已经定型且正在施工的公路，分别以相应级别的符号用虚线表示。

调绘各级公路时，各级公路宽度在图上大于符号尺寸的，依比例尺表示；小于符号尺寸的，放宽到符号尺寸表示。各级公路的宽度是指公路路基上缘的宽度。图上每隔 15 ~ 20cm 注出公路技术等级代码、其行政等级代码及编号。

4. 城市快速路和高架路

快速路是指城市道路中有中央分隔带、具有四条以上车道、全部或部分采用立体交叉与控制出入、供车辆以较高速度行驶的道路；高架路是指城市中架空的供汽车行驶的道路。图上宽度小于 1.2mm 的按 1.2mm 表示，大于 1.2mm 的依比例尺表示。其符号为相应道路加点表示。连接高架路与地面道路引道两侧有斜坡的按路堤表示，支柱不表示。

5. 机耕路的调绘

机耕路在我国北方也叫大车路，是指路面经过简易铺修，但没有路基，一般能通行拖拉机、大车等的道路，某些地区也可通行汽车。机耕路在像片上的影像为白色线状地物，一般通向公路、大的居民地或林场、养殖场等，容易判读。这种路基本上没有附属建筑物和附属设施，有些地区的机耕路甚至看不见人工修建的痕迹，仅是由大车碾压而成的。

我国北方地区用于下地生产的机耕路很多，可适当取舍；但通往河边、山区、矿井、采石场、林场、窑场、渡口、车站等处及连接公路和铁路的机耕路必须表示。

6. 乡村路和小路的调绘

乡村路是指通往城镇，连接集市、乡政府、大居民地的不能通行大车、拖拉机的道路。调绘乡村路时，以其通行能力与机耕路相区分，以其作用与小路相区分，乡村路一般比机耕路的路面窄，比小路的路面宽。在山地、森林、沙漠等荒辟地区的驮运路，也用乡村路符号表示。

小路是供单人单骑行走的道路。调绘时应注意取舍，否则容易造成主次不分、图面不清晰的情况。其取舍的一般原则是：当小路密集时，取两村庄间捷径路，舍去绕行小路；当多条小路与乡村路以上等级的道路并行时，舍去与高级道路相近的小路；仅通田间的小路一般不表示，但出入山地、森林、沼泽地区和缺水地区通向水源的小路必须表示；对于人烟稀少地区，即使是羊肠小道也应表示。

通过悬崖绝壁的人行栈道，是用固定支架架设的悬空小道，也用小路符号表示，并加注"栈道"二字；此外，还有时令路和无定路也属于人行小路，但其有专门的符号。时令路通常分布于沼泽地区，有的分布于大水库和河岸边，一般是在枯水和冰冻季节能通行，应调注通行月份；无定路则是海边、草原、戈壁滩上的有道路走向而无固定线路的道路。

7. 道路的附属建筑物和附属设施

（1）涵洞

涵洞是指修建在道路、堤坝等建筑物下的过水通道。铁路或公路上修建较正规的涵洞应表示，其他道路上的涵洞一般不表示。

（2）隧道和明峒

隧道是指建造在山岭、河流、海峡及城市等地面下的通道，分火车隧道和汽车隧道，图上长度小于 2mm 的不予表示。明峒则是铁路或公路通过陡峻地段，为了防止塌方用钢筋混凝土砌成的弧形或方顶的半隧道形式，与隧道符号一样，但应加注"明峒"。调绘时要把隧道两端的洞口位置表示准确，符号按真方向绘出。

（3）路堤与路堑

路堤是指路面高于原地面的路段，路堑是指路面低于原地面的路段。各类道路的路堤、路堑只有在比高大于 1.0m，且图上长度大于 5mm 时才表示；当比高大于 2.0m 时，图上应量注比高。堤坡的投影宽度在图上大于 0.5mm 时，用依比例尺的长短线表示，小于 0.5mm 的均用 0.5mm 短线表当路堤上缘线与道路符号间隔大于 0.2mm 时，其上缘线应表示。

（4）路标和里程碑

路标是指设置在道路边上指示道路通达情况的标志，有方位作用的才表示。里程碑是指刻有道路通达里程的石碑，一般不表示，地物稀少地区可选择表示并注千米数。

（5）加油站、加气站

加油站、加气站是机动车辆添加动力能源的场所，图上只表示街区外的加油（气）站。能依比例尺表示的加油（气）站用房屋（或棚房）符号表示，并配置加油（气）站符号；符号配置在加油（气）柜的位置上或数个加油（气）柜分布范围的中心上。当房屋很小时，只表示加油（气）站符号。加气站应加注"气"字，既是加油站又是加气站的应加注"油气"。

（6）桥梁

桥梁是供车辆或行人跨越河流、沟谷、海峡、渠道等障碍物而设计的交通建筑物。大型桥梁具有显著的方位目标作用和极其重要的政治、经济、军事意义，因此调绘中要准确表示。

桥梁一般均以砖、石、水泥为建筑材料，在航摄像片上为浅色色调，而与其相关的河流、植被为深色色调，因此具有明显的影像特征。桥梁不仅有道路连接，而且桥下河谷下陷，立体观察时有较强的悬空感，比较容易判读。

根据桥梁的通行能力一般将桥梁区分为车行桥和人行桥两大类。无论是车行桥还是人行桥，其图上长度大于1mm时，依比例尺表示；否则按不依比例尺符号描绘。

①车行桥是指能通行火车、汽车等大型交通工具的桥梁。不区分造型、种类和建筑材料，一律用同一符号表示。对于四级以上公路的桥梁应加注载重吨数，著名的桥梁应加注名称。

漫水桥是指桥面建在洪水位之下，洪水位时洪水漫过桥面的桥。浮桥是指由船、筏、浮箱等作为桥墩或桥身的桥，必要时桥的一部分可以断开，以便上下游船只通过。能通行车辆的漫水桥、浮桥也用车型桥符号表示，并分别加注"漫""浮"。

②人行桥是指供行人通过而不能通过汽车和其他大型车辆的桥梁。人行桥不区分建筑材料和造型均用同一符号表示。桥长在图上小于1mm的用不依比例尺符号表示，大于1mm的依比例尺表示。亭桥、廊桥、时令桥也按人行桥表示，但应加注"亭"或通行月份。另外，还有铁索桥、级面桥、栈桥等，调绘时按图式规定符号表示。

此外，对于铁路、公路两用的双层桥，如武汉长江大桥、南京长江大桥等，按双层桥符号表示。对于大城市中的立交桥，由于其结构越来越复杂，调绘时要注意认真表示。

8．调绘道路应注意的问题

（1）双线道路彼此平行不能同时绘出各自符号时，应以高一级道路为主按真实位置绘出，次一级的可省去一条边线。同级道路彼此平行时，双方应各自稍加移位，两符号的相邻边线可公用。盘山公路不能各自绘出边线时同上述情况。

（2）双线道路彼此平行、靠近，不在同一平面上。当上面是铁路时，铁路按真实位置绘出，并绘堤的符号，公路可省去一条边线。当公路在上面时，公路移位加路堤符号绘出。

（3）道路等级要分明。公路、机耕路在中途变换等级，可按实际情况处理。其他单线表示的道路不得中途变换等级。

（4）与铁路并行的道路除小路外，一般均应表示。

（5）铁路在任何情况下不得移位表示，通过居民地时也不得缩小符号尺寸。当遇到突出的独立地物（如信号灯）紧靠铁路时，独立地物按真实位置表示，铁路符号可断开。

（6）铁路、公路与单线或双线河渠并行，两种符号不能同时绘出时，应以铁路、公路为主按真实位置绘出，河渠为次可适当移位绘出；单线路与单线或双线河渠之间的避让关系应以河渠为主按真实位置绘出，用单线路移位表示。

（7）道路与堤的关系：堤上为双线路时，以表示双线路为主，堤作为路堤表示；堤上通过单线路时，以表示堤为主，单线路绘至堤的两端；如果单线路在堤的中部相接，道路符号与堤应实线相交。

（8）道路与地貌的关系：道路与双线表示的冲沟、干河床重合时，如不能同时按真实位置绘出符号，冲沟、干河床可适当放宽符号或以陡崖符号表示。当道路与单线表示的冲沟、干河床重合时，后者可视情况舍去或适当表示两岸陡崖。

（9）道路符号应实线相交。在山区调绘道路时，要在立体下观察，以免造成爬悬崖、掉深涧的错误；铁路、公路以及人烟稀少地区的主要道路在自由图边出图廓线时，要在图边处注明通往附近主要村镇的名称和千米数（铁路注至车站），如"至××村10km"。

四、管线的调绘

管线是各种运输管道、电力线路和通信线路在测绘中的通称。管线在国民经济建设和人民生活中均有重要作用，同时也是判定方位的目标，管线是线状地物，因此在图上表示都是长度依比例而宽度不依比例的半依比例尺符号。

1. 管道的调绘

管道是指架设在地面上或地面下用以输送石油、煤气、水蒸气以及工农业用水等的各种输送管。调绘时要准确判定管道的起点、终点、转折点的位置，然后用相应符号表示，并加注输送物名称。对于居民地内的管道和图上长度小于1cm的管道不表示，当管道架空跨越河流、冲沟、道路时，符号不中断。对于能判别走向的地下管图上应表示，并绘出其入口。

2. 电力线、通信线的调绘

调绘电力线和通信线，要重点判刺转折点和岔点处的电杆位置，并在像片背面作出识别标记，以备清绘时查用。对于难以判定的电杆，则应以距离交会的方法实地测定，另外调绘时还应注意以下问题：

电力线一般只表示6.6kV以上且固定的高压电线；当电压在35kV以上时，应加注电压数（以kV为单位）。通信线在一般地区不表示，但在地物稀少地区且较固定的或有方位作用的通信线应表示；电力线、通信线除遇街区式居民地必须间断外，通过其他地物如河流、道路等均不中断符号；在电力线密集的地区，调绘时可适当取舍，沿铁路、公路和主要堤两侧的电力线，在图上距道路或堤的中心线 5mm 以内时可不表示，但在分岔处或出图廓线时，应绘出一段符号以示走向；凡是进入地下的电力线、通信线应准确判绘进出口位置并以虚线符号表示走向。

五、境界的调绘

境界是在地图上表示行政区划的界线，最高一级境界——国界是关系到维护国家主权和领土完整、影响国际关系的大事。国内各级境界也是国家实施行政管理，划分土地归属，影响当地人民生产、生活及安定团结的重要界线。因此，对境界的调绘必须慎重、仔细、准确，以防止发生错误，带来不良后果；境界是一种在实地并不存在的线状地物。它是根据实际情况约定或规定的人为界线。这种界线有的以界桩、界碑等形式标定；而一般则是以地物、地貌的特殊部位为准，以图件或文件的形式划定，这些图件则成为划定境界的法律依据。因此，实地调绘境界主要是根据有关文件和图件，通过调查访问或在有关人员的指定下，把确认的境界位置准确地表示在调绘像片上。

1. 国界

国界是表示国家领土归属的界线。调绘国界应根据国家正式签定的边界条约或边界议定书及附图，会同边防人员一起经实地踏勘后，按实地位置精确绘出。在调绘国界时，应注意以下问题：

（1）国界应以实地位置不间断地精确绘出。界桩、界碑应按坐标值定位并注出编号。

（2）如果一个编号只有一个界桩，则称为一号单立界桩；一个编号有两个或三个界桩，则分别称为一号双立或一号三立界桩。如当以河流中心线为分界线时，一般为一号在两岸双立；在河流中心分界与陆地分界转换处，一般为一号三立。当一号双立或三立的界桩、界碑在图上不能同时准确表示时，可以用空心小圆圈按实地的关系位置分别绘出，并注出各自的编号。

（3）国界线上的各种注记不得压盖国界符号，并均应注在本国界内；国界经过地带的所有地物、地貌应详细表示；国界在以河流中心线为界、主航道为界的情况下，当河流内能绘出国界符号时，国界符号应不间断绘出，并分清岛屿、沙洲、水中滩等的归属；当河流内容纳不下国界符号时，国界符号在河流两侧不间断交错绘出，岛屿等用附注标明其归属；以共有河流或线状地物为界的，国界符号应在其两侧每隔 3 ～ 5cm 交错表示 3 ～ 4 节符号，岛屿用附注标明其归属；以河流或线状地物一侧为界的，国界符号在相应的一侧不间断表示。

2. 国内境界

国内各级境界包括：省界、自治区界、直辖市界；自治州、地区、盟、地级市界；县、自治县、旗、县级市界；乡、镇、国营农场、林场、牧场界以及自然保护区界和特殊地区界。

国内各级境界调绘应注意以下问题：各级境界与线状地物重合时（电力线、通信线、地类界等除外），可沿地物两侧每隔3～5cm交错绘出3～4节符号。以线状地物一侧为界时，可沿一侧每隔3～5cm绘出3～4节符号；境界的转折点、交接点必须绘出符号，且应实线通过、实线相交。位于调绘面积线边缘和图廓线处的境界符号不能省略，必须绘出以示走向。在调绘面积线外，境界符号的两侧应分别注明不同行政区域的隶属关系；不与明显地物重合的境界，其界桩、界标、界线应以相应符号准确绘出；各级境界通过河流、湖泊、海洋时，所绘符号应明确表示出其中的岛屿、沙洲、沙滩等的隶属关系。境界通向湖泊、海峡时应在岸边水部绘出一段符号。当湖泊、海峡为三个省、市、县所共有时，应在交会处各绘一段符号；地类界、电力线、通信线等不能代替境界符号，当两种符号不能同时准确绘出时，地类界可稍移位，电力线和通信线可中断而境界照绘；两级以上境界重合时，只绘高一级境界符号，但在图上须同时注出两级名称，如××省、××县；当一个管辖区内部有另一个管辖区的一部分地区时，则称此为"飞地"。"飞地"的界线用其所属行政区相同等级的境界符号表示，并在其范围内加注隶属注记；自然、文化保护区界是指政府部门已认定的保护自然生态平衡、珍稀动物、珍稀植物和自然历史遗迹的界线。特别行政区界是指我国的经济特区界、一国两制地区界等，以上两种界线应在其范围内注记相应的名称。国内各地区的高新技术开发区、经济开发区、农业开发区、保税区等，用开发区、保税区界线符号表示，并在其范围内注记名称；对于因界线不明确而发生边界争议的地段，应在相应部分加注"待定界"，或按政府部门公布的权宜画法表示。

六、水系的调绘

水系是江、河、湖、海、水库、沟渠、井、泉等各种自然和人工水体的总称。水系与人类有着重要的关系，人们的日常生活、水力发电、航运交通、渔业生产都离不开水。水系的分布与地貌关系密切，如河流必定位于谷地（合水线），湖泊则位于该地的低洼处，水库一定修建于有一定汇水面积的地方等。虽然人类离不开水，但水流的泛滥又会给人类带来灾难，因此水流的利用和防护对国民经济建设有很大的影响，必须认真、全面、细致地调绘，并如实反映水系的各类特征。

1. 水涯线的调绘

水涯线是指水面与陆地的交界线，又称岸线。调绘水系最主要的问题之一就是确定水涯线。对河流、湖泊、水库的水涯线，一般按摄影时期的水位描绘，当摄影时期为洪水期或枯水期，水位变动较大时，需按常年达到的水位调绘。其方法是通过访问及实地对照水涯线残留的痕迹，结合像对的立体观察而确定。高水界也是水涯线中的一种，它是常年雨季的高水位形成的岸线，可根据雨季河（湖）水侵蚀后留下的痕迹判定。当高水界与水涯线之间的距离大于图上 3mm 时才表示，并加绘相应的土质和植被符号。对池塘、水库、单线表示的河流及实地界线不明显的高水界不表示。

2. 河流、湖泊、池塘的调绘

调绘河流要注意区分等级。对河流宽度在图上大于 0.5mm 的依比例尺用双线表示（外业调绘时以黑色细实线描绘，水域用普蓝，图上宽度小于 0.5mm 的用 0.1 ~ 0.5mm 的单线表示（外业用绿色）。通航的河段须表示出通航河段的起止点及流速，并在图上每隔 15 ~ 20cm 测注一个流速，有固定流向的江、河、运河须表示流向。湖泊的调绘与河流的表示相同。

池塘调绘时，其水涯线按影像沿池塘的边缘绘出。对于图上面积小于 2 ~ 4mm² 的一般不表示；缺水地区图上面积小于 2mm² 的池塘可将符号扩大到 2mm² 绘出。池塘一般只取舍，不综合，但在大面积的基塘区或只有土埂相隔的池塘可适当综合，但应保持其原有的特征及对其他地物、地貌的相关位置。水涯线外业用黑色描绘。

沼泽地区的河流、湖泊、水潭等，如没有明显和固定的水涯线，用不固定水涯线表示。湖泊、池塘的水是咸水或苦水时，加注"咸"字或"苦"字。用以人工养鱼或繁殖鱼苗的，加注"鱼"字。

3. 时令河、时令湖的调绘

时令河、时令湖是指季节性有水的河、湖。调绘时以其新沉积物（淤泥）的上方边界为水涯线位置，并加注有水月份。双线时令河、湖的水涯线以黑色虚线描绘，中间涂淡蓝色，单线时令河则以绿色虚线表示。

4. 水库的调绘

水库是指建有堤坝的较大的蓄水场所，有溢洪道、出水孔，一般与渠道、河流连接。

溢洪道是水库的泄洪设施，用以排泄水库容纳不下的洪水，调绘时以干沟符号按实际宽度依比例尺表示，宽度小于 3m 的可适当放大表示，有闸门的用水闸符号表示，并在溢洪道底部最高处测注高程。

泄洪洞、引水孔、灌溉孔、排沙洞等指的是同一个洞口，它也是水库的泄洪设施，符号绘在洞口上。水库的容量在 10 000 000m³ 以上的或某些重要的小型水库，应加注正常水位的水库容量（以万 m³ 为单位）。

水库堤坝内侧投影宽度与水涯线间的距离图上大于 0.5mm 的，应绘水涯线；小于 0.5mm 的，可不绘水涯线。堤坝顶部宽度图上大于 0.5mm 的，用双线依比例尺表示；小于 0.5mm 的用单线符号表示。堤坝两侧的斜坡投影宽度图上大于 0.5mm 的，用依比例尺长短线绘出；小于 0.5mm 的按 0.5mm 短线绘出。

堤坝长度大于 50m 或坝高大于 15m 的，须加注坝长、坝顶高程和建筑材料。对于航摄后新增的大型水库，为了保持岸线与实地一致，应在水库周围选刺 3 个以上的常水位点，然后在立体镜下根据这些点描绘岸线。若不能刺准常水位点，则在附近刺出明显地物点并量取其至常水位线的比高。刺孔在像片反面用直径 5mm 的红色圆圈进行整饰，并在像片边缘加以说明。

5. 沟渠的调绘

沟渠是指人工修建的供引水、排水的水道。沟渠的宽度是指沟沿间的距离，调绘时，沟渠的水涯线以渠道边缘为准。排碱、排水的沟渠应加注"排"字。沟渠的分级标准为：实地宽度在 3m 以内绘 0.2mm 粗的绿色单线（支渠），3～5m 的绘 0.5mm 粗的绿色单线（干渠），大于 5m 的依比例尺双线表示（水涯线绘黑色细实线，中间普蓝）。渠道按其外形特征分为一般沟渠、有堤岸的沟渠和有沟堑的沟渠。

（1）一般沟渠

堤高、沟堑小于 1m 的沟渠，均用一般沟渠符号表示。

（2）有堤岸的沟渠

当堤高出地面 1m 以上，长度在图上大于 5mm 时，按有堤岸的沟渠符号表示。堤的内侧直接伸入水面或虽分两层，但堤顶内边缘线与沟沿线间的距离在图上小于 0.5mm 的，按有堤岸的沟渠符号表示；当堤的内侧成两层且堤顶内边缘至沟沿的间距在图上大于 0.5mm 或堤内侧可通行时，按有堤岸的沟渠符号表示。堤顶与堤坡的表示方法与堤的表示方法相同。

（3）有沟壁的沟渠

沟渠两边形成高于沟沿的斜坡称为沟堑。当沟渠通过山隘等处挖下很深的沟堑，沟堑的上边缘线不能按真实位置绘出时：对于双线沟渠，沟堑符号的短线绘在沟渠符号内，短线可交错配置；对于单线沟渠，沟堑上边缘线可适当外移绘出，等高线也应作相应移动，以保持相关位置正确合理。对于沟堑比高在 1m 以上且长度在图上大于 5mm 时才表示，比高大于 2m 的应标注比高。

（4）干沟

干沟是指经常无水，只在雨后短暂时期内有积水的，未挖成而搁置或废弃的沟渠。宽度在图上小于 0.5mm 的用单线表示，大于 0.5mm 的用双线依比例尺表示。

沟深不足 1m 或图上长度小于 10mm 的一般不表示。深度大于 2m 的应测注沟深。旧战壕也用干沟符号表示，并加注"战壕"。外业调绘时，干沟用棕色描绘。

（5）新增沟渠的补调

航摄后新增的较大人工沟渠应在实地进行补调。补调时在平地可利用四周明显地物精确判读沟渠的转折点，然后连接各转折点，并检查补绘的沟渠与周围地物、地貌的位置关系是否符合实地情况。在丘陵地、山地调绘新增沟渠比较困难，常易描绘不准，造成内业测图时与等高线发生矛盾，因此在描绘沟渠时要立体观察，使沟渠走向与实地保持一致。野外调绘时要求沿新增沟渠在像片上每隔 3 ~ 5cm 刺准一个点，并在像片背面用直径 5mm 的红色圆圈进行整饰说明，供内业测图时检查校正。

6. 干河床、干涸湖

干河床、干涸湖是指下雨或融雪后短暂时间内有水的河床或湖盆，一般有较固定的位置和明显的轮廓，调绘时要注意与时令河、湖的区别。干河床图上宽度小于 0.5mm 的以 0.1 ~ 0.5mm 的渐变单线表示，大于 0.5mm 的依比例尺按双线表示，大于 3mm 的河床内应加绘相应的土质符号。干涸湖内也应填绘相应的土质符号，有名称的加注名称。

7. 水源的调绘

（1）水井

水井一般由井筒和井台两部分组成，有的水井还建有取水的提升设备。调绘时，居民地内的水井一般不表示，居民地外的水井一般应表示，但在缺水地区居民地内的水井也应表示。野外调绘时，井的符号用绿色描绘。用机械或电力为动力的水井，加注"机"字。机井或普通井在房屋内的绘房屋符号，旁边加注蓝色"机"或"井"字。另外，调绘时每幅图还应均匀测注 3 ~ 5 个水井的地面高程。对于自流井、温泉井、咸水井、苦水井、毒水井，均应按井的符号并加注"流""温""咸""苦""毒"等，有专用名称的加注名称。干旱地区的干井、枯井也用水井符号表示，加注"干""枯"等字。

（2）泉

泉是指地下水自然流出地面，形成涓涓细流或具有一定积水面积的水源。野外调绘时，泉水符号用绿色表示，符号的圆点绘在水口位置上，弯曲线表示泉水流出的方向。泉如果在建筑物内，一般应以表示建筑物为主，在建筑物符号旁边用绿色加注"泉"字。对于矿泉、温泉、毒泉、喷泉等，均以泉的符号表示，并分别加注"矿""温""毒""喷"等。有大量天然水蒸气或水温 60℃以上水涌出的地热泉，

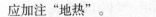

应加注"地热"。

（3）贮水池、水窖

贮水池、水窖是指人工修建的蓄水、供水建筑物。贮水池一般为方形或圆形的地面建筑，像片上易于识别。水窖也称"旱井"，是黄土高原缺水地区存贮雨水的一种设施。水窖面积较小，一般建于地下，位置比较隐蔽，在像片上不易识别。贮水池、水窖用同一符号表示。贮水池在房屋内的绘房屋符号，旁边加注"水"字。净化池、污水池及开采利用地热资源的地热池也用此符号表示，并加注"净""污""地热"。

（4）沼泽地、湿地

沼泽地、湿地是指经常湿润有积水，其上长有沼生植物、其下有泥炭堆积的地段，其对通行有很大障碍。沼泽地按其通行情况一般分为能通行和不能通行两种情况，调绘时主要依靠实地调查和向当地群众询问，以确定沼泽地是否能通行。沼泽地内的其他地物，如植被、棚房等用相应符号表示。盐碱沼泽应加注"碱"字。

8. 海岸的调绘

海岸调绘的主要内容，见表 5-5。

表 5-5　海岸调绘的主要内容

项目	内容
海岸线	海岸线是指平均大潮（溯、望潮）高潮时水陆分界的痕迹线，它既不是平均海水面与陆地的交线，也不是一般的高潮时所形成的岸线，而是大潮高潮面和陆地的交线。所谓大潮，就是在月球公转一个周期（29.5 d）中海水涨得最高、落得最低、潮差最大的潮，一般在农历每月初一和十五前后出现大潮。地形图上是以海岸线作为海洋的范围线和灯塔、灯桩、立标的高度起算面。调绘所用的航摄像片，一般不是在大潮高潮时摄影的，摄影时的水涯线一般不是海岸线的位置，因此调绘时应根据大潮高潮时所形成的海蚀阶地、海滩堆积物和海滨植物确定海岸线。对于难以确定的地段，可询问当地群众解决。海岸线外业调绘仍以水涯线（黑实线）表示，水域部分普染淡蓝色
干出滩	干出滩是指海岸线与最底底潮界之间的潮浸地带，也称海滩。在像片上直接判绘大潮的最底底潮界(干出线)几乎是不可能的，因为摄影时干出线一般被水淹没，在像片上没有影像。因此，调绘时，可不绘干出线，仅在大概范围内配置相应干出滩符号即可。当干出滩的宽度在图上小于3mm时可不表示。海水中的水产养殖场以地类界符号绘出范围，并注产品名称。干出滩上的各种管线和工业设施（如海中管道、海底电缆等）用相应图式符号表示，干出滩上的潮水沟，图上只表示固定的和较大的
礁石	礁石是指海洋中隐现于水面由岩石或珊瑚构成的海底突出物，一般分为明礁、暗礁、干出礁。明礁是指露出平均大潮高潮面的，图上面积小于 $10mm^2$ 的礁石。若面积大于 $10mm^2$ 则须绘海岸线按岛屿表示。暗礁是指在最低低潮面下的礁石。干出礁是在平均大潮高潮面下、露出于最低低潮面上的礁石

调绘时一般表示有方位及障碍作用的明礁和对航行安全有危害的干出礁及暗礁，并可参考海图等有关资料的转绘。

9. 陡岸的调绘

陡岸是指岸坡比较陡峻、坡度大于 50° 的地段。对于图上长度大于 5mm、比高大于 1m 的才表示，比高大于 2m 的须测注比高。

（1）有滩陡岸

有滩陡岸是指陡岸下缘与水涯线之间有滩的陡岸。其岸顶线与水涯线均应按实地位置调绘。河滩宽度在图上大于 2mm 时，应绘相应的土质、植被符号。有滩陡岸符号用棕色描绘。

（2）无滩陡岸

陡岸的岸坡直接伸入水面的为无滩陡岸，外业调绘用绿色描绘。对于双线河上的无滩陡岸，其岸顶线与水涯线均按实地位置测绘，水涯线可终断至陡岸符号处。单线河上的无滩陡岸及双线河内绘不下无滩陡岸符号时，陡岸符号可在水涯线外侧紧靠水涯线绘出。海岸线上的陡岸均以无滩陡岸表示。

10. 水系的附属建筑物和附属设施

（1）堤

堤是指由人工建筑的高出地面有重要防洪、防潮的建筑物。其有较规则的形态，横截面为梯形且成带状分布，分干堤和一般堤两种，如不论土堤或石堤，凡有重要防洪、防潮作用或堤顶宽度在图上大于 0.5mm 或实地基底宽大于 10m 或堤高在 3m 以上的均以干堤符号表示，其他则用一般堤符号表示。图上一般只表示高 1m 以上的堤，但有方位作用 1m 以下的也应表示。伸入水面的防波堤，两侧的水涯线不表示。主要堤应由内业测标堤顶高程，一般堤的比高在 2m 以上时，野外应量注比高。

堤坡的投影宽度在图上大于 0.5mm 的用依比例尺长短线表示，小于 0.5mm 的均用 0.5mm 的短线表示。当水域边的堤其内侧斜坡边缘线与水涯线间距在图上小于 0.2mm 时，水涯线可不表示。但当堤顶内侧线与水涯线的距离在图上小于 0.5mm 时，堤可不表示内侧边缘线及斜坡，外侧边缘线及斜坡按实地位置表示。堤上地物按相应符号表示。连接双线表示的道路时，堤作为路堤表示；连接单线表示的道路时，不表示道路符号，路表示至堤端。

（2）渡口、徒涉场

渡口是指载运人、畜、车辆过河的场所，分人渡、汽车渡和火车渡等，能载渡汽车和火车的渡口应加注载重吨数，火车渡还应加注"火车"。

徒涉场是指人、畜、车辆能涉水过河的场所。单线河、渠上的徒涉场以道路本身符号直接通过河渠表示。

（3）闸、坝

水闸是指设在河流、渠道中有闸门开启，用以调节水位和控制流量的人工建筑物。无论何种水闸，图上只区分不能通车和能通车两种情况进行表示，符号的尖端指向上游。

船闸是控制水位、引导船只通过拦水坝的闸门。其两端有闸门封闭，两闸门之间建有人工水道，将水位升高或降低，使船能在不同高低水位的水道间通行的设施。船闸的闸门上部根据其通行情况区分能通车的和不能通车的闸门；图上长度大于1.9mm的闸门，用闸门符号加依比例尺双线表示。两闸间距小于3mm的只表示主闸。

拦水坝、滚水坝是指河流中拦截水流并借以抬高水位加以利用的堤坝式人工建筑物。凡水流经常或季节性从坝顶溢过的，称为滚水坝；其他为拦水坝。拦水坝不区分建筑形式和建筑材料，只区分不能通车和能通车的两种符号表示。对于坝长大于50m或高大于15m的拦水坝，应注坝顶高程、坝长和建筑材料。单线河上的滚水坝不表示。

（4）输水渡槽

输水渡槽是指人工架设的引水建筑物或高架水道。当沟渠必须从空中通过洼地、河流、道路时，常修建输水渡槽。有名称的输水渡槽应加注名称，废弃的加注"废"字。

（5）码头

码头是指供船舶停靠、上下旅客及装卸货物的场所，按其建筑形式区分为固定顺岸式码头、固定堤坝式码头和浮码头三种。码头在航摄像片上有较清晰的影像，其影像形状可反映码头的不同建筑形式。大型码头还有仓库、货物堆放场、集装箱货场、货物装卸设备等，并有铁路、公路与其相连，在像片上易于识别。

固定顺岸式码头又称横码头，它是沿河岸修建直接停靠船只的码头；固定堤坝式码头又称直码头，它是沿垂直于岸线并与岸线斜交的方向修筑堤坝，堤的两侧均可停靠船只；浮码头也称趸船式码头。在水位涨落较大的江河港湾，将趸船锚定于岸边，以栈桥或浮桥与岸连接，船只停靠在趸船边。

码头按其建筑形式用相应符号表示，码头在图上的宽度小于0.5mm、长度小于2.0mm的不依比例尺表示；图上宽度小于0.5mm、长度大于2.0mm的半依比例尺表示；图上宽度大于0.5mm、长度大于2.0mm的依比例尺表示。有名称的码头应注出名称。兼作码头用的防洪堤用堤坝式码头符号表示。

（6）助航标志

助航标志是一种供船舶在航行中进行识别、定位、引导、避让障碍物或测定各种航行要素的专门设施。它包括灯塔、灯船、浮标、岸标、信号杆、系船浮筒等，调绘时均按图式要求表示。

七、地貌和土质的调绘

地貌是地球表面起伏变化的自然形态。按比高和坡度大小可分为山地、丘陵地和平原，按地貌的成因可分为构造地貌、流水地貌、海岸地貌、岩溶地貌、黄土地貌、冰川地貌、干燥地貌等。土质是指覆盖在地壳表层的土壤性质，如沙地、沙砾地、盐碱地、石块地等。

地貌和土质是地形图的基本要素，它们与国家经济建设、国防建设有着密切的关系。因此，调绘时要求正确反映其性质、位置、形态和分布范围等特征。地形图上的地貌都是用等高线和特定地貌、土质符号配合表示的。等高线测绘主要由航测内业用立体测量方法完成，而地貌和土质的调绘主要是判读和表示应该用特定地貌符号和土质符号所表示的内容，以正确反映地貌形态特征和土质类别。

1. 地貌元素的调绘

（1）冲沟

冲沟是指在土质松散、植物稀少的地面受雨水急流冲蚀而逐渐形成的长条状沟壑。冲沟两侧有明显的陡壁和坡折线，难以攀登。黄土高原地区，由于土质松软，易受地表水侵蚀，因此冲沟甚多且分布范围广，是黄土地区最普遍的地貌形态。这些冲沟长度可由几米到几十千米，深度可由几米到几十千米，它们阻碍交通，对工农业生产也十分不利，因此地形图上必须注意表示。调绘冲沟应注意以下几个问题：

冲沟宽度在图上小于0.5mm时，用0.1～0.5mm单线表示；宽度在0.5～1.5mm时，用双线表示；宽度在1.5mm以上时，沟壁用陡崖符号表示；宽度大于3mm时，应由内业加测沟底等高线；调绘冲沟时应在立体观察下，按影像准确描绘沟壁上边缘线，以保证冲沟边缘线、沟头、沟口及拐弯处位置准确；冲沟密集时可适当取舍，但不能综合。取舍程度应以保持该地区的冲沟地貌特征为原则；冲沟深度大于2m时须测注沟深。描绘冲沟的符号一律用棕色；冲沟底部的其他地物，如小溪、植被、堤坝等应按规定调绘。

（2）梯田坎、陡崖

梯田坎是指依山坡或谷地由人工修建成的阶梯式农田的陡坎。它是山区农田的重要特征。对于坎高1m以上的才表示，2m以上的应择要测注比高。梯田坎密集时，最高、最低一层陡坎按实地位置绘出，中间各层可适当取舍。对于坎高不足1m的大面积梯田坎，为了显示其特征，可择要表示。

陡崖是指形态壁立，难以攀登，坡度在70°以上的陡峭崖壁。陡崖分为土质陡崖和石质陡崖两种。对于图上长度大于5mm，比高大于1m的均应表示，比高大于2m的应测注比高。陡崖符号的实线绘在崖壁上缘位置，符号的短线应与整个陡崖水平投影宽度相适应。土质陡崖图上水平投影宽度小于0.5mm时，以0.5mm短线表示；

大于 0.5mm 时，依比例尺用长线表示。石质陡崖图上水平投影宽度小于 2mm 时，以 2mm 表示，大于 2mm 时依比例尺表示。

调绘梯田坎和陡崖时，要注意两者的区别，两者都是陡坎，且土质陡崖与梯田坎符号类似，但梯田坎是人工地貌，分布在耕地范围内。如果陡坎上下都是耕地，一般应是梯田坎，用黑色描绘符号；陡崖是天然地貌，沟地、山坡均有可能出现，当陡坎上下都不是耕地时，一般应是陡崖，用棕色描绘符号。

（3）陡石山、露岩地

陡石山是指全部或大部分岩石裸露且坡度大于 70° 的陡峻山岭。陡石山一般很少有土壤及植被覆盖，调绘时要注意与石质陡崖相区别，陡石山的岩石连绵成一片，而石质陡崖只出现在某一地段，不能形成一片山岭。露岩地是一种与陡石山相类似的地貌形态，它是原生的岩石裸露地段，在其隙缝中仍有土坑和生长着的植被。露岩地不像陡石山那样岩石连成一片，而是一块一块地露出于地面。野外调绘时，对于大面积范围的陡石山、露岩地，外业可不绘符号，而将其范围用红色实线标出，并用红色加注"陡石山""露岩地"；小面积的陡石山、露岩地则按图式规定符号用棕色描绘。

其他地貌元素的调绘，如崩崖、滑坡、独立石、土堆、坑穴、山洞、石灰岩溶斗、泥石岩墙等，按图式规定认真表示。

2. 土质元素的调绘

（1）石块地

石块地是指岩石受风化作用破坏而形成的石块堆积地段。在航摄像片上呈现出黑色细小点状影像。调绘时要注意与露岩地的区别：石块地的石块是"外来"的、无"根基"的岩石，而露岩地是有"根基"的岩石。描绘时以两个棕色三角块符号为一组，按实地分布范围散列配置。

（2）沙砾地、戈壁滩

沙砾地是指基岩经长期风化和流水作用而形成的沙和砾石的混合分布地段，主要分布在离石山较近的干河床、河漫滩、河流上游沿岸、海边干出滩等地段。

戈壁滩在蒙古语中为"荒漠"的意思，指地表为砾石和粗沙覆盖，只生长少量的耐碱草类及灌水的地段，主要分布于内蒙古北部、塔里木盆地、准噶尔盆地、柴达木盆地及宁夏、甘肃西北部和青海北部。调绘时，沙砾地和戈壁滩均用同一符号（棕色）描绘。

（3）盐碱地

盐碱地是指地面为盐碱聚积的地区，多分布于降水量少且排水不畅的平地或曾受海水浸泡的地段。盐碱地在像片上的色调因含水量和耐酸碱植被覆盖度不同而异，干燥处呈白色或浅灰色，潮湿处或有植被覆盖处呈灰色或深灰色，组成浮云状的斑纹图案，容易识别。

干燥盐碱地坚硬，对工程构筑、农田耕作有影响；潮湿盐碱地泥泞，通行困难。调绘时只表示不能种植作物的盐碱地，在其分布范围内散列配置符号用棕色描绘，不绘地类界。

（4）残丘地、小草丘地

残丘地是指由于风蚀或其他原因形成的成群石质或土质小丘，残丘的形态与地表岩石性质和风向稳定程度有关，我国西北干燥地区主要有风城劣地、风蚀劣地和风蚀雅丹三种形态，调绘时要注意符号的圆弧一端迎风描绘。

小草丘地是指在沼泽地、草原和荒漠地区，长有草类或灌木的小丘成群分布的地区。草丘矮小，一般不高于 1m。

（5）沙地

各种形态的沙地在地貌学上称为风沙地貌。风沙地貌主要分布在干旱地区，那里气候干燥，降水量少，植物稀疏矮小，风暴频繁，在强烈的物理风化作用下，形成了各种形态的沙地地貌。

我国的沙漠面积约为 109.5 万 km^2，占全国总面积的 11.4%，主要分布在西北和内蒙古等地，海滩、河滩也有少量分布。这些地区蕴藏着丰富的矿产资源，也是防风固沙、改造自然、发展生产的重要地区，在经济上有重要意义。外业调绘主要是确定沙漠的形态和沙漠地区的其他地物。沙地地貌按其活动程度分为固定沙地地貌和不固定沙地地貌；按沙漠的形态特征，又可区分为平沙地、灌丛沙堆、新月形沙丘及沙丘链、垄状沙丘、窝状沙丘五种类型。

①平沙地是指沙面平坦、没有明显起伏的沙地。一般分布在风力较弱和季风不强、地势低洼的地方，在航摄像片上一般呈白色或灰白色，描绘时以棕色细点表示。

②灌丛沙堆是指每个沙丘均生长沙生灌丛而又成群分布的小沙丘群体。灌丛沙堆是流沙遇植被阻挡而逐渐堆积成的，大多数发育在水分条件比较好的地区。

③新月形沙丘因沙丘的平面形状呈月牙形而得名。数个新月形沙丘连结成沙丘链，其延伸方向与主导风向垂直。

④垄状沙丘是指沙漠地区顺着主要风向延伸的堤垄状沙地。垄长一般十几米至几百米，甚至数千米，高 5～30m。多条沙垄间彼此大致平行，在像片上阴影明显，有立体感，易识别。

⑤窝状沙丘是指在沙漠地区因风力作用而形成的大片沙坑。大而稀疏的地段称为沙窝地，小而密集的地段称为蜂窝状沙地，均以同一符号表示。

调绘大面积沙地时，外业可不绘沙地符号，在判明沙地性质、形态和分布范围后，用红色实线绘出范围，再加注相应的沙地类型说明即可。对于小面积沙地则应按图式规定的符号表示。由于沙漠地区气候干燥、水源缺少、植物稀少、交通困难，因此在调绘时应十分注意对水源、植被、道路及其他地物的调绘和表示。

3. 雪山的调绘

雪山是常年积雪的粒雪原、冰川等分布区的总称。我国的冰川大多分布在西南、西北的高山地区，面积有数万平方千米。正确地调绘雪山对国防建设和科学研究有重要作用。雪山调绘的主要内容，见表 5-6。

表 5-6　雪山调绘的主要内容

项目	内容
雪线	雪线是指终年积雪区域的下部界线，它是雪山与非雪山的分界线。由于各地温度不同，降雪量和地形情况不同，雪线的高度并不一样。雪山范围用地类界表示
粒雪原	粒雪原是指雪线以上堆积有大量粒雪的地方。粒雪是指雪花经反复融冻所形成的颗粒状雪粒。外业调绘粒雪原时，用雪山等高线配合蓝点表示
冰川	冰川是指沿地面倾斜方向移动的巨大的可塑性冰体，在内业以雪山等高线表示。冰川的上部是粒雪原，有名称的冰川应调注专有名称
冰裂隙	由于冰川本身质量、冰川的起伏和冰川各部分运动速度不同，在冰川表面断裂产生的缝隙称为冰裂隙。其符号大小和方向应与实地一致
冰陡崖	冰陡崖是指冰川在流动过程中，由于温度、速度、地形坡度的变化及其他原因，冰体会产生巨大的横向断裂而形成陡崖，调绘时用陡崖符号表示并加注"冰"字
冰碛	在冰川运动过程中，混入冰体内的岩石碎屑随着冰川一起运动；当冰川运动到中下游时，气温升高，冰川溶化，岩石碎屑便逐渐堆积在冰床上，冰床上这些堆积物称为冰碛。冰碛在像片上呈黑色点状、长条形分布。调绘时用棕色三角块和细点符号表示
冰塔	冰塔是指在冰川的中下段，由于冰川逐渐融解形成的巨大冰峰。冰塔在像片上的影像呈白色，立体镜下可以看见耸立的冰峰，一般只表示 5m 以上的冰塔。对于冰塔丛立地区可进行取舍
冰斗湖	冰斗湖是冰川融退后冰斗积水形成的湖泊。图上面积大于 $1mm^2$ 时才表示

八、植被的调绘

植被是覆盖在地面上的各种植物的总称。植被不仅可以绿化荒山、美化环境，更是人类不可缺少的自然资源。在经济建设中，对于发展生产、保持水土、防风固沙、调节气候等均有重要作用，因此应重视植被的调绘。

由于植被在实地分布范围较大，品种繁多，生态环境也各不相同，不同季节呈现不同的状态和颜色，因此植被在航摄像片上的构像情况也比较复杂。调绘时要注意利用植被影像的色调特征、纹理特征、树冠的形状特征及其他的相关特征来仔细判读，正确反映植被的类型、疏密程度和分布特点。

1. 地类界的调绘

地类界是区分各类用地界线的符号，野外调绘为了描绘方便，用红色细实线描绘。调绘地类界应注意以下问题：

要注意并不是所有的植被都要调绘地类界，要求调绘地类界的是指各种密集成林，分布面积较大的植被，如成林、幼林、苗圃、花圃、竹林、密集灌木林、经济林、经济作物地、菜地、稻田、旱地及非常年积水的水生作物地等。不绘地类界的是指分布轮廓线不明显或不能表示分布范围的植被，如疏林、高草地、草地、半荒草地、荒草地、迹地等；地类界必须封闭，地类界的某些明显突出拐角应按真实位置准确描绘，地类界弯曲很多时，图上小于 2mm 的弯曲部分可综合取舍；地类界与道路、河流、陡崖、垣栅等地面上有实物的线状地物重合时，可省略不绘，但与境界、电力线、通信线、等高线等地面上无实物存在的符号重合时，地类界符号不能省略，应移位绘出；地类界被线状地物分割时，在其分割的各部分内至少要绘一个符号，不能让其空白，否则有可能误判为其他地物；描绘植被符号时，不得截断或接触地类界和其他地物符号。

2. 成林

成林是指林木进入成熟期、郁闭度（树冠覆盖地面程度）在 0.3（不含 0.3）以上、林龄在 20 年以上的、已构成稳定的林分（树木的内部结构特征）能影响周围环境的生物群落。成林分针叶林、阔叶林和针阔混交林。图上面积大于 $25mm^2$ 的成林应表示，在其范围内每隔 5 ~ 20mm 散列配置针叶林、阔叶林或针阔混交林符号。

3. 幼林、苗圃

幼林是指林木处于生长发育阶段，通常树龄在 20 年以下，尚未达到成熟的林分。苗圃是指固定的林木育苗地。幼林、苗圃在图上面积大于 $25mm^2$ 时才表示，在其范围内整列式配置符号，大于 $50mm^2$ 时要加注"幼""苗"字。

4. 疏林

疏林是指树木比较稀疏，郁闭度为 0.1 ~ 0.3 的林地。调绘疏林时不区分树的高度和种类，均按实地树木稀疏情况在其范围内配置相应符号表示，但应注意疏林不绘地类界，可与其底层的土质、植被配合表示。

5. 灌木林的调绘

灌木林是指成片生长、无明显主干、枝杈丛生的木本植物地。攀援崖边的藤类和矮小的竹类植物也属于灌木林类。灌木林按其地面的覆盖程度区分为密集灌木林和稀疏灌木林。

覆盖度在 40% 以上且图上面积大于 $25mm^2$ 的灌木林，以密集灌木林符号散列配置表示；覆盖度在 40% 以下且图上面积大于 $25mm^2$ 的灌木林，以稀疏式灌木林符号按实地灌木分布情况散列配置表示。

图上面积小于 $25mm^2$ 的灌木林和有方位作用的灌木丛，用小面积灌木林符号表示。如果在疏林、竹林、草地、盐碱地、沼泽地、沙地内杂生有零星的灌木，用灌木丛符号散列配合表示。

图上宽度小于 2mm、长度大于 5mm 的成长条分布的灌木林，用狭长灌木符号表示；图上长度小于 5mm 的用灌木丛符号表示。

6. 竹林的调绘

竹林是指各类竹子生长比较茂盛的林地。竹林在我国长江流域以南地区分布比较广泛，有重要的经济价值和一定的方位、隐蔽和障碍作用。竹林的种类很多，如毛竹、斑竹、青皮竹、水竹等，野外调绘不区分竹林的种类和竹子的粗细，均用竹林符号表示，并按面积的大小和分布特征区分为大面积竹林、小面积竹林、竹丛和狭长竹丛三种表示方法。

7. 园地

园地包括经济林和经济作物地，是指以种植果树为主，集约经营的多年生木本和草本作物，覆盖率大于 50% 或每亩株数大于合理株数 70% 的土地。

（1）经济林是指以生产果品、食用油料、饮料、调料、工业原料和药材为主要目的的树木，如茶园、桑园、橡胶园等。图上面积大于 $25mm^2$ 的经济林，用大面积经济林符号按整列式绘出，图上面积大于 $50mm^2$ 的经济林，要加注相应的林木名称。图上面积小于 $25mm^2$ 的经济林，用不依比例尺符号表示。田间和居民地内、外的零星经济树一般不表示，在树木稀少地区选择表示。

（2）经济作物地是指由人工栽培、种植比较固定的多年生长植物，如甘蔗、麻类、香蕉、药材、香茅草、啤酒花等。经济作物与其他作物轮种的，不按经济作物地表示。图上面积大于 $25mm^2$ 的，符号按整列式配置，面积大于 $50mm^2$ 的应加注相应产品名称，如"橡胶""苹""桑""茶""油茶""蔗""麻""药"等。图上面积小于 $25mm^2$ 的经济作物地一般不表示。

8. 水生作物地

水生作物地是指湖泊、池塘中，固定生长的有经济价值的各种水生植物，如菱角、藕、茭白等。图上面积小于 $25mm^2$ 的不表示，大于 $2cm^2$ 的除表示符号外，还要加注品种名称。对于非常年积水的水生作物地（如藕田），在图上用不固定水涯线加符号表示。

9. 独立树、独立树丛、零星树木、行树的调绘

（1）独立树。指具有良好的方位作用或著名的单棵树，按针叶、阔叶、棕榈（椰

子、槟榔）用相应符号表示。著名的应加注名称。调绘独立树时，不能以其高低、大小为标准，而主要是看与周围地物比较，是否有明显、突出的方位作用。

（2）独立树丛。指有方位作用的成丛生长的树木，按针叶、阔叶或针阔混交树丛及棕榈树丛用相应符号表示。调绘独立树丛时应注意与小面积树林的区分。

（3）零星树木。指散生在田间、水边、村落附近或杂生在灌木林、草地中的零散树木。对于田间和居民地内外的零星树木一般不表示，但在树木稀少地区应选择表示。

（4）行树。指沿道路、沟渠和其他线状地物一侧或两侧成行种植的树木或灌木。

10. 高草地、草地、半荒草地、荒草地的调绘

（1）高草地。指芦苇地、席草地、芒草地、芨芨草地和其他高秆草本植物地。图上面积大于 $2cm^2$ 时应加注植物名称。

（2）草地。指草类生长旺盛、覆盖度在 50% 以上的地区，如干旱地区的草原、沼泽、湖滨地区的草甸等。人工种植的绿地也用草地符号表示。

（3）半荒草地。指草类生长比较稀疏，其覆盖度在 20% ~ 50% 的地区。

（4）荒草地。指植物特别稀少，其覆盖度在 5% ~ 20% 的地区。一般只表示位于气候特别干旱和土壤贫脊地区的荒草地。

11. 稻田、旱地、菜地的调绘

（1）稻田。指种植水稻的耕地。不区分常年积水或季节性积水，种一季或多季，以及和其他农作物轮种的水稻田，均按稻田符号表示，并绘地类界。对于分布在山沟中的狭长稻田，图上宽度小于 3mm 时，可不绘地类界，按实际情况散列配置符号。

（2）旱地。指除稻田外的其他农作物耕地，撂荒未满三年的轮休地也属旱地，旱地不区分种植品种均用同一符号表示。大面积的旱地可不用符号表示，在其范围内加注"旱地"注记。

（3）菜地。指常年种植蔬菜的耕地，图上面积小于 $25mm^2$ 及居民地内的零星菜地均不表示，粮菜轮种的耕地以旱地表示。

12. 各种植被符号的配合表示

植被在实地的分布状况十分复杂，同一耕地上通常生长着多种植被，为反映多种植被的实际分布情况，在调绘植被时，必须用各种植被符号配合表示，但应遵守以下规定：同一地段生长多种植物时，小面积的只表示主要的植被，大面积的所表示的植被种类（包括土质元素）不超过三种，一般舍去经济价值不高或数量较少的植被；符号的配置应与实地植被的主次和疏密一致，即某种植被较多的地方或较多的植被，可多绘符号；反之，则少绘符号，以显示其分布特征；密集成林的植被，如树林、竹林、灌木林等，不能与草地、耕地等底层植被配合表示，但成林的植被

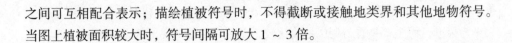

之间可互相配合表示；描绘植被符号时，不得截断或接触地类界和其他地物符号。当图上植被面积较大时，符号间隔可放大 1 ~ 3 倍。

第三节　地理名称的调查和注记

一、地理名称的类别及确定原则

1. 地理名称的类别

地理名称的类别，见表 5-7。

表 5-7　地理名称的类别

分类	内容
居民地名称	包括城市、集镇、村庄及远离居民地的机关、学校、企业、事业、工矿和大城市中主要街道等名称
山体名称	包括山脉、山岭、山峰、山隘、山脊、山谷、山坡、独立山、山洞、高地等名称
水系名称	包括江河、滩、沙洲、岸滩、运河、渠道、湖泊、水库、池塘、海洋、海角、海峡、泉、井等名称
其他名称	包括森林、沙漠、草原、戈壁、沼泽、半岛、岛屿、礁石、堤围、道路、桥梁、码头、渡口、名胜古迹、行政区划、著名独立地物及其他专有名称等

2. 地理名称的确定原则

（1）居民地名称的确定原则

居民地的名称以地名办公室确认的为准；乡、镇所在地的名称与自然名称相同时，只注乡、镇名称。如不相同，则以乡、镇名称为主名，自然名称作副名注记；居民地有两个以上通用名称时，镇以上的以地名办公室确认的名称为主名，群众通用名称作为副名注出。村庄一般只注主名；居民地是两个以上政府驻地时，只注高一级的名称。居民地的总名、分名一般均须注记，但居民地内部相关位置的名称（如前街、后街等），不能作为分名注出。总名称的位置在图上比分名应醒目些，字体更大些；名称注记中的简化字应以国务院颁布的为准。对地方沿用的方言和罕见字，应在调绘片外加注读音和拼音。

（2）山体名称的确定原则

重要突出的山脉、山谷、山岭及其他地貌特征部分的地理名称均应调注。已有三角点、小三角点的点名与实地名称不一致时，仍应注记实地名称。

（3）水系名称的确定原则

河流等水系中凡有固定名称的一般应调注。如当地的习惯称呼与水利航运部门使用的名称不一致，习惯名称作副名注出或舍去；同一条河流不同河段的不同名称按实际情况注出；当不能——注出时，应优先取下游名称，其次按上游、中游顺序选注；湖泊、水库有名称的一般应注记；缺水地区和山区的湖泊均应注记名称；一个湖泊不同地段有不同名称时，若不能全部注出，应选取主要部分和著名的名称注记；著名的泉和井的名称一般应注记。

（4）其他地理名称的确定原则

凡有重要作用的其他地理名称，如工程建筑物、水利设施、名胜古迹、森林、沙漠、草地、冰川等均应调注。

（5）少数民族地区地理名称的确定原则

少数民族地区地理名称的调查和翻译应按照《少数民族语地名调查和翻译通则（草案）》以及按不同民族语言分别制定的各种地名译音规则执行，如《维吾尔语地名译音规则》《藏语地名译音规则》等。

进入少数民族地区进行调绘时，开始需经过短期培训，学习少数民族语地名调查和翻译的有关规定，学习汉语拼音和少数民族的日常用语，了解少数民族的风俗习惯等；还要雇请有一定文化水平的翻译，这样才能较好地完成地名的调查和翻译工作。每到一地，要注意询问向导和当地居民，搞清所需调查地名的读音和含义，然后按规定翻译成汉字，再将所翻译的汉字地名读给向导和当地居民听，如他们认为发音准确，则以译音汉字注记在像片上，否则应改动不准确的汉字进行注记。一个驻地工作结束后，应找当地水平较高的翻译人员共同审查一次地名的翻译情况。最后按要求填写"少数民族语地名调查表"，并送当地政府机关审核，加盖乡以上行政单位公章。

二、地理名称的取舍原则

在人烟稠密、地物众多地区，地理名称过密时，一般按下列原则适当取舍：取总名，适当舍去分名、副名；取靠近主要交通线的名称，舍去离得较远的名称；取房屋较多而连成一片的地名，舍房屋较少且分散的地名；取远近著名而固定的名称，舍一般的和临时性的名称。

三、地理名称调查的一般方法

1. 收集资料、分析资料

当一个测区确定之后，首先进行地名资料的收集工作。收集的内容包括各种比例尺的地形图、行政区划图、规划图、水系图、交通图、旅游图以及地名普查中的有关资料。

根据所收集的资料进行整理分析，情况清楚、位置准确的可事先标注到调绘像片的相应位置上，以便到实地核对，情况不清、位置不定的部分地名可留待调查时参考，实地问清以后再填写到相应位置上去；在字形和字义上有疑惑的，应有目的地实地查清。如"我丁"，这个地名不符合汉语地名的规律，很别扭，就应到实地查清，很可能是"窝窝顶"（山名）；"对九湾"很可能就是"碓臼湾"。

在分析资料时，应仔细查看可能产生重要地名的地方，如高大的山头，较大的河谷、居民地，大面积的草地、森林，较长的峡谷、沟渠，较大的水库、池塘、堤坝、山寨、渡口以及远离居民地的明显突出的建筑物，以便到实地询问、补充，也可避免盲目调查，漏掉重要地名；在分析资料时，还应分清总名和分名、自然名称和行政名称、主名和副名、老名称和新名称，以便进行正确地选择和注记。

2. 实地调查

地名的实地调查工作，是地名调查的关键，是处理疑难问题必不可少的步骤。要做好地名调查工作，必须在现场做到问清、听准、写对。

问清，就是调查者要把问题说清楚，使调查对象能清楚地理解提问的内容，这样调查对象才可能作出正确的回答。要做到问清应注意以下问题：

（1）选择合适的调查对象。能否问清问题与选择调查对象有直接关系。一般来说，调查对象以年长的教师、会计和文化水平较好的长者为最好，调查对象应是在当地居住时间较长、对当地有较多了解、思想敏捷、乐于助人的群众，他们可以提供更加可靠的情况。

（2）询问大地名时，不仅要在现场问，还要到远一些的地方去问。因为近处的人多用小地名，不说大地名；而远处的人一般只知道大地名，不知道那里的小地名，这样在远处问大地名就容易问清楚。

（3）提问最好讲普通话，或者讲当地的地方话，但切忌用另一地方话对当地地方话，这会造成很多错误。

（4）要注意提问的方法，发问时不要用容易造成误会的字，如"这里叫什么村？"对方可能顺口回答："寻峪村"；实际名称是"寻峪"，多余的这个"村"字则是由于发问不当造成的。正确的发问方式应当是："那里有地名吗？""叫什么地名？""这个地名指的是什么？""它代表的范围有多大？""那个地方还有没有其他地名？""哪个地方是主要的？"，这样询问就不容易产生误解了。

（5）同一地名应多在几个地方，多找几个人寻问、核对，以保证地名调查的正确。

听准，就是要准确地接收和理解被调查者回答的内容，这也是保证地名调查获得正确结果的重要方面。因为各地语音差别很大，在音、字、意上就会产生很多误解，如有的地将"黑虎庙"念成"血虎庙"，"张公庙"念成"张光庙"，"老鸹砦"念成"老鸹碧"，"客来店"念成"怯来店"，"无梁庙"念成"五两庙"等。因此，调绘员只有熟悉和掌握地方语言的特点，了解当地地名的规律，才能听准被调查者的回答。如果大部分都听不懂，则必须雇请翻译帮助了。

写对，即用正确的文字表示地名，因为用字不当同样会造成地名错误。

防止写错地名的较好方法是请调查对象亲手写出所问地名，特别是那些听不懂、弄不清的地名，更应让对方书写出来。

名称注记使用简化字，应按国务院公布的为准。未经批准的简化字用于地名是不允许的。在调查中必须弄清字的含义，将其转化为正确的文字进行注记。

在调查中遇到不能准确写出的文字，则要进一步询问地名的来源、演变过程，分析地名的真正含义，找出正确的地名用字。如"无梁庙"是指一座在建筑上比较特殊的没有主梁构造的庙宇，因此得名，这样就不会写成"五两庙"了。

地名调查中常遇到许多地方字、生僻字，这时的调绘方法是：①找同音同义，或音、义相近的字代替。②如果觉得不能找到合适的字代替，则应将字、音、义在像片外注明，由内业定字。但要注意，注音时应以普通话读音（字典注音）为准。

四、地理名称的注记要求

在像片调绘中，除通过调查得到准确地名外，还要保证高质量地将这些地名注记在调绘像片上，使内业成图获得清楚准确的地名调查资料，保证地名在地形图上最终获得正确无误的应用。为此，对地理名称的注记有以下要求：

（1）各种注记的字体应正规清晰，字隔分明，同一名称的字体、大小和字隔要一致。

（2）地名注记不能相互矛盾。地名注记相互矛盾或不一致，常使内业不知道谁是谁非而无法处理。例如，同一条河流上游与下游的名称音同字异，同一居民地在相邻调绘像片上出现不同的名称等，都将给内业取注名称带来困难。

（3）地名注记应选择恰当的位置和序列。一切名称注记的位置必须指示明确，便于阅读，同时还要反映地物的形态特征。地名注记在不压盖重要地物和线状地物符号的交叉点、拐弯点，以及居民地的进出口的情况下，应尽量按有利于指向的位置配置，并与图形的间隔适当。一般居民地和其他独立地物的名称注记，最好的位置是在地物的右方和上方，其次是在下方或左方。

名称注记的排列一般以水平字列和垂直字列为主，使用雁行字列时，应注意字

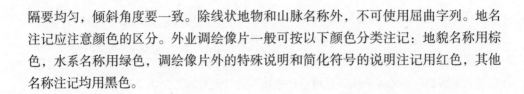

隔要均匀，倾斜角度要一致。除线状地物和山脉名称外，不可使用屈曲字列。地名注记应注意颜色的区分。外业调绘像片一般可按以下颜色分类注记：地貌名称用棕色，水系名称用绿色，调绘像片外的特殊说明和简化符号的说明注记用红色，其他名称注记均用黑色。

第四节　特殊设施和单位调绘中应注意的问题

一、对军事设施和国家保密单位调绘时须遵循的基本原则

军事设施和国家保密单位的调绘工作，应事先与有关单位联系，经同意后方可进入内部进行实地调绘；若不同意进入内部进行实地调绘，可采用航摄像片内判技术在室内直接判调的方法解决；作业人员在工作过程中所看到的军事禁区和国家保密单位的情况，不得转告无关人员，严防口头泄密；图上不表示的军事设施，须用与周围地形、地物相适应的符号进行伪装（如稻田、旱地、房屋、森林、沙漠等），不能看出破绽；凡属保密单位，图上一般不注记真实名称；利用自然地形作掩体的洞库（如武器库、弹药库、飞机库等）以及地下的设施，图上均不表示。

二、调绘中应注意的问题

1. 各种试验基地的调绘

试验基地包括导弹发射基地、原子弹氢弹试验基地、火箭发射基地、卫星发射基地、炮兵基地、坦克基地等，调绘时按以下要求表示：

调绘时对具体的发射、试验位置均不表示，用周围的相应植被进行伪装；通往基地的专用道路：单线道路可如实表示；双线道路绘至最近的较大的村庄，从村庄至基地的双线均降为机耕路表示。铁路绘至最近的城镇；若双线路和铁路并非专用道路，是经过各试验基地又通往其他城镇，则道路应如实表示；试验基地内的地面观测站、办公室、生活区等用普通房屋符号表示；试验基地内的油库、仓库（包括洞内的油库、仓库进出口）、气象站、雷达天线、指示灯塔等，有房屋的用普通房屋符号表示，否则一律不表示；图上名称可用公开名称注记。

2. 飞机场的调绘

飞机场一般均需表示。其表示方法是在总范围内绘一飞机符号。对通向机场的道路及机场内的铁丝网、围墙等均应表示。机场内的机库、油库、气象站、管线、指示灯、雷达天线、指挥塔及其他反映机场性质的设施，有房屋的用普通房屋符号

表示，没有房屋的一律不表示；其他生活区的房屋，按一般居民地符号描绘。民用机场的名称以真实名称注记；军用和军民合用的机场不注真实名称，可用附近较大城镇名称作为机场名称进行注记。

3. 港口的调绘

所有军港内的码头、船坞、油库、气象站、雷达天线及其他反映港口性质的设施，有房屋的用普通房屋符号表示，没有房屋的一律不表示。对于港口的名称，商业港口用真名称注记，军港用自然名称注记。

4. 军队营房、兵工厂、对外保密的国家机关的调绘

对位于城镇居民地内部或周围的军队营房、兵工厂，对外保密的国家机关，均用一般居民地符号表示；远离城镇单独构成一个建筑群时，只调绘其范围，内部可进行较大的综合，外围的铁丝网、围墙等均用相应符号表示。位于城镇内的不注记名称，远离城镇的以公开名称注记。监狱、劳改机构的调绘也按该要求表示。

5. 军用仓库的调绘

地面上的武器库、弹药库、油库等，有房屋的用普通房屋符号表示，没有的一律不表示。对于洞库、地下库及其出入口均不表示，通往仓库的道路应如实表示，图上不注记任何名称。

6. 靶场的调绘

对于靶场内的靶道、炮位、掩体均不表示，靶场只用公开名称注记，其他地物均如实表示。

7. 军用通信设备的调绘

军事专用的通信线、通信电缆、无线电发射天线均不表示，微波通信站只表示普通房屋。

8. 稀有金属矿的调绘

地壳中贮藏量少、矿体分散或提炼较难的金属，如铌、钒、钛、锂、镓、铟等，为稀有金属矿。调绘时对矿井的出入口、金属矿名称均不表示，露天采掘的矿场用乱掘地符号表示，其他地物如实表示。

第五节　像片调绘中的补测、清绘与接边

一、补测

由于航摄的时间与作业时间往往有一定的间隔，有的甚至相隔还很久，这样测

区内的新增地物在航摄像片上就没有影像，因此补测就是根据像片上已有的明显地物的影像，采用判读、量测、交会或平板仪测图的方法，在像片上确定这些新增地物的位置。一般情况下，外业调绘可采用以下介绍的几种简易补测方法进行补测，但如果补测的范围大于图上 $4cm^2$，或面积虽小于 $4cm^2$ 但涉及重要的地貌形态，则应采用仪器补测。

1. 比较判读法

根据四周明显地物的影像，比较它们之间的关系，直接判定所补测的地物在像片上的位置。如在公路旁有一新建独立房，这时可根据房屋到公路和其他有影像房屋的距离，即可将其补测在像片上。

2. 截距法

在紧靠公路处有一新增房屋，先判读出公路与小路的交点，然后在实地量取交点至房屋西边缘的距离 D，依像片比例尺即可确定新增房屋在像片上的位置。

3. 距离交会法

在实地量取 D_1、D_2 两段距离后，依像片比例尺化为图上长度，用圆规作图交会，则可确定烟囱在像片上的补测位置。实际上补测地物的方法很多，可根据实际情况选用或采用其他切实可行的方法进行补测。补测地物时，由于像片上无影像，为了防止移位变形，必须注意补测地物的中心点、中心线、轮廓线的位置准确。在地物补测出来以后，还应对照四周其他地物检查补测的地物是否与实地一致，形状、大小有无明显差异等，这样才能满足成图精度要求。

二、清绘

清绘是指在调绘像片上直接进行着墨整饰。数字影像转绘编辑是指利用外业调绘的原始资料，在室内对照计算机中的数字影像，利用相应软件功能进行地类符号及注记、补测内容的转绘编辑等。像片清绘及数字影像转绘编辑直接影响成图精度，因为其成果就是外业调绘提交给内业成图的唯一的来自于实地的图形资料，是内业成图的依据。无论在调绘过程中判读、量测、调查、综合取舍如何准确和正确，如果在转化为成果的清绘和编辑过程中产生了遗漏、移位、变形，或者图面表示不清楚，符号运用不正确，都只能是功败一笔，全部调绘仍不符合要求。因此，必须掌握清绘技术和清绘方法，耐心细致、认真负责地做好清绘工作。

1. 像片清绘的一般要求

（1）调绘的内容应即时清绘。这样才能做到记得清、绘得快，清绘的内容更加可靠。如有特殊困难，距调绘时间也不能超过 3 天。

（2）正确运用图式符号。整饰时应基本上按图式规定的符号描绘。图式上的水系除水域普染蓝色、水涯线用黑色外，其他蓝色符号均改用绿色。

（3）各地物符号之间的关系应交代清楚。符号之间至少要有 0.2mm 间隔，各种说明注记必须清楚、明确。

（4）清绘中要做到不遗漏、不移位、不变形，对清绘成果应有100%的自我检查。

2. 像片清绘的方法

调绘像片清绘前应准备全部的工具和颜料，然后根据地物的分布情况和自己的清绘习惯作好清绘计划。表5-8中介绍了几种常用的清绘方法：

表5-8　常用的清绘方法

方法	内容
按地物分类清绘法	即清绘时按地物的分类顺序，先将某一类地物全部清绘完，再清绘另一类地物，直到全部清绘完。这种方法的优点是系统性强，不需要频繁地换颜色，适用于地物分布较简单的地区；缺点是不便于回忆，容易遗漏，清绘时应加强检查
按调绘路线清绘法	即沿着调绘时的路线一块一块地清绘。在清绘中，应参照像片上的着铅痕迹和透明纸上的记录，边回忆、边着墨。这种清绘方法的优点是便于回忆，不易漏绘，适用于地物比较复杂的地区；缺点是要经常更换颜色。各地物清绘顺序为：独立地物、居民地、水系、道路、地貌、境界、管线、地类界、名称注记、植被，最后水域普蓝
按颜色清绘法	即清绘时按黑色、绿色、棕色、红色的顺序清绘各种符号和注记，最后普蓝。这种方法的优点是换笔次数最少；缺点是清绘次序零乱，容易出错，较少采用

不论采用哪种方法清绘，都应该做到边清绘、边检查，对错误和漏绘的应及时纠正，以确保调绘质量。

三、接边

由于不同时间、不同作业员进行调绘，调绘图边上往往产生很多矛盾，因此对调绘像片必须认真接边，并保证正确无误。

1. 同期作业的调绘像片接边

同期作业的调绘像片接边是指同一测区、同一作业期进行调绘的接边。同期作业接边必须在实地处理好接边的问题，避免将问题带到内业成图过程中去，从而造成更大的损失。

调绘接边与一般测图接边要求基本一样，要求相接于调绘面积线上的地物、地貌元素，应做到位置、性质、形状、方向、宽度、等级完全一致，不能相互错开，更不能出现漏洞和重叠。图幅之间接边完成后应签注"已与×××图幅接边"之类的接边说明。

2. 与已成图图幅接边

利用已成图图幅在上交资料时保存的抄边进行接边。接边方法与同期作业调绘接边一样，但应注意以下问题：接边说明中应签注"已与××年测图抄边片接边"；接边时，如接合差不大于图上的 1mm，个别不大于 1.5mm，则仅在新测图幅的调绘像片上进行改正，尽量不去改动原图幅内容；如发现原调绘像片有较大的错误或遗漏，则应利用本图幅像片补调或补测，并注明改动和补测情况。

3. 自由图边

自由图边是指作业前和作业期间都没有进行相同比例尺测图的图边。自由图边暂时没有接边工作，但必须进行抄边，并将抄边作为成果资料上交。所谓抄边，就是利用调绘多余的像片，将调绘像片图边附近 1cm 范围内的调绘内容按影像原样地抄绘过去，作为相邻图幅今后测图时进行接边的依据。所以，对于自由图边的调绘内容必须严格实地检查，并加注"自由图边（已经实地检查）"及检查者的名字。

第六节　大比例尺航摄像片及回放纸图的调绘

一、大比例尺航摄像片调绘

大比例尺航摄像片调绘无论作业程序、调绘内容、调绘方法、调绘要求及图式符号的运用等，许多都与 1∶10 000 航外像片调绘相同，因此不再重复叙述。但大比例尺航测像片调绘，由于成图比例尺较大，精度要求高，调绘所用的像片比例尺较大，影像表现较细，地物清楚易判，因此调绘内容更丰富，调绘方法更加灵活多样，图式符号的种类更多，调绘的精度要求更高。这些就是航测大比例尺像片调绘的特点。

由于摄影比例尺较小，大比例尺航测像片调绘一般采用放大像片作业。调绘像片放大倍数视地物复杂程度而定，地物复杂地区调绘像片比例尺大致与成图比例尺接近；地物简单地区调绘像片比例尺可适当小一些，但不能小于成图比例尺的 1.5 倍。

1. 大比例尺像片调绘方法

（1）全要素调绘：外业在调绘像片上清绘出全部调绘要素的方法。调绘时可采用先野外判调后室内清绘，或先室内判绘而后野外检查，再室内修改的方法。这种方法与 1∶10 000 航外调绘方法基本相同，也是大比例尺航外调绘经常采用的方法。

（2）定性调绘：外业只调绘地物的种类、性质并作必要的说明注记，不绘地物符号；内业测图时可在立体模型下测定地物的形状及其准确位置并将其表示成图式符号。

定性调绘主要是利用了像片比例尺大、地物影像较清楚的特点，由内业在立体模型下确定地物，从而使地物的位置和形状更准确，地物在图面上的精度更高，同时也减少了外业像片清绘的工作量。因此，这种调绘方法在大比例尺航测调绘中得到越来越广泛的应用。例如，外业调绘居民地时，只须在房屋影像上注出房屋的种类、性质、楼层数，房屋符号的描绘，包括投影误差改正均可由内业在立体模型下完成。

定性调绘时应注意以下问题：为使内业测图时能准确判断，外业调绘像片上对线状地物的起止点、转折处、等级变换处应特别注意标注清楚；对调绘像片上影像不清或无影像的地物、新增地物以及地理名称等，外业必须调绘清楚。因为这些地物及名称内业在室内是无法判断的，只有外业通过实地调查或补测才能准确表示。

2. 大比例尺像片调绘的一般规定

（1）调绘必须判读准确，描绘清楚，图式符号运用恰当，各种注记准确无误。

（2）调绘像片通常采用隔号像片，为使调绘面积界线避开复杂地形，个别可以出现连号。调绘面积界线，全野外布点应是像片控制点的连线，非全野外布点应是像片重叠部分的中线。如果偏离，均不应大于控制像片上的1cm。界线不宜分割重要工业设施和密集居民地，也不宜顺沿线状地物和压盖点状地物。界线统一规定右、下为直线，左、上为曲线，调绘面积界线用蓝色，自由图边、与已成图接边界线用红色，线外须注明接边图号。调绘面积不得产生漏洞，自由图边应调绘出图外6mm。

（3）像片调绘可以采用先野外判读调查，后室内清绘的方法；也可采用先室内判读、清绘，后野外检核和调查，再室内修改和补充清绘的方法。不论采用哪种方法，对像片上各种明显的、依比例尺表示的地物，可只作性质、数量说明，其位置、形状以内业立体模型为准，调绘像片应分色清绘。

（4）影像模糊地物、被影像或阴影遮盖的地物，可在调绘像片上进行补调，补调方法可采用以明显地物点为起始点的交会法或截距法，补调的地物应在调绘像片上标明与明显地物点相关的距离。需补的地物较多时，应把范围圈出并加注说明，待内业成图后再用平板仪补测。

（5）航摄后拆除的建筑物，应在像片上用红色"×"划去，范围较大时应加以说明。建筑物的投影差改正，当采用立测法成图时一般由内业处理；路堤、路堑、陡坎、斜坡、陡岸和梯田坎等，当其图上长度大于10mm和比高大于0.5m（2m等高距）时须表示，当比高大于1个等高距时须适当量注比高。比高小于3m时量注至0.1m，大于3m时量注至整米。

二、回放纸图的调绘

对于回放纸图的调绘，主要工作是为了保证数学精度和地理精度而进行的调绘、补绘，指的是内业根据像片控制点首先进行数字立体测图定位，然后将所测数字图（有少部分已利用经验定性）在绘图机上回放（喷绘或打印）出来，再到实地对所绘地物、地貌元素进行定性、核实、地理名称的调绘、补测隐蔽地物和新增地物、修改（如房檐改正）、硬化路面地面高程点测量以及图幅名称的确定等，并在测区现场进行清绘或初步编辑工作。

回放纸图有两种形式：一种是在线划图上叠加有影像，另一种没有叠加影像，调绘时另配合航摄像片进行。

应当指出，内业在所建立的立体模型上进行数据采集时，依比例尺表示的地物测出其范围，不依比例尺表示的地物测出其中心位置，按模型能定性质的地物、地貌元素用相应的符号表示，对影像清楚的地物、地貌元素应全部准确无遗漏地采集，对立体影像不够清晰的地物、地貌元素应尽可能地采集，并需作出标记，以便提醒外业调绘人员注意其位置的核实及补绘，地物应以可见地物的外部轮廓为准，地貌用等高线、高程注记和地貌符号表示。对密集植被覆盖的地表，当只能沿植被表面描绘时，应加植被高度改正，在林木密集隐蔽地区，应依据野外高程点和立体模型进行测绘。

1. 数学精度的调绘、补绘

用仪器（全站仪、皮尺、水准仪、GPS–RTK等）对线划图的平面高程精度进行检核，确保调绘工作在合格的成果图上进行。对于超限的产品要进行原因分析，必要时可追溯到上道工序；对于批量性的超限产品，应分析空三加密成果的精度，必要时对此类区域由外业进行平高全野外控制测量后，内业在重建的立体模型下重新测量。另外，测区内所有的建筑区和铺装地面高程注记点相对于最近野外控制点的高程中误差不超过 ± 0.15m，该部分数据由内业立体实测，外业进行足够程度地抽样检核，确认内业成果满足精度要求时方可使用，否则需要外业实测该类数据。

2. 地理精度的调绘

地理方面的调绘应系统地对地物、地貌要素进行调绘，做到图面清晰易懂，综合取舍合理。重点要注意如下方面，但不限于此。

（1）居民地和垣栅。房屋的结构和房屋层数的标注，房屋有房檐的要调注改正数，妥善处理围墙与房（檐）的关系。

（2）交通及附属设施。各级道路的等级、宽度、编号、铺面材料、铁路及其附属设施和公路的附属设施等均是调绘的重点，需按图式要求表示。

（3）管线及附属设施。输电线、配电线、通信线等走向、起讫点要逐一交代清楚，变压器、变电室及各类检修井、污水箅子、消火栓等要调绘清楚。

（4）水系及附属设施。河流、湖泊、水库、池塘、水渠等的水涯线均以摄影时的影像为准。河流、水渠要标明流向。水井应量取井深，井深注记到 0.1m（每幅图多于 3 个水井时，应量测 3 个井深，少于 3 个应该实量）。

（5）地貌及植被。对乱掘地可不调绘，以内业采集为准对陡坎外业适当标注比高。内业测绘时要注明坎上、坎下高程。经济类作物，要配置相应符号和注记。旱地不需要配置符号。

（6）注记。注记是地形图的重要内容之一，要求对各种名称注记，准确注出，不能随意简化。当一个院落（单位）挂几个牌名时，要调查其主要名称（业主名称）予以标注。

（7）图名的调绘。每幅图要标注图名和图号，图名应选取图幅内较大或较重要的单位、村庄。当单位、村庄很大，跨越几幅图时，应在图名后按由西向东、由北向南的顺序用圆括号和阿拉伯数字注记图名序号。图内没有较大单位、村庄，图名比较难选时，可以只标注图号，并且全测区的图名不得重复。

（8）其他。对于内业采集数据的差、错、漏，外业调绘能处理的一定要处理清楚。对于新增地物、地貌元素，要实测补绘。

利用纸图调绘与像片调绘相比，应注意其区别和特点：图纸比例尺一致，地物补测精度可靠，以线画符号及高程注记表示地物、地貌元素，判读需要一定的识图基础，调绘采用正式符号，野外工作量减小，具有较强的目的性，节省材料费用开支。

三、投影差改正

高于或低于纠正起始面的物体，由于受像片中心投影性质的影响，在纠正起始面上存在着由高差引起的投影误差。当投影误差大于图上 0.2mm 时，将对成图精度产生影响，应进行改正。根据这项规定，在大比例尺像片图测图像片上，大部分建筑物和其他高出地面的物体都要进行投影差改正。这项工作十分繁重，也是大比例尺像片图测图工作的一大特点，因此必须认真细致对待。

一般情况下，建筑物底部高程与纠正起始面高程相差很小，只需要把建筑物顶部影像改正到建筑物附近的地面上即可，这时可沿建筑物底部影像描绘，即实现了投影差改正。如果建筑物底部影像一部分被其他地物影像遮盖，这时以底部能看见的某一条边为依据，将建筑物顶部图形平移到正确位置，但图面上房屋轮廓线是以墙基为准的，因此当房檐宽大于图上 0.2mm 时，应加房檐宽度改正，房檐宽度可量取滴水线与墙基之间的距离。

如果地物或建筑物不能根据其底部影像描绘，则应按投影差公式逐点计算投影差改正值，沿以像底点为中心至该点的向径方向逐点进行改正。建筑物高度数据由外业量测，并首先测定建筑物底部的高程，从而求算其与纠正起始面的高差，以保证投影差计算精度。内业应提供像底点位置，纠正起始面的高程和纠正起始面的相对航高。

当采用内业立测法测绘地物时，其投影差在内业立体测图中可自行改正，外业调绘时除房檐宽度要实地量取外，不再进行投影差改正。

四、固定比例尺像片图测图

1. 固定比例尺像片图测图的概念

固定比例尺像片图测图是综合法测图中的主要方法。它是以航摄像片为基础，经像片纠正制作成具有与测图比例尺相等的像片平面图，根据像片图的影像确定地物、地貌点的平面位置，并在像片平面图上用普通地形测量的方法实地测绘等高线，最终获得地形原图的一种测图方法。

固定比例尺像片图测图与普通地形测量法测图相比具有以下的特点：固定比例尺像片图测图时的图底是具有地物、地貌影像的像片平面图，而不是一张白纸，所以地物的形状一般可以直接按影像确定；固定比例尺像片图测图时，虽然等高线仍须采用普通测量的方法在实地测绘，但由于它测绘等高线是在具有地面影像的图底上进行的，且有影像作参照，所以对地貌的测绘更准确，对地貌特征的表示更逼真；固定比例尺像片图测图时，对地物和不用等高线表示的地貌元素，不需要像白纸测图那样实地测定，而是采用调绘的方法将其按地形图式规定符号直接根据像片影像描绘或注示。此外，测站点和碎部点的平面位置一般也不需要实地测定，所以固定比例尺像片图测图与普通白纸测图相比减少了测图的工作量。

2. 固定比例尺像片图测图的作业方法

固定比例尺像片图测图是一种适用于平坦地区的航空摄影测量与普通地形测量相结合的成图方法，故亦称为综合法。其作业方法大致如下。

（1）第一期外业测量

固定比例尺像片图测图需要两期外业工作。第一期外业工作的主要任务是：按内业纠正和制作像片平面图的需要在实地测定一定数量的像片控制点。

（2）像片平面图的制作及质量检查

固定比例尺像片图测图中所需的像片平面图是根据像片纠正原理制作而成的。内业所制作的像片平面图是外业测图的重要资料，其质量将直接关系到测图的精度。所以，外业测图前须对像片平面图的质量进行如下的检查：像片平面图的图面影像应清晰，色调均匀，反差适中，无伤痕和污迹，像纸粘贴牢固，底板平整；图廓大小与理论尺寸之差：边长不大于 0.2mm，对角线不大于 0.3mm；展绘的三角点、控制点之间以及控制点至图廓点的距离与理论长度的较差不大于图上 0.2mm；像片拼接线上的地物移位差不超过 1mm，拼接线尽量不通过居民地；相邻图幅间地物接边差不超过 1mm，个别最大处也不应超过 1.2mm。

（3）第二期外业测量

第二期外业测量的任务是利用像片平面图在实地测绘地貌、高程注记点和进行地物、地貌的调绘。

①选择测站点。测站点位置的选择应满足测绘等高线、高程注记点和补测地物的要求，因此应全盘考虑，作出计划。

一般测站点的选择应注意以下几点：像片平面图上的各类控制点和明显地物点均可选作测站点，这些点应是在像片平面图上影像清晰的，并能准确刺出其平面位置；测站点的密度视实际作业需要和最大视距而定，不必因测站点过密而增大工作量；测站点应能有效地控制四周地形，通视良好，一般应选在位置较高、地形开阔的地方；对像片平面图上无明显影像特征，无法刺出测站点的地段，应采用测图导线、测图支导线或平板仪交会点来弥补测站点的不足。

②确定测站点的平面位置。

③测定测站点的高程。

④标定图板的方向。固定比例尺像片图测图时，图板方向的标定方法基本与平板仪测图相同，只是当全部采用在明显地物点上刺点的方法测图时，不需要标定图板。

⑤测绘地貌。在像片平面图上测绘地貌的方法与平板仪测图基本相同。而像片图测图时，图面上有地面的影像，所以等高线的位置和走向更容易确定，控制等高线的碎部、点也可相应减少。在描绘等高线时，不仅可以对照实地，而且可参照像片影像使所描绘的等高线更真实细致地显示实地的地貌特征。

⑥调绘地物。由于像片图测图时图板上已有地物的影像，因此地物不需像白纸测图那样在实地测定，而是通过像片调绘的方法来解决的。

⑦着墨整饰。着墨整饰是固定比例尺像片图测图的最后一项工作。该工作必须依照规范和图式的要求认真细致地进行，经着墨整饰后，即得到一张地形原图。

第六章 数字与解析摄影测量研究

第一节 数字摄影测量

一、基础内容

数字摄影测量的发展起源于摄影测量自动化的实践，摄影测量自动化是摄影测量工作者多年来所追求的理想。20 世纪 50 年代，美国研制了第一台自动化摄影测量测图仪，它是将像片上灰度的变化转换成电信号，利用相关电子技术实现自动化量测。这种方法是最早研究的立体观测自动化的技术，由于它本身的不足，以及现代技术的发展，现已不再采用这种方法，但它的理论和技术是研究数字摄影测量的基础，美国于 20 世纪 60 年代研制成功的 DAMC 系统就属于这种数字的自动化测图系统。后来，许多国家研制了这种测图系统，它们都是采用数字方式实现摄影测量的自动化。因此，数字摄影测量是摄影测量自动化的必然产物；随着计算机技术及其应用的不断发展以及数字图像处理、人工智能等科学的不断发展，数字摄影测量的内涵已远远超过了传统摄影测量的范围，现已被公认为是摄影测量的第三个发展阶段。数字摄影测量与模拟、解析摄影测量的最大区别在于：它处理的原始信息是数字影像。

1. 数字摄影测量的定义

在当今信息时代，数字化已成为渗透到诸多领域的高技术的标志性技术。摄影测量领域当然也不例外。所谓数字摄影测量，就是利用数字影像与摄影测量的基本原理，应用计算机技术、数字影像处理、影像匹配、模式识别等多学科的理论与方法，提取所摄对象用数字方式表达的几何与物理信息的摄影测量学的分支学科。这种定义在美国等国家称为软拷贝摄影测量。中国著名摄影测量学者王之卓教授称之为全数字摄影测量。这种定义认为，在数字摄影测量中，不仅其产品是数字的，而且其中间数据的记录以及处理的原始资料均是数字的。

从数字摄影测量的定义可知，数字摄影测量是以数字影像为基础，通过计算机分析和处理，获取数字图形和数字影像信息的摄影测量技术。具体地说，它是以立体数字影像为基础，由计算机进行影像处理和影像匹配，自动识别相应像点及坐标，运用解析摄影测量的方法确定所摄物体的三维坐标，并输出数字高程模型和正射数字影像，或图解线划等高线图和带等高线的正射影像图等。它与模拟、解析摄影测量的最大区别在于：它处理的原始信息不仅可以是像片，更主要的是数字影像（如SPOT 影像）或数字化影像；它最终是以计算机视觉代替人眼的立体观测，因而它所使用的仪器最终将只是通用计算机及其相应外部设备；其产品是数字形式的，传统的产品只是该数字产品的模拟输出。

实现数字影像自动测图的系统称为数字摄影测量系统 DPS 或数字摄影测量工作站 DPW。这种系统是使用按灰度元素数字化了的影像，利用电子计算机的运算，通过数字相关技术建立数字地面模型，形成线划等高线及正射影像地图，而且可以直接提供数据，建立高程数据库和地理数据库，适用于各种规划决策、工程设计和各种专题地图的编制。

数字摄影测量系统除能胜任解析测图仪可完成的一切任务外，还具有许多新的功能，如影像位移的去除、任意方式的纠正、反差的扩展、多幅影像的比较分析、图像识别、影像数字相关以及数据库的管理等；通过显示器还可观察数字图像以及框标、控制点、连接点、DEM 及其他所需特征；在空中三角测量中通过附加参数由自检校确定的系统误差的改正数可直接赋给图像，从而最终改善结果的精度；易于实现用于整体检查和质量控制的图形显示或叠合，甚至进行立体显示；可对图像自动进行所需要的特征提取，并在此基础上进行双像、多像并带几何约束的匹配以及顾及邻元条件的多块匹配，进而生成数字高程模型、数字正射影像，或直接为机器人视觉系统服务等；而且唯有数字摄影测量系统具有实时数据获取和处理的能力，正是这种能力将使它进入崭新的应用领域。

2. 数字摄影测量的分类

数字摄影测量一般包括计算机辅助测图与影像数字化测图两种类型。而影像数字化测图按对影像进行数字化的程度，又可分为混合数字摄影测量与全数字摄影测量。

（1）计算机辅助测图

计算机辅助测图是利用解析测图仪或模拟光机型测图仪与计算机相联的机助（或机控）系统，进行数据采集、数据处理，形成数字高程模型（DEM）与数字地图，最后输入相应的数据库。根据需要也可在数控绘图仪输出线划图，或在数控正射投影仪输出正射影像图，或用打印机打印各种表格。在这种情况下，所处理的依然是传统的像片且对影像的处理仍然需要人眼的立体量测，计算机则起进行数据的记录与辅助处理的作用，这是一种半自动化的方式。计算机辅助测图是摄影测量从解析化向数字化的过渡阶段。

（2）影像数字化测图

影像数字化测图是利用计算机对数字影像或数字化影像进行处理，由计算机视觉（其核心是影像匹配与影像识别）代替人眼的立体量测与识别，完成影像几何与物理信息的自动提取。

此时，不再需要传统的光机仪器与传统的人工操作方式，而是自动化的方式。若处理的原始资料是光学影像（即像片），则需要利用影像数字化器对其数字化。

混合数字摄影测量。混合数字摄影测量通常是在解析测图仪上安装一对 CCD 数字相机，对要进行量测的局部影像进行数字化，由数字相关（匹配）获得点的空间坐标。

全数字摄影测量。全数字摄影测量处理的是完整的数字影像，若原始资料是像片，则首先利用影像数字化仪对影像进行完全数字化。利用传感器直接获取的数字影像可直接进入计算机，或记录在磁带上，通过磁带机输入计算机。由于自动影像解释仍处于研究阶段，因而目前全数字摄影测量主要是生成数字地面模型（DTM）与正射影像图。

实时摄影测量。影像获取与处理几乎同时进行，在一个视频周期内完成，这就是实时摄影测量。它是全数字摄影测量的一个分支。显然，在实时摄影测量中，数字相机必须与主计算机联机使用。若传感器或影像数字化器不与主计算机联机使用，这种系统就是通用型（离线）全数字摄影测量系统。在实时摄影测量系统中需要实时地获取数字影像并实时地处理，这就需要高性能硬件的支持并运用快速适用的算法。当前，实时摄影测量被用于视觉科，如计算机视觉、机器视觉及机器人视觉等。

3. 数字摄影测量系统的基本作业过程

当前数字摄影测量系统的应用方案有多种，但其基本作业过程如下：

（1）影像数字化或数字影像获取。

（2）定向参数的计算：①对数字影像的框标进行定位，计算扫描坐标系与像片坐标系间的变换参数。②对相对定向用的点位及绝对定向用的大地点进行定位与二维相关运算，寻找同名点的影像坐标值。③计算相对定向参数与绝对定向参数。

（3）影像匹配与建立数字地面模型：①按同名核线将影像的灰度予以重新排列。②沿核线进行一维影像匹配求出同名点。③计算同名点的空间坐标。④建立数字地面模型。

（4）测制等高线及正射影像图：①自动生成等高线。②数字纠正产生正射影像图。③拼接镶嵌叠加产生正射影像地图。

二、影像匹配

摄影测量中双像（立体像对）立体量测是提取物体三维信息的基础，立体量测的关键在于识别并切准相邻两张像片上的同名像点。在数字摄影测量中以影像匹配代替传统的人工观测，来达到自动确定同名像点的目的。最初的影像匹配是利用相关技术实现的，随后发展了多种影像匹配方法。

1. 影像相关原理

影像匹配的基础是相关技术。由于原始像片中的灰度信息可转换为电子、光学或数字等不同形式的信号，因而可构成电子相关、光学相关或数字相关等不同的相关方式，它们的理论基础都是相同的，即影像相关。

影像相关是利用两个信号的相关函数评价它们的相似性以确定同名点，即首先取出以待定点为中心的小区域中的影像信号，然后取出其在另一影像中相应区域的影像信号，计算两者的相关函数，以相关函数最大值对应的相应区域中心点为同名点，即以影像信号分布最相似的区域为同名区域。同名区域的中心点为同名点，这就是自动化立体量测的基本原理——影像相关原理。

（1）电子相关。电子相关就是采用电子线路构成的相关器来实现影像相关的功能。其中，最常用的是一种极性相关器（或称为二进制相关器）。其基本原理是将两个灰度信号（在电子相关中又称视频信号）放大，然后经过限幅削波，得到两个相应的二进制（极性）视频信号，这种信号只包括高电平与低电平两种，最后将它们加到乘法器的输入端，获得两个信号相乘的结果。由于电子相关时，电子线路复杂，性能也受到限制。因此，电子相关到后来就不再研究了。

（2）光学相关。光学相关就是利用光学影像解求影像相关的过程。它的理论基础是光的干涉和衍射以及由此而导出的一个透镜的傅里叶变换特性。利用透镜的这种傅里叶变换特性构成相干光学处理系统或称为相干光学计算机，再用相干光学处理系统来计算相关函数。当相关函数取得最大值时，即认为同名像点获得匹配。

（3）数字相关。数字相关就是利用计算机对数字影像进行相关计算的方式来完成影像的相关（或匹配）。数字相关的算法除相关函数和相关系数外，还有许多种算法，它们都是根据一定准则，比较左右影像的相似性来确定其是否为同名影像块，从而确定同名像点；数字相关一般情况下是一个二维的搜索过程。1972年，海拉瓦（HelaVa）等引入了核线相关原理，化二维搜索为一维搜索，大大提高了数字相关的速度，使数字相关技术在摄影测量中的应用得到了迅速的发展。

（4）金字塔影像相关。金字塔影像相关是将数字影像分成若干层，从精度最低的一层开始进行相关,这一步称为粗相关,找到相关点位后,进入下一层影像,利用上一层相关点位作为这一层的初值进行相关运算。如此进行直到精度最高一层得到精确的相关结果。对原始数字影像分层的方法很多,最简单的一种方法是两像素平均法。

一般,原始数字影像具有最高的分辨率(像素尺寸小)。两像素平均法是将原始影像两两取平均,得到分辨率比原始影像低一级的一层影像,然后对此层影像用同样的方法处理后,得到一个分辨率更低一级的影像。依次进行下去,一般分到四级。这样就得到了一个分辨率由高到低、像素尺寸由小到大的影像层次,左右影像处理相同。

以上分级是对一维情况的分析,实际相关是对二维影像的处理。通过每 $2 \times 2 = 4$ 个像素平均为一个像素构成第二层(级)影像,再在第二级影像的基础上构成第三级影像,如此下去,最后构成金字塔影像。

将这些影像叠置起来,很像古埃及的金字塔。因此,通常称之为金字塔影像或分层结构影像。其每一级(层)影像的像素个数均是其下层的 1/4。

影像相关时,先在最上层(像素个数最少的一层)影像相关,将其结果作为初值,再在下一层影像相关,最后在原始数字影像上相关,实现一个从粗到精的处理过程。影像匹配完成以后,即获取了同名像点的像点坐标,接下来就可以解求地面点的坐标和像片的外方位元素。

2. 影像匹配

影像匹配就是在两幅或多幅影像之间自动识别同名影像或同名像点,它是计算机视觉及数字摄影测量的核心问题。在数字摄影测量中,就是应用影像匹配技术从数字立体像对中自动识别出同名像点,并获取其像点平面坐标 (X_1, Y_1) 和 (X_2, Y_2),再应用解析摄影测量的方法完成相对定向和绝对定向,最后获得数字地面模型。

影像匹配的理论与实践是实现自动立体量测的关键,也是数字摄影测量的重要研究课题之一。影像匹配的精确性、可靠性、算法的适应性及速度均是其重要的研究内容,特别是影像匹配的可靠性一直是其关键之一。多级影像匹配与从粗到细的影像匹配策略是早期提出来的,但至今仍不失为提高可靠性的有效策略,而近年来发展起来的整体匹配是提高影像可靠性的极其重要的发展。从单点匹配到整体匹配是数字摄影测量影像匹配理论和实践的一个飞跃。很多整体影像匹配的方法考虑了匹配点与点之间的相互关联性,因而提高了匹配结果的可靠性与结果的相容性、一致性。目前,常用的影像匹配有以下几种。

(1)最小二乘影像匹配

最小二乘影像匹配充分利用了影像窗口内的信息进行平差计算,可以使影像匹配达到 1/10 甚至 1/100 像素的高精度。为此，最小二乘影像匹配被称为"高精度的影像匹配"。它不仅可以用于一般的数字地面模型，生产正射影像图，而且可以用于控制点的加密及工业上的高精度量测。在最小二乘影像匹配中可以非常灵活地引入各种已知参数和条件，从而可以进行整体平差。它不仅可以解决"单点"的影像匹配问题，以求其"视差"，也可以直接求其空间坐标，而且可以同时解求待定点的坐标与影像的方位元素，还可以同时解决"多点"影像匹配或"多片"影像匹配。另外，在最小二乘影像匹配系统中，可以方便地引入"相差检测"，从而大大地提高影像匹配的可靠性。

（2）基于特征的匹配

特征匹配主要是对影像上的特征点、线、面进行影像匹配。它适用于非地形测绘的地物测量，只对某些感兴趣的点、线、面进行匹配，无须产生密集的描述空间物体的网格点。比如在大比例尺城市航空摄影测量中，被处理的对象主要是人工建筑物，而非地形，这时由于影像的不连续、阴影与被遮蔽等原因，基于灰度匹配的算法就难以适应，此时若采用特征匹配就可以提高匹配的可靠性。

一般来说，基于特征的匹配可分为三步，即先进行特征提取，然后利用一组参数对提取的特征进行描述，最后利用参数进行特征匹配。

（3）整体影像匹配

前面两种匹配方法都是基于单点的影像匹配，即以待匹配点为中心确定一个窗口，根据一个或多个相似性测度判别其与另一影像上搜索窗口中灰度分布的相似性，以确定待匹配点的同名点。这种匹配结果的正确与否与周围的点并无联系或只有很弱的联系（如由已匹配点进行预测等）。这种孤立的、不考虑周围关系的单点影像匹配结果之间必然会出现矛盾。而整体影像匹配考虑了周围点的相容性、一致性和整体协调性，可以纠正或避免错误的结果，从而提高影像匹配的可靠性。整体影像匹配算法主要包括多点最小二乘影像匹配、动态规划影像匹配、松弛法影像匹配、人工神经元网络影像匹配等。

三、数字高程模型

1. 数字高程模型的概念

在模拟摄影测量及解析摄影测量中，都是将地面上的信息（地貌、地物以及各种名称）用图形与注记的方式表示在图纸上，如用等高线、地貌符号及必要的数字注记表示地形，用各种不同的符号与文字注记表示地物的位置、形状及特征，这就是常用的地形图。其优点是比较直观，便于人工使用；缺点是不便于管理，特别是无法被计算机直接利用，因而不能满足各种工程设计自动化的要求。随着计算机技术和信息处理的发展及生产实践的要求,这种传统的地形图逐渐被数字化产品取代,其典型产品将是数字地图与数字地面模型。

数字地面模型 DTM 是一个表示地面特征的空间分布的数据阵列。在数字地面模型中,除用数字的形式表示地形外,还可以包括其他信息,如资源、环境、土地利用、人口分布等多种信息的定量或定性描述。如果只考虑 DTM 的地形分量,我们通常称其为数字高程模型 DEM 或 DHM。数字高程模型(DEM)是地形起伏的数字表达,它表示地形起伏的三维有限数字序列,即用三维向量来描述高程的空间分布。当数据点呈规则分布时(最常见的方格网分布),数据点的平面位置便可以由起始点的坐标和方格网的边长等少数几个数据完全确定下来,只要提供点的行列号就可以了,此时,DEM 只反映地面的高程,这也是数字高程模型名称的来由。在实际应用中,许多人习惯将代表地形特征空间分布的数字高程模型(DEM)称为数字地面模型(DTM)。实质上它们是不完全相同的,现在应用的一般都是数字高程模型(DEM)。

与传统的地图相比较,DTM 作为地表信息的一种数字表达形式有着无可比拟的优越性。首先,它可以直接输入计算机,供各种计算机辅助设计系统利用;其次,DTM 可运用多层数据结构存储丰富的信息,包括地形图无法容纳与表达的垂直分布地物信息。此外,由于 DTM 存储的信息是数字形式的,便于修改、更新、复制及管理,也可以方便地转换成其他形式的地表资料文件及产品(包括传统的地形图、表格)。

2. 数字高程模型的表示形式

数字高程模型(DEM)有多种表示形式,主要包括规则矩形格网与不规则三角网等。为了减少数据的存储量及便于管理,可利用一系列在 X、Y 方向上都是等间隔排列的地形点的高程 Z 来表示地形,形成一个矩形格网 DEM。此时,DEM 点的分布(平面坐标)是以一种隐含的方式表示的。在这种情况下,除基本信息外,DEM 就变成了一组规则存放的高程值,可以用 DEM 点上的相应高程数据所组成的一个二维矩阵来表示。

由于矩形网 DEM 存储量小(还可以进行压缩存储),非常便于使用且容易管理,因而是目前使用最广泛的一种形式。但其缺点是有时不能准确表示地形的结构与细部,因此以矩形网 DEM 为基础描绘的等高线不能准确地表示地貌。为了克服其缺点,可采用附加地形特征数据,如地形特征点、山脊线、山谷线、断裂线等,从而构成完整的数据高程模型。若将按地形特征采集的点按照一定的规则连接成覆盖整个区域且互不重叠的许多三角形,构成一个不规则三角网 TIN 表示的 DEM,通常称为三角网 DEM 或 TIN。三角网 DEM 能较好地顾及地貌特征点、线,表示复杂地形表面比矩形格网(Grid)精确,其缺点是数据量较大,数据结构较复杂,因而使用与管理也比较复杂。近年来，许多人对 TIN 的快速构成、压缩存储及应用作了不少研究，也取得了一些成果，为克服其缺点发扬其优点做了许多有益的工作。

为了充分利用上述两种形式 DEM 的优点，德国的爱博纳（Ebner）教授提出了Grid-TIN 混合形式的 DEM，即一般地区使用矩形格网数据结构（还可以根据地形采用不同密度的格网），沿地形特征附加三角网数据结构。

3. DEM 数据的获取

数据获取的目的就是量测一些点的三维坐标，取得一定数量的数据点。数据点是建立数字高程模型的控制基础，其作用相当于外业测绘等高线时的碎部点。模拟地表面的数学模型函数关系的待定参数就是根据这些数据点的已知信息（X，Y，Z）来确定的。目前，获取 DEM 数据的方法主要有以下几种：

野外采集。利用自动记录的电子速测经纬仪或全站经纬仪在野外实测，以获取数据点坐标值。其记录的数据可以通过串行通信，输入其他计算机进行处理。

在现有地图上采集。利用手扶跟踪数字化仪或扫描数字化仪对已有地图上的信息（如等高线、地性线等）进行数字化。

空间传感器。利用 GPS、雷达和激光测高仪等进行数据采集。

数字摄影测量方法。摄影测量方法是实际生产中使用最普遍的获取数据点的一种方法。传统的方法是利用附有自动记录装置（接口）的立体测图仪（或立体坐标量测仪）、解析测图仪或自动化测图系统获得数据点。目前，数据采集主要用数字摄影测量系统进行，数字摄影测量是空间数据采集最有效的手段，它具有自动化程度高、劳动强度低等优点。

4. DEM 数据的处理

（1）DEM 数据预处理

经过 DEM 数据采集的过程，得到的是一组原始的 DEM 数据。这组数据还不是适合于直接应用的形式，甚至还包含有错误。因此，必须在计算机的支持下，对这些原始数据进行必要地处理，改正错误，把它们整理成适合于处理和应用的形式。这些有关的内容统称为 DEM 数据预处理。它是 DEM 内插之前的准备工作，也是整个数据处理的一部分，一般包括表 6-1 中的内容：

表 6-1　DEM 数据预处理的内容

项目	内容
格式转换	由于数据采集的软、硬件系统各不相同，因而数据的格式可能也不相同。常用的代码有 ASC Ⅱ码、BCD 码及二进制码。每一记录的各项内容及每项内容的类型、位数也可能各不相同，要根据 DEM 内插软件的要求进行格式转换

项目	内容
坐标变换	若采集的数据不是处于地面坐标系，则应变换到地面坐标系
数据编辑	将采集的数据用图形方式显示在计算机屏幕上，作业人员根据图形交互式地剔除错误的、过密的点，发现某些需要补测的区域并进行补测。对断面扫描数据，还要进行扫描的系统误差改正
栅格数据转换为矢量数据	由地图扫描数字化仪获取的地图扫描影像是一灰度阵列。首先经过二值化处理，再经过滤波或形态处理，并进行边缘跟踪，获得等高线上按顺序排列的点坐标，即矢量数据，供以后建立 DEM 使用
数据的分块	数据分块主要是为了在内插 DEM 时能在大量的数据点中迅速地查找到所需要的数据点
子区边界的提取	根据离散的数据点内插规则格网 DEM，通常是将地面看作一个光滑的连续曲面。但是，地面上存在着各种各样的断裂线，如陡崖、绝壁以及各种人工地物，使地面并不光滑，这就需要将地面分成若干区域即子区，使每一子区的表面为一连续光滑的曲面。这些子区的边界由特征线（如断裂线）与区域的边界组成。确定每一子区的边界可以采用专门的数据结构方式来解决

（2）DEM 内插

DEM 内插就是根据数据点上的高程求出其他待定点上的高程。在 DEM 数据采集的过程中，由于所采集的原始数据点不一定是正规的格网排列，它们可能是沿等高线走向排列、沿地形构造线排列或是按地形任意分布排列的，有时虽按格网排列，但密度不符合要求，仍然需要加密。因此，DEM 内插是必不可少的重要步骤。任意一种内插方法都以邻近的数据点之间存在很大的相关性为基础，这才有可能由邻近的数据点内插出待定点的数据。

5. DEM 的存储与管理

（1）DEM 数据文件的存储

经内插得到的大量的 DEM 数据必须以一定结构与格式存储起来，以利于各种应用。一般是按照以图幅为单位的文件存储或建立地形数据库。DEM 数据文件的存储是将 DEM 数据以图幅为单位建立文件存储在磁带、磁盘或光盘上，通常其文件头存放有关的基础信息，包括起点平面坐标，格网间隔，区域范围，图幅编号，原始资料有关信息，数据采集仪器、手段与方式，DEM 建立方法、日期与更新日期，精度指标及数据记录格式等。文件头之后就是 DEM 数据的主体—各格网点的高程。考虑到 DEM 数据的兼容性和共享,建立全国性或全球性的 DEM 数据库是必须的。目前,世界上已有一些国家建立了全国范围的地形数据库。

（2）DEM 的数据管理

若 DEM 以图幅为单位存储，每一存储单位可能由多个模型拼接而成，因而要建立一套管理软件，以完成 DEM 按图幅为单位的存储、接边及更新工作。

对每一图幅可建立一个管理数据文件，记录每一个 DEM 格网或小模块的数据录入状况，管理软件根据该文件以图形方式显示在计算机屏幕上，使操作人员可清楚、直观地观察到该图幅范围 DEM 数据的录入情况。对 DEM 数据的更新应十分谨慎。对于用户，DEM 数据应是只能读取而不能写入的，只有 DEM 维护管理人员才能写入。另外，若 DEM 数据已输入了数据库，则该数据库管理系统应当有一些措施来保护数据库的数据，防止数据库的数据受到干扰和破坏。

6. 数字高程模型的应用

由于数字高程模型存储的是数字形式的信息，所以便于修改、更新、复制和管理，并可以方便地转换成其他形式的产品，所以它的应用十分广泛。

在测绘方面的应用。在测绘行业，利用数字高程模型可以很方便地制作正射影像图、立体透视图、立体景观图、立体匹配片、立体地形模型及等高线的自动绘制。在制图中，计算机可利用 DTM 制作出坡度图、坡向图、晕渲图等。

在工程建设及其他方面的应用。可以说，数字高程模型在土木工程中是其最早的应用之一。例如，在公路、铁路等建设设计的选线中，应用数字高程模型可以自动绘制出断面图，并计算出土石方等工程量，以优化和确定选线方案。另外，数字高程模型在水利工程、农田规划管理、机场、码头、管线建设以及通信网络等的设计中都有极广泛的应用，可用于体积、面积的计算，各种剖面图的绘制及线路的设计等。

在军事方面的应用。数字高程模型在军事方面有重要的应用价值。例如，将数字高程模型存入导弹头中，可使导航精度和命中率大大提高。所以，军事上的巡航导弹的导航，无人驾驶或遥控飞行装置的控制，作战任务的计划等都离不开数字地面模型的支持。

在地理信息系统（GIS）方面的应用：目前，数字高程模型的一个重要发展趋势就是与其他数字化数据构成综合性的地理信息系统。可以说，数字高程模型是基础地理信息系统（GIS）数据的基本内核。现在利用数字高程模型生产出的基础地理信息系统产品有以下 4 种基本模式（简称"4D"）。

（1）数字高程模型 DEM。它是将现有地形图等高线数字化或利用像对以数字摄影测量方式生成栅格式的 DEM。

（2）数字正射影像图 DOM。它是在 DEM 支持下，对影像进行数字微分纠正和拼接而成的产品。

（3）数字拇格地图 DRG。它是将地形图数字化后经误差校正与整形处理而生成的产品。

（4）数字线划地图 DLG。它是将地形图或专题图的有关线划信息矢量数字化后生成的产品。

五、数字摄影测量系统

随着信息技术和计算机技术的迅猛发展，航空摄影测量技术也有了前所未有的发展和进步。全数字摄影测量系统取代传统的摄影测量内业仪器，作为基础地理数据获取的作业平台，已成为必然的发展趋势。全数字摄影测量系统在实际生产中的应用是摄影测量内业的一次革命。传统的航测内业是一个复杂的系统工程，而且产品单一，功效落后。现在，运用全数字摄影测量系统，在一台微机上就能完成航测内业的各个工序的工作，而且操作简单，工效翻倍，精度可靠，产品多样。数字摄影测量系统已经大大地改变了我国传统的测绘模式，提高了行业的生产效率，它不仅是制作各种比例尺的"4D"测绘产品的强有力的工具，也为虚拟现实和 GIS 提供了基础数据，是 3S 集成、三维景观和城市建模等强有力的操作平台。

数字摄影测量系统的任务是利用数字影像或数字化影像完成摄影测量作业。其根据所处理的影像是部分数字化还是全部数字化可分为混合型数字摄影测量系统与全数字型数字摄影测量系统。

全数字型数字摄影测量系统首先是将光学影像完全数字化或直接采用数字影像，这种系统不需要精密的光学机械部件，集数据获取、存储、处理、管理、成果输出为一体，在单独的一套系统中就可以完成所有的测量任务，因而有人建议把其称为"数字测图仪"。由于它可以生产三维图示的形象化产品，其应用将远远超过传统摄影测量的范畴，因而人们更倾向于称其为数字摄影测量工作站。

1. 数字摄影测量系统的构成

（1）硬件

数字摄影测量系统主要由两部分构成：一部分是数字影像获取装置与成果输出设备，另一部分（也是其核心部分）是一台计算机及外围设备。

1）数字影像获取装置与成果输出设备

扫描仪是将光学影像数字化的装置，又称影像数字化仪。目前，我国常用的扫描仪多为进口仪器，价格昂贵，有美国的 VX 3000、VX 4000 型扫描仪及奥地利生产的 Ultra 5000 型扫描仪等。中国测绘科学研究院生产的 Imatizer 2305 影像扫描仪是一台专业型高精度大幅面胶片影像数字化仪，扫描范围为 $250mm \times 240mm$，像元尺寸可在 $12.5 \sim 25\mu m$ 连续采集，扫描速度快，输出数据格式为 TIFF，适应于

23cm×23cm 及以下尺寸的彩色 / 黑白、整卷 / 单张、正 / 负透射航空摄影胶片的数字化扫描。成果输出设备主要用于输出线划图和胶片。大幅面高分辨率的影像输出设备，目前以进口产品为主，将加工后的图形、文字等，通过光栅图像处理器（RIF）将数据重新排列、组合，以控制激光光束、成果输出设备使在高速旋转的滚筒上的胶片曝光，得到高精度的、可用于印刷的图形胶片。

2）计算机及其外围设备

由于数字摄影测量处理的数据量非常大，比如一张 23cm×23cm 的航摄像片，当采样间隔为 0.05mm 时，就有 21MB 字节的数据量，因此一套实用的数字摄影测量系统，对计算机的处理速度与容量的要求就非常高。目前，随着计算机技术的飞速发展，市面上销售的各种计算机已完全能够满足数字摄影测量的要求。对数字影像的立体观察，可将立体反光镜置于显示屏幕前，对并列显示的两幅影像进行观察；或者利用互补色影像显色，如左片为红色、右片为绿色并叠加在屏幕上，然后利用红绿眼镜进行观察；或者利用偏振光及闪闭法进行立体观察，这种专用于立体观测的监视器已得到迅速发展，是目前常用的一种观测方式。

（2）软件

数字摄影测量系统的软件实际上是解析摄影测量软件与数字图像处理软件的集合，其主要部分为：

①定向参数的计算。

内定向。框标的自动与半自动识别与定位，利用框标检校坐标与定位坐标，计算扫描坐标系与像片坐标系间的变换参数。

相对定向。将左影像分区提取特征点，利用二维相关寻找同名点，计算 5 个相对定向参数。金字塔影像数据结构与最小二乘影像匹配方法一般都要用于相对定向过程，人工辅助量测有时也是需要的。

绝对定向。现阶段主要由人工在左（右）影像定位控制点，由最小二乘匹配确定同名点，然后计算 7 个绝对定向参数。今后有可能建立控制点影像库以实现自动绝对定向。

②空中三角测量。其基本算法与解析摄影测量相同，但由于数字摄影测量可利用影像匹配替代人工转刺，从而极大地提高了空中三角测量的效率，避免了粗差，提高了精度。

③形成按核线方向排列的立体影像。按同名核线将影像的灰度予以重新排列，形成核线影像。

④影像匹配。沿核线进行一维影像匹配，确定同名点。考虑结果的可靠性与精度，应合理地应用影像匹配的各种方法。

⑤建立 DTM。按定向元素计算同名点的地面坐标（X，Y，Z），然后内插 DTM 格网点高程，建立 DTM。

⑥自动生成等高线。

⑦制作正射影像。

⑧等高线与正射影像叠加，制作带等高线的正射影像图。

⑨制作景观图、DTM 透视图。

⑩基于数字影像的机助量测（如地物、地貌元素的量测）。

⑪注记。

（3）数字摄影测量的主要产品

数字地面模型：如数字高程模型 DEM；数字线划图：如数字地图；数字正射影像图；立体景观图；立体透视图；立体模型；各种工程设计所需的三维信息；各种信息系统、数据库所需的空间信息。

目前，国际市场上常用的全数字摄影测量系统主要有：Leica 公司的 Helava 数字摄影测量系统（市场占有率最大）；德国 Zeiss 公司的 PHOTODIS 系统；美国 InterGraph 公司的 ImageStation 系统；中国武汉测绘科技大学的 VirtuoZo 系统；中国测绘科学研究院的 JX-4C 系统。

由于全数字摄影测量系统对系统的软、硬件配置有较高的要求，目前主要是两种形式：一种是硬件、软件一体化的数字摄影测量工作站，它的功能相对较强，但投资相对较高；另一种是独立的软件系统，它可以安装在多种计算机硬件平台上，成本相对较低。下面主要介绍我国的 VirtuoZo 和 JX-4C 两个系统。

2. VirtuoZo 全数字摄影测量系统

VirtuoZo 全数字摄影测量系统是由武汉大学张祖勋院士主持研究开发的全数字摄影测量系统。1985 年完成了 WnDAMS1.0 版本，而后与澳大利亚 Geonautics 公司合作，于 1994 年 9 月在澳大利亚黄金海岸正式推出第一个商品化的工作站版本，并将 WuDAMS 更名为 VirtuoZo。1998 年由武汉适普公司推出其微机 NT 版本——VirtuoZo NT。

VirtuoZo 全数字影测量系统是一个功能齐全、高度自动化的现代摄影测量系统。该系统为用户提供了从自动空中三角测量到测绘地形图的全套整体作业流程解决方案，不仅能根据航空影像生产从 1∶50 000 到 1∶500 各种比例尺的"4D"产品（DEM、DOM、DLG 和 DRG），还能处理近景影像，卫星影像（SPOT1-4/、TM 等），高分辨率的 IKONOS、Quick-Bird、SPOT5 卫星影像和可量测数码相机影像。VirtuoZo NT 采用最先进的快速匹配算法确定同名点，匹配速度高达 500 ~ 1000 点 /s，其开放的数据交换格式也可与其他测图软件（如 GIS 软件和图像处理软件等）进行方便的数据共享。

该系统大部分的操作不需要人工干预，可以批处理地自动进行，用户也可以根据具体情况灵活选择作业方式。VirtuoZo NT 拥有多种高效实用的测图模式以及 MicroStation 接口测图模块，是 3S 集成、三维景观、城市建模和 GIS 空间数据采集等最强有力的操作平台。

（1）VirtuoZo 系统的硬件配置

①计算机

VirtuoZo 软件系统所占用的磁盘空间为 150MB（标准安装），对计算机的配置要求较高，一般要求为：

CPU：Pentium Ⅳ 1 GHz 或以上。

内存：1 GB 以上。

硬盘：120 GB 以上。

显卡：需要选用支持 4 buffer OpenGL 立体的显卡。

显示器：推荐使用双屏，显示器在 1024×768 的分辨率下的刷新频率应达到 100 Hz 以上。

②立体观测设备

立体反光镜或液晶立体镜、手轮、脚盘、三维鼠标等。

（2）VirtuoZo 软件功能介绍

①数字影像输入。通过影像数字化设备对影像进行数字化，得到相应的数字影像，可以接收的数据格式有 TIF、SGI（RGB）、BMP、TGA、SUNRaster、VIT、JFIF/JPEG、BSF 格式。

②自动空三量测。自动内定向、自动选点与转刺，自动相对定向，半自动控制点量测，用区域网平差计算解求全测区加密点大地坐标。自动建立测区内各立体像对模型的参数。

③内定向。框标的自动识别与定位，自动进行内定向。提供人机交互后处理功能。

④相对定向。自动寻找同名点，计算相对定向参数。提供人机交互后处理功能。

⑤绝对定向。人工参与确定控制点位置，系统自动匹配同名点并计算绝对定向参数。

⑥生成核线影像。在用户选定的区域中，按同名核线将影像的灰度予以重新排列，形成按核线方向排列的立体影像。

⑦预处理。在影像自动匹配之前，可在立体模型中量测一部分特征点、特征线和特征面，作为自动影像匹配的控制。

⑧影像匹配。沿核线进行一维影像匹配，确定同名点。采用金字塔影像数据结构，

基于跨接法的整、体影像匹配，高速自动匹配达 500 点 /s。

⑨匹配结果的显示和编辑。匹配结果的显示和编辑是数据的后处理工作。在立体模型中可显示视差断面或等视差曲线以便发现粗差，可显示系统认为是不可靠的点。交互式机助编辑有点、线、面方式，利用鼠标可控制测标四个方向的运动。

⑩ 建立 DTM/DEM。移动曲面拟合内插 DTM。自动生成精确的数字地面模型 DTM（DEM）或被测目标的数字表面模型。精度为 1/3 000 ~ /5 000 航高。

⑪ 正射影像的自动制作。采用反解法进行数字纠正，比例尺由参数确定，自动绘制正射影像图。

⑫ 自动生成等高线。由 DEM 自动生成带有注记的等高线图，等高线间隔由参数设定。

⑬ 正射影像与等高线叠合。将等高线数据装入正射影像文件中，制作带等高线的正射影像图。

⑭ 数字化地物。利用计算机代替解析测图仪、用数字影像代替模拟像片、用数字光标代替光学测标，直接在计算机上对地物数字化。

⑮ 影像与立体影像显示。可在屏幕上直接显示当前数字影像是否清晰，其方位是否正确，查看整个数字影像的完整性，还可以在屏幕上直接显示三维立体影像。

⑯ 景观图或透视图显示。可在屏幕上直接显示景观图和透视图，真实透视，真实三维模型，其影像可无限缩放，任意角度，人控动画。

⑰DEM 拼接与正射影像镶嵌。对多个影像模型进行 DEM 拼接，给出精度信息与误差分布。对正射影像、等高线影像、等高线叠合正射影像镶嵌。正射影像镶嵌拼接无缝，色调平滑过渡。

⑱ 批处理。对多个模型一起进行多项计算处理，由批处理参数选择模型文件名，处理类型（核线、匹配、DTM/DEM、正射影像、等高线、正射影像 + 等高线），系统自动进行批处理。

3. JX-4C 数字摄影测量系统

JX-4C 是由中国测绘科学研究院研制的一套半自动化、实用性强、人机交互功能好、有很强的产品质量控制工艺的微机数字摄影测量工作站。该系统有一个极好的立体交互手段，立体观测效果并不亚于进口的解析测图仪，若加上手轮、脚盘和脚踏开关就成为一台彻头彻尾的解析测图仪。该系统最显著的一个特点是具有强大的立体编辑和产品质量的可视化检查功能。

（1）硬件配置

①计算机

采用最新型的计算机配置，如：

CPU：Intel Pentium Ⅳ、主频 3.0 GHz 800 FSB；

主板：Intel 865PE 芯片组；

内存容量：1 GB（512MB DDR400 两条）以上；

硬盘容量：120 GB 以上，7 200 转；

光驱：16×DVD ROM；

显示卡：专业工作站级显示卡（显示内存 256M，立体信号输出）；

网卡：10/100mbps 以太网接口卡；

显示器：19 英寸纯平彩色显示器 2 台。

②立体观测设备

液晶立体镜两副，3D 输入、输出立体卡各 1 块，红外同步器 1 台，手轮 2 只，脚盘 1 只，脚踏开关 1 只。

（2）JX–4C 的软件功能

3D 输入、3D 显示驱动模块；全自动内定向、相对定向及半自动绝对定向模块；影像匹配模块；核线纠正及重采样模块；空三加密数据导入模块；投影中心参数直接安置模块；整体批处理模块（内定向、相对定向、核线重采样、DEM 及 DOM 等）；矢量测图模块；鼠标立体测图模块；TIN 生成及立体编辑模块；自动生成 DEM 及 DEM 拼接模块；自动生成等高线模块；等高线与立体影像套合及编辑模块；由 TIN 生成正射影像模块；正射影像拼接匀光模块；特征点、特征线自动匹配模块；MicroStation 实时联机测图接口模块；AutoCAD 实时联机测图接口模块；地图符号生成器模块；影像处理 ImageShop 模块；三维立体景观图模块；数据转换和 DEM 裁切等多个使用小工具软件。

（3）JX–4C 的特点

①精度高

子像元级的观测平台保证向量测图可达到很高的精度；采用 TIN 的立体编辑生成特征线、特征点，使 DEM 精度高，等高线形态好。由于 DEM 精度高，加上正射纠正采用严密公式解算，使 DOM 达到很高的质量。

②实用性强

手轮、脚盘及作业与解析测图仪相同，操作方便；作业土界、水域边界、平坦地区边界、镶嵌边界均是多边形区域；向量测图同 JX–3（三维 DLG 测量）、矢量（包括线形和符号）、DEM 和 TIN，可映射到立体屏幕上；很强的立体编辑功能：二维屏幕可同时进行矢量、DEM、TIN 和 DOM 的叠加、显示和编辑；硬件的影像漫游、图形漫游、测标漫游，实现了方便的实时立体编辑；多种影像处理：除进行常规的航空影像处理外，还可接收诸如 IKONOS、SPOT5、QuickBird、ADEOS、RADARSAT

等卫星与雷达影像，可通过以上数据获取 DEM、DOM、DLG 成果；与下列三种软件实时联机：MicroStation、AutoCAD2000（2002）、ArcGIS；采用双屏幕显示（两台 19 寸纯平彩显），图形和立体独立显示于两个不同的显示器上，使得视场增大，立体感强，影像清晰、稳定，便于进行立体判读；由 TIN 生成正射影像，解决了城市 1:1 000、1:2 000 比例尺正射影像中由于高层建筑和高架桥引起的投影差问题，使大比例尺正射影像完全重合，更加精确地描述诸如道路等地物的形态，没有变形；利用大地定向软件，解决传统航测长期以来先外业控制、后内业测图的问题，使外业和内业可以同时作业，提高了工作效率，保证了测图精度。

③质量控制手段有效

DEM 精度控制：有特征线、零立体检查、左右图像和左右图形的四体漫游。

DEM 接边：检查点有 DEM 精度统计报告。

500 多种国标分类已装进系统，保证了分类的正确性；向量映射检查，甚至用于检查外业成果。

第二节　解析摄影测量

一、基础内容

模拟摄影测量经历了整整一个世纪，它是在电子计算机兴起之前占统治地位的摄影测量方法。模拟摄影测量存在着明显的弱点和局限性，它一般只能提供单一的图解产品，不便于修改、更新、管理和多方面的应用，同时用模拟法确定地面点，其精度难以保证。所以，人们很早就希望能用解析的方法取代模拟法来实现摄影测量中的命题。

1. 解析摄影测量的概念

早在 20 世纪初立体坐标量测仪发明后，如何利用所量测的像点坐标解算出相应物方待定点的空间三维坐标，一直是摄影测量界所关注的焦点。

共线条件方程式在摄影测量中是描述像点、摄影（投影）中心、相应物点三者之间坐标变换关系的数学表达式。但由于在目前摄影中，通常很难得到水平像片，故在倾斜像片的情况下共线条件方程式较为复杂，以致无法通过手工计算进行解求。正是由于这种计算工具的限制，使得用解析方法处理摄影测量中的问题，在一定时期并未表现出广泛的实用价值。

随着电子计算机的出现，才使得人们用严格计算的方法解求像点在物方空间的坐标成为可能。从此开始了解析摄影测量的新时代。

所谓解析摄影测量，是指以电子计算机为主要手段，通过对摄影像片的量测和解析计算的方式来研究和确定被摄物体的形状、大小、位置、性质和相互关系，并提供各种摄影测量产品的一门科学。

解析摄影测量与模拟摄影测量相比较，虽然其原理及作业流程仍相同，但其交会与解算方式已发生了根本性的变化，即交会从光学或机械交会变成了"数字导杆"的交会，解算由模拟解算变成了计算机数字解算。

随着电子计算机的不断发展，模拟摄影测量被解析摄影测量所取代，是摄影测量发展历史阶段的必然结果。

2. 解析摄影测量的基本原理

共线条件方程式是摄影测量极为重要的公式，它反映了摄影时像点与相应物点之间的坐标变换关系，对解算摄影测量中的问题具有重要的价值。

3. 解析摄影测量的主要任务

解析摄影测量的主要任务是：进行解析空中三角测量，解求和加密地面（或物面）待定点的三维坐标；使用解析测图仪测定和研究被摄物体的形状、大小、位置及相互关系并提供所需的图件资料。

二、解析空中三角测量

1. 基础内容

在双像解析摄影测量中每个像对都需要 4 个地面控制点才能解求全部模型点的坐标。如果这些控制点的坐标全由野外测定，则工作量太大，效率也不高。能否在一条航线或几条航线构成的一个区域中，测少量的野外控制点，在内业用解析摄影测量的方法加密出每个像对所要求的控制点，然后用于测图呢？回答是肯定的，解析空中三角测量就是为解决这个问题而提出的方法。目前，生产部门已广泛采用这种方法，由于这种方法使用了电子计算机，生产中人们又习惯把这一加密控制点的方法称为电算加密。所谓解析空中三角测量，是依据像片上量测的像点坐标和少量野外测定的控制点为基础，采用严密的数学公式，按照最小二乘法原理，使用电子计算机解求加密点的三维坐标及其定向参数的方法。

解析空中三角测量的优点是：能快速在大范围内进行点位三维坐标的测定，从而减少了大量的野外工作量；可不触及被测目标物和不受地面通视条件的约束，凡是在影像上可以看到的目标，均可以测定其位置和几何形状；能顾及摄影物镜的畸变差、大气折光差、地球曲率及底片变形等系统误差的影响并进行有效的改正；通过平差计算能保证整个区域内加密点的精度均匀和多种用途的需要。

随着解析空中三角测量的不断研究、发展和完善，它不仅在测绘部门，而且在国民经济（如铁路、公路、电力、水利、土地等）以及军事和科研的众多领域已成为点位坐标测定的一种重要手段，它主要有以下几方面的应用：为立体测绘地形图、制作影像平面图和正射影像图提供定向控制点和内、外方位元素；取代大地测量方法，进行三、四等或等外三角测量的点位测定（厘米级精度）；用于地籍测量以测定大范围内界址点的国家统一坐标，称为地籍摄影测量，以建立坐标地籍（要求精度为厘米级）；单元模型中解析计算大量点的地面坐标，用于诸如数字高程模型采样或桩点法测图；解析法地面摄影测量，如各类建筑物变形测量、工业测量以及用影像重建物方坐标等，此时所要求的精度较高。

解析空中三角测量根据平差范围的大小，可分为单航带法和区域网法。单航带法是以一条航带为一个单元进行构网、平差计算，在平差中无法顾及相邻航带之间公共点条件。区域网法则是对由若干条航带（每条航带有若干个像对或模型）或几幅图组成的区域进行整体平差，平差过程中能充分地利用各种几何约束条件，并尽量减少对地面控制点数量的要求。

根据平差中采用的数学模型可分为航带法、独立模型法、光束法三种方法。航带法是通过相对定向和模型连接先建立自由航带，以点在该航带中的摄影测量坐标为观测值，通过非线性多项式中变换参数的确定，使自由网纳入所要求的地面坐标系，并使公共点上不符值的平方和为最小。独立模型法是先通过相对定向建立起单元模型，以模型点坐标为观测值，通过单元模型在空间的相似变换，使之纳入到规定的地面坐标系，并使模型连接点上残差的平方和为最小。光束法则直接由每幅影像的光线束出发，以像点坐标为观测值，通过每个光束在三维空间的平移和旋转，使同名光线在物方最佳地交会在一起，并使之纳入规定的坐标系，从而加密出待求点的物方坐标和影像的方位元素。

（1）航带法空中三角测量

航带法空中三角测量研究的对象是一条航带的模型。首先，对航带中每个像对进行连续法相对定向，建立立体模型。此时，每个像对相对定向以左片为基准，求右片相对于左片的相对定向元素，以航带中第一张像片的像空间坐标系作为像空间辅助坐标系，对第一个像对进行相对定向。之后，保持左片不动，即以第一像对右片的相对角元素作为第二像对左片的相对角元素，为已知值，对第二个像对进行连续法相对定向，再求出第三张像片相对第二张像片的相对定向元素，如此下去，直到完成所有像对的相对定向。这时，整条航带的像空间辅助坐标系均化为统一的像空间辅助坐标系。但由于各像对的基线是任意给定的，因此各模型的比例尺不一致，为此，利用相邻模型公共点的像空间辅助坐标应相等为条件，进行模型连接，构成航带模型。用同样的方法建立其他航带模型。

然后，用航带内已知控制点或相邻航带公共点，进行航带模型绝对定向，将各航带模型连接成区域网，并得到所有模型点在统一的地面摄影测量坐标系中的坐标。最后，进行航带或区域网的非线性改正。由于在建立航带模型的过程中，不可避免地有误差存在，同时还要受到误差积累的影响，致使航带或区域网产生非线性变形。为此，需要根据地面控制点按变形规律进行改正。通常，用于非线性改正的数学模型为二次或三次多项式。改正的方法是认为每条航带有各自的一组多项式系数值，然后以控制点的计算坐标与实测坐标相等，以及相邻航线控制点坐标应相等为条件，在误差平方和为最小的条件的前提下，求出各航带的多项式系数，进行坐标改正，最终求出加密点的地面坐标。

（2）独立模型法空中三角测量

独立模型法空中三角测量是基于单独法相对定向建立单个立体模型，以单模型作为平差单元，由一个个相互连接的单模型构成一条航带网或组成一个区域网。由于构网过程中的误差被限制在单个模型范围内，因此不会发生误差的传递积累，有利于加密精度的提高。另外，由于各模型的像空间辅助坐标系和比例尺均不一致，因此在模型连接时，要用模型内的已知控制点和模型公共点进行空间相似变换。首先将各单个模型视为刚体，利用各单个模型彼此间的公共点连接成一个区域。在连接过程中，每个模型只能作平移、旋转、缩放，这样的要求通过单个模型的空间相似变换来完成。在变换中要使模型间公共点的坐标相等，控制点的计算坐标应与实测坐标相等，同时误差的平方和应为最小，在满足这些条件的前提下，按最小二乘原理求得每个模型的 7 个绝对定向参数，从而求出所有加密点的地面坐标。

独立模型法理论较航带法严密，但计算工作量较航带法大，对计算机容量要求高，而且只适用于对偶然误差的平差，有系统误差的则需另加系统误差消除的方法。

独立模型法区域网空中三角测量的主要内容包括：求出各单元模型中模型点的坐标，包括摄站点坐标；利用相邻模型之间的公共点和所在模型中的控制点，对每个模型各自进行空间相似变换，列出误差方程式及法方程式；建立全区域的改化法方程式，并按循环分块法求解，求得每个模型的 7 个参数；由已经求得的每个模型的 7 个参数，计算每个模型中待定点平差后的坐标，若为相邻模型的公共点，则取其平均值作为最后结果。

（3）光束法空中三角测量

光束法空中三角测量是以每张像片的一束光线为平差单元，以共线方程为依据，建立全区域的统一误差方程式和法方程式，整体解求区域内每张像片的 6 个外方位元素以及所有待定点的地面坐标和高程，其原理与光束法双像解析摄影测量相同。

光束法空中三角测量的基本内容有：各影像外方位元素和地面点坐标近似值的确定。可以利用航线法区域网空中三角测量方法提供影像外方位元素和地面点坐标近似值，在竖直摄影情况下，也可以设 $ax=w=0$，k 角和地面点坐标近似值则可以在旧地形图上读出；从每幅影像上的控制点和待定点的像点坐标出发，按每条摄影光线的共线条件方程列出误差方程式；逐点法化建立改化法方程式，按循环分块的求解方法先求出其中的一类未知数，通常是先求出每幅影像的外方位元素；利用空间前方交会求得待定点的地面坐标，对于相邻影像公共交会点应取其均值作为最后的结果。

在上述几种方法中光束法空中三角测量理论严密，精度最高，但计算工作量最大。随着计算机技术的发展，计算机的容量、速度均已大大提高，而价格不断降低，使得光束法空中三角测量成为最有生命力的方法，特别是在该方法中加入粗差检测、自检校法消除系统误差等，使其精度更高，可得到厘米级的加密点位精度。

2. GPS 辅助空中三角测量

在 GPS 出现以前，航测地面控制点的施测主要依赖传统的经纬仪、测距仪及全站仪等，但这些常规仪器测量技术都必须满足控制点间通视的条件，在通视条件较差的地区，施测往往十分困难。GPS 测量不需要控制点间通视，而且精度高、速度快，因而 GPS 测量技术很快就取代常规测量技术成为航测地面控制点的测量的主要手段。但对崇山峻岭、戈壁荒滩等难以通行地区仍需作业人员背负仪器、跋山涉水，其劳动强度依然很大。即使如此，对国界、沼泽等作业人员无法到达地区往往显得无能为力。因此，它仅适用于测定少量地面控制点以作为航测内业空三加密所需控制信息的一种补充手段。从总体上讲，地面控制点的获取仍是一个十分耗时耗力的工作，未能从根本上解决常规方法作业周期长、成本高的缺点。

近年来，GPS 动态定位技术的飞速发展促进了 GPS 辅助空中三角测量技术的出现和发展。目前，该技术已进入实用阶段，在国际和国内已用于大规模的航空摄影测量生产。如从德国引进的高精度航空定位导航姿态测量系统（IMU/DGPS），它是采用 IMU（Intertial Measurement Unit, 惯导测量仪）与 DGPS（差分 GPS）技术相结合的方法进行辅助航空摄影测量的。机载 IMU/DGPS 系统采用先进的光纤陀螺系统，结合差分 GPS 测量来直接测定航片的外方位元素，省去了传统航空摄影测量成图中外业地面控制工序。实践表明，该技术可以极大地减少地面控制点的数目，减少外业控制作业时间，缩短成图周期，降低成本。

（1）GPS 辅助空中三角测量的基本原理

在 GPS 辅助空中三角测量中，GPS 主要用于测定空中三角测量所需要的地面控制点和航摄仪曝光时刻摄站的空中位置。

GPS 辅助空中三角测量的基本原理是：利用安装于飞机上与航摄仪相连接的和

设在地面上一个或多个基准站上的至少两台 GPS 信号接收机同步而连续地观测 GPS 卫星信号、同时获取航空摄影瞬间航摄仪快门开启脉冲，通过 GPS 载波相位测量差分定位技术的离线数据后处理获取航摄仪曝光时刻摄站的三维坐标，然后将其视为附加观测值引入摄影测量区域网平差中，经采用统一的数学模型和算法以整体确定物方点位和像片方位元素并对其质量进行评定的理论、技术和方法。GPS 辅助空中三角测量的基本思想是用由差分 GPS 相位观测值进行相对动态定位所获取的摄站坐标，作为区域网平差中的附加非摄影测量观测值，以空中控制取代地面控制（或减少地面控制）的方法来进行区域网平差。

（2）GPS 辅助空中三角测量联合平差

GPS 辅助空中三角测量是摄影测量与非摄影测量观测值联合平差的一部分，即摄影机定向数据与摄影测量数据的联合平差。在各种 GPS 辅助空中三角测量方法中以 GPS 辅助光束法区域网平差最为严密，GPS 辅助光束法区域网平差的函数模型是在自检校光束法区域网平差的基础上辅以 GPS 摄站坐标与摄影中心坐标的几何关系及其系统误差改正模型后所得到的一个基础方程。与经典的自检校光束法区域网平差法方程相比，其主要是增加了镶边带状矩阵的边宽，并没有破坏原法方程的良好稀疏带状态结构。因此，对该法方程的求解依然可采用边法化边消元的循环分块解决。然而区域网平差中，一并解求漂移误差改正参数，可能会使法方程面临难解问题，在这种情况下，必须有足够的地面控制点。

3．自动空中三角测量

所谓自动空中三角测量，就是利用模式识别技术和多像影像匹配等方法代替人工在影像上自动选点与转点，同时自动获取像点坐标，提供给区域网平差程序解算，以确定加密点在选定坐标系中的空间位置和影像的定向参数。其主要作业过程见表 6–2。

表 6–2　自动空中三角测量的作业过程

步骤	内容
构建区域网	一般来说，首先要将整个测区的光学影像逐一扫描成数字影像，然后输入航摄仪鉴定数据、摄影机信息文件和地面控制点信息等，建立原始观测值文件，最后在相邻航线的重叠区域里量测一对以上同名连接点
自动内定向	通过对影像中框标点的自动识别与定位来建立数字影像中的各像元行、列数与其像平面坐标之间的对应关系。首先，根据各种框标均具有对称性及任意倍数的 90° 旋转不变性这一特点，对每一种航摄仪自动建立标准框标模板；然后，利用模板匹配算法自动快速识别与定位各框标点；最后，以航摄仪检定的理论框标坐标值为依据，通过二维仿射变换或者是相似变换解算出像元坐标与像点坐标之间的各种变换参数

步骤	内容
自动选点与自动相对定向	首先,用特征点提取算子从相邻两幅影像的重叠范围内选取均匀分布的明显特征点,并对每一特征点进行局部多点松弛法影像匹配,得到其在另一幅影像中的同名点。为了保证影像匹配的高可靠性,所选的点应充分得多。然后,进行相对定向解算,并根据相对定向结果剔除粗差后重新计算,直至不含粗差。必要时可进行人工干预
多影像匹配自动转点	对每幅影像中所选取的明显特征点,在所有与其重叠的影像中,利用核线(共面)条件约束的局部多点松弛法影像匹配算法进行自动转点,并对每一对点进行反向匹配,以检查并排除其匹配出的同名点中可能存在的粗差
控制点的半自动量测	摄影测量区域网平差时,要求在测区的固定位置上设立足够的地面控制点。研究表明,即使是对地面布设的人工标志点,目前也无法采用影像匹配和模式识别方法完全、准确地量测它们的影像坐标。当今,几乎所有的数字摄影测量系统都只能由作业员直接在计算机屏幕上对地面控制点影像进行判识并精确手工定位,然后通过多影像匹配进行自动转点,得到其在相邻影像上同名点的坐标
摄影测量区域网平差	利用多影像匹配自动转点技术得到的影像连接点坐标可用作原始观测值提供给摄影测量平差软件,进行区域网平差解算。自动空中三角测量是后续的一系列摄影测量处理与应用的基础,如创建 DTM、正射影像、立体测图等

第七章　无人机移动测量系统研究

第一节　无人机移动测量系统构成与工作流程

无人机移动测量系统，一般由飞行平台、任务载荷及其控制系统、飞行控制系统、数据处理系统等几部分组成。

一、飞行平台

飞行平台即无人机本身，是搭载测量任务传感器的载体，测量中常用的无人机飞行平台有固定翼平台、多旋翼平台、直升机、无人飞艇等。

二、任务载荷

任务载荷主要用于获取作业区域影像、视频等测量数据，由任务设备、稳定平台、任务设备控制系统等组成。

移动测量中常用的任务载荷设备主要有高分辨率光学相机、红外传感器、倾斜摄影相机、视频摄像机等。

稳定平台的主要功能是稳定传感器设备和修正偏流角，以确保获得高质量的测量数据。通过对飞控系统控制参数的设置，无人机沿测线平飞、摄影时的姿态角（横滚角、俯仰角）控制精度满足常规测量任务的精度指标，偏流角引起的系统偏差则需要使用稳定平台进行修正（崔红霞等，2004）。常用的稳定平台有三轴和单轴两种：三轴稳定平台由平台、陀螺仪、加速度计、磁阻传感器、处理器、舵机等组成，可以使传感器保持水平稳定并修正偏流角，具有体积小、精度高、自主稳定与罗差自检校等特点（张强等，2012）；单轴稳定平台由平台、电机和控制电路组成，只修正偏流角（孙杰等，2003）。任务设备控制系统是根据接收的无人机的位置、速度、高度、航向、姿态角以及设定的航摄比例尺和重叠度等数据，来控制相机对焦、曝光时间和曝光间隔，并对稳定平台进行控制。

三、飞行控制系统

飞行控制系统其目的是实现无人机飞行控制和任务载荷管理，包括机载飞行控制系统和地面控制系统两部分。机载飞行控制系统由姿态陀螺、磁航向传感器、飞控计算机、导航定位装置、电源管理系统等组成，可以实现对飞机姿态、高度、速度、航向、航线的精确控制，具有自主飞行和自动飞行两种模式。系统可以根据任务需求增减一些典型的模块，具有容易实现冗余技术和故障隔离的特点。

地面控制系统实时传送无人机和遥感设备的状态参数，可实现对无人机测量系统的实时控制，供地面人员掌握无人机和遥感设备信息，并存储所有指令信息，以便随时调用复查。主要由指令解码器、调制器、接收机、发射机、天线、微型计算机、显示器等组成。

四、数据处理系统

通过数据处理系统，将获取的无人机姿态信息（POS 数据）及任务载荷原始数据，经过 POS 数据处理、格式转换及预处理后，生成正射影像图、数字线划图、应急专题图等不同类型的数据产品，经过信息提取后，为灾害监测、数字城市建设、文化遗产保护、工程监测、地理国情普查等领域提供决策支持。

五、无人机移动测量系统工作流程

无人机移动测量系统工作流程，见表 7-1。

表 7-1 无人机移动测量系统工作流程

步骤	内容
一	飞行任务下达后，根据任务范围选择合适机型、传感器，进行航线规划设计，并结合任务区具体地形情况，选择合适的起飞降落场地
二	场地确定后，进行移动测量系统的组装，包括传感器安置、无人机组装等，并进行组装后检查，确保无误，待飞
三	无人机飞行控制系统，按照设置的航线进行飞行作业，传感器根据设置的拍摄方式进行拍摄。地面控制人员实时监控移动测量系统工作状况，可以根据需要，对作业方式进行控制、调整
四	飞行任务完成后，传感器自动关闭，飞机降落回收
五	对 POS 姿态数据以及测量获取的原始数据进行处理，并与相机等参数结合，进行自动控制三角测量，制作正射影像
六	将正射影像进行拼接镶嵌、匀色处理，生产所需的数据产品，如正射影像图、数字高程模型、数字线划图、应急影像图等

第二节　无人机移动测量飞行平台

无人机飞行平台主要包括机体系统、测控系统、机载系统、发射与回收系统、飞控系统、数据链路系统、电源系统等。飞行平台把成像传感器系统携带到空中指定地点和航高，并沿着设定的航线飞行。移动测量目前可使用的无人机飞行平台有三大类：固定翼无人机、旋翼无人机（包括多旋翼无人机和无人直升机）和无人飞艇。三者相比较，旋翼无人机的灵活机动性最强，可以在很窄小的场地起降，可以沿设定的任意曲折的航线飞行，甚至可以低于最高建筑物的航高飞行，但是，它抗湍流的能力最差，而且一旦出现引擎失效，便像自由落体般地坠地，没有滑翔缓冲时间。无人飞艇大部分重量靠氦气浮力平衡，因此载重性能较好，空中安全性最好，也能沿设定曲折航线飞行，而且能飞得很低、很慢，可以进行高精细测绘。但是，抗风能力较差，氦气成本也比较高，转移迁运比较麻烦。固定翼无人机的高飞性能好，作业效率高，但低飞安全度较差，起降操作较困难。对于这些优缺点，必须在实践中予以协调和采取相应弥补措施。低空航测对无人机的基本要求是：首先保证低空飞行的安全度，其次保证所获取影像质量满足航测要求。这两个基本点引出一系列技术要求。

（1）最低航速：这项要求专门针对固定翼无人机。提出低航速要求的理由有两条：第一，必须低速才能保证低空飞行的安全性，尤其是地形起伏、建筑物高起，以及狭窄山谷间的低空飞行，必须慢飞；第二，由于无人机荷载限制，一般无人机载的成像系统都没有像移补偿装置，当进行大比例尺测图要求高分辨率影像时，为保证影像清晰，必须限制航速；为了能实现低空低速飞行，无人机的荷载一定要尽量小，这就对后述的成像系统提出轻小化的要求。

（2）滑跑起飞距离：这项要求也是专门针对固定翼无人机的。轻小型无人机受限于载油量和通信链路能力，不能长航时飞行，因此不像有人飞机一样可以有效使用遍布全国的机场设施。为了发挥它的灵活机动性特长，它需要选择简便跑道起飞和降落。因此，滑跑起飞距离就成为重要的应用安全度指标。滑跑起飞距离主要由所需要的起飞离地速度决定。对于同一架飞机，其起飞载重越大，则所需的起飞离地速度越大，相应的滑跑起飞距离越长；为了达到起飞离地速度，目前常用有3种方法：平坦跑道滑跑起飞，车载起飞，弹射架起飞。从操作简便性、广泛地形适应性来看，弹射架起飞是比较好的发展方向。降落相比起飞要简单些，主要有3种方法：

滑跑着地，撞网着地，伞降。

（3）飞行控制水平：飞行控制系统在无人机中充当驾驶员的角色，简称自驾仪。飞控系统的最低要求是能保持在空中正常风力情况下，飞行器机体平稳安全地沿着给定的航线轨迹飞行。飞控系统定位与定姿的精度对影像质量有很大影响，其后果是严重地影响影像重叠度。以佳能 5d₁ 相机 24mm 镜头为例，若使用单镜头相机进行 1：500 测图，则需要增加影像间重叠度或使用更高精度的 GPS 和姿态仪。

（4）低空湍流飞行性能：低空大气气流常受地形、地物的局部温度场的影响，形成湍流。这种湍流没什么规律性，各种波长的气流混杂，形成上下突风、左右突风或风切变。这种湍流使在其中飞行的无人飞行器产生上下左右颠簸，不仅影响航摄质量，更严重胁迫飞行器的安全；低空湍流对固定翼无人机的最大损害是形成颠簸过载，从而被损坏。为防范强颠簸过载，常常采取的措施有：减慢航速，重心配置靠后，采用小展弦比机翼或三角翼无人机。相比而言，无人飞艇抗低空湍流性能最好，虽然遇到湍流也影响航摄质量，但因为飞艇主要靠浮力支持，因此安全性可以保障，而旋翼无人机抗低空湍流能力最差。

一、固定翼无人机

固定翼无人机通过动力系统和机翼滑翔实现起飞和降落，具有携带方便、展开即飞、加工维修方便、安全性好、机动性强、抗干扰性强等特点，程控飞行容易实现，抗风能力比较强，是类型最多、应用最广泛的无人驾驶飞行器（杨爱玲等，2010）。它携带的相机多为非量测型相机，与前期设计和拍摄方式上与传统的摄影测量有所不同，是一种新型的低空对地观测平台（杨爱玲等，2011）；固定翼无人机的起飞方式主要有弹射起飞和滑跑起飞两种方式。滑跑起飞要求有一定距离较为平整的滑跑场地。弹射起飞时，在有风的条件下，选择逆风安置，最好安置在有高差的地方，以确保有比较充裕的空间和时间提高无人机的飞行速度，增加无人机的升力，及时修正飞行方向，从而保证飞行安全。

着陆方式有伞降和滑跑降落、撞网回收等。滑降时由于飞机起落架没有刹车装置，导致降落滑跑距离长，在狭窄空间着陆的时候，由于尾轮转向效率较低，或是受到不利风向风力或低品质跑道的影响，滑跑过程中飞机容易跑偏，发生剐蹭事故，损伤机体甚至损伤机体内航点设备（刘潘等，2013）。伞降的时候容易受到风速影响，场地要平坦、开阔，降落方向一定距离内，无突出障碍物、空中管线、高大树木以及无线电设施，以避免与无人机相撞。若风速较大，应逆风降落。如果没有合适的降落场地，可以充分利用无人机本身的起落架的高度，选择在田地降落，如面积较大的水稻田（胡开全等，2011）。撞网回收适合小型固定翼无人机在狭窄场地或者舰船上实现定点回收（裴锦华，2009）。

固定翼无人机体积小巧、机动灵活，不需要专用跑道起降，受天气和空域管制的影响小，性价比高、运作方便，在越来越多的领域得到重要应用。下边介绍国内具有代表性的几种固定翼无人机。

1. 雨燕固定翼无人机

系统特点：具备傻瓜式操作，点哪飞哪；即时监控，可随时更改执行任务；控制电台稳定，保证通信畅通，摄像头或相机清晰成像，支持数据实时回传；小巧灵活，全自主飞行，快速转移，安全可靠，可进行大范围飞行作业；方便携带，展开即飞，弹射起飞，自动伞降回收，可超低空飞行，抗干扰性强。

2. IRSA（中遥）系列固定翼无人机

系统特点：气动布局良好，自身安定性优异；越野能力强，起降场地要求低；外场维护能力强，便于运输安装；具备滑翔能力和伞降保护功能；操作简单，作业展开时间短。

IRSA（中遥）Ⅱ型无人机，机动灵活性强，性价比高，适用于应急航拍及常规测绘；IRSA（中遥）Ⅲ型无人机，具有超大载荷、超长续航能力，可以搭载光学相机、多光谱传感器、视频实时传输系统等传感设备，能满足多种测绘作业需求。

3. CK系列固定翼无人机

CK系列无人机由中国测绘地理信息局研制，为可以实现自动控制的低空无人固定翼飞行平台，机动灵活，抗风能力强，尤其适合1∶2000至1∶5000比例尺测图和应急防灾救灾任务，主要包括应急型、测绘型、长航时航测型三种不同类型的无人机，以满足不同应用需求。CK系列无人机分别是CK-HW13应急型手抛无人机、KCK-GY04测绘型无人机、CK-YY06长航时航测无人机。

二、无人直升机

无人直升机具备垂直起降、空中悬停和低速机动能力，能够在地形复杂的环境下进行起降和低空飞行，具有多旋翼和固定翼无人机不具备的优势，独特的飞行特点决定了它不可替代的优势。它起飞重量大，可以搭载激光雷达、红外传感器等大型传感设备。

20世纪50年代以来，无人直升机在经历了试用、萧条、复苏之后，现已步入加速发展时期。基于研究成本、市场需求、技术能力、研制周期、工程化水平以及研制风险等因素，目前国内外研发机构均将小型（或微小型）无人直升机作为重点研发对象，其起飞重量通常在2000kg以下，其中500kg以下又占绝大多数（赖水清等，2013）。无人直升机相对于固定翼无人机而言，发展较晚且型号较少。因为无人直升机是一个具有非线性、多变量、强耦合的复杂被控对象，其飞行控制技术更加复杂。

无人直升机的飞行控制方式有 3 种：遥控型、自动型和自主型。遥控型是指通过数据链由地面操作人员对无人直升机进行控制，属"人在回路"控制，要求地面操作人员具有比较专业的水平，因而无法满足工程化和实用化的需求，是实现自动型和自主型控制的过渡阶段。自动型是指根据任务不同，在起飞前规划好航线，设置好控制参数，使无人直升机按预定的航线飞行，完成相应的任务，同时具备简单的故障和应急处置模式。自主型是指无人直升机不依赖人的干涉，能够进行自主控制（赖水清等，2013）。

飞行控制技术的突破是实现无人直升机真正工程化和实用化的关键。飞行控制技术水平决定了无人直升机的能力，技术水平越高，能力越强，所能承担的任务越多，适应复杂环境的能力越强，用途更加广泛。

与固定翼无人机相比，无人直升机可以做到无须跑道、起降便利，同时在执行任务过程中具备定点悬停、飞行姿态操纵灵活、实时动态影像清晰稳定的特点，在对影像结果要求较高、注重任务细节和质量的行业，得到越来越多的用户青睐（周帅，2013）。下边介绍几种航测中典型的无人直升机。

1. RSC-H2 无人直升机

系统简介：RSC-H2 型无人直升机最初是基于环保定点监测、搭载大中型传感器实验而设计的，引进了荷兰国家空间实验室的尖端无人机技术，现已成为国内民用市场最高端的无人直升机平台之一。目前，成功应用的领域包括环保多光谱定点监测、湖泊富营养化分析、水环境监测、航空摄影测量、矿产探测、电力巡线和公安应急等。RSC-H2 型无人直升机机长 2.9m，主螺旋桨 3.0m，高 0.8m。该无人直升机使用的配件均是航空航天工业领域的最新产品：一体式轻型复合材料机身，采用特别设计减少阻力并提高燃料性能的轻型复合材料发动机叶片，功能强大的飞行控制器，高性能的传动系统和双涡轮引擎系统。最大起飞重量为 100kg，可荷载 35kg；巡航时间达 4h，飞行上限 3000m，在 100m 以上静音飞行；支持三种飞行模式，即辅助飞行模式、任务飞行模式和 Home 模式，能自动起飞降落，执行预定飞行任务，在数据通信中断时，直升机能自动返回基地；在各种天气条件下根据用户需求搭载不同的传感器和设备。

控制系统的主要内容见表 7-2。

表 7-2 系统控制

项目	内容
数据通信系统	RSC-H2 无人直升机配备一种采用安全跳频的数据通信系统，用于发布指令和进行控制，并向控制中心传输实时飞行数据，包括初始飞行数据、导航数据、自动驾驶信息和报警信息。另一个类似的数据通信系统将现场实时画面发送到控制中心的显示屏上。直升机、数据通信和控制中心采用集成式机内测试系统，同时根据用户需求和可用频段选择合适的调制解调器
控制中心	控制中心包括显示实时飞行情况的 TV 显示器和显示图形用户界面的控制计算机显示器。显示内容主要包括：初始航行数据（姿态、速度和距离），导航数据（坐标和地图上的位置），自动驾驶信息（状态、飞行模式、引擎数据），报警信息（不同飞机系统的警报）等；控制中心可选择便携式或车载式，也可以根据用户现有设备条件定制控制中心。通过控制中心简单的键盘操作可以在飞行中的任何时候终止飞行任务、切换到操纵杆控制、控制直升机返回基地以及重新制定飞行路线。在极少数特殊情况下，在飞行过程中发生数据通信中断时，直升机将自动返回基地
自动触发和日志文件	自动驾驶仪可以在任务飞行模式或辅助飞行模式下按照用户的需求自动开启或关闭传感器。所有的触发事件都由自动驾驶仪存储在一个日志文件中，航行结束后用户可以下载日志文件并进行进一步处理。自动驾驶仪在航向重叠的基础上计算位置、触发相机、进行航摄测绘飞行，日志文件存储下列航飞数据：图像编号、UTC 年份 / 月份 / 日期 / 小时 / 分钟 / 秒（分辨率为 20ms）、相机侧滚角 / 俯仰角 / 航偏角、经度、纬度、航高（平均海平面）、相对起飞位置的高度、GNSS 的卫星数量

传感器：RSC-H2 无人直升机搭载的传感器包括陀螺稳定摄像机、合成孔径雷达、小相幅数码相机、中相幅数码相机、机载激光雷达扫描仪等。

2. Cutefox（灵狐）无人直升机

（1）系统特点

高精度悬停、精确飞行，使得飞行作业更为有效。悬停精度为 ±0.5m，可以搭载自动驾驶仪（自驾仪）按照指定航线进行自动飞行，领先的高科技无人机技术使得航拍、监控作业成效显著。

远程操控，每天轻松完成数十公里的空中监控作业。操控人员在地面上，通过地面控制站（地面站），带上视频眼镜，就好像坐在飞机驾驶舱内，自由飞行而无须担心人身安全。飞机平台携带摄像、图传装置可进行近距离的空中监控。传感器通过三轴自稳云台系统，实现姿态控制和拍摄控制，消除飞机姿态对传感器的影响。

即时升空、转场便捷，有效控制监控成本。飞机在数分钟内可以实现升空及降落，转场更为便捷（通常一辆小车就可以实现人机转场），使得单位监控成本降低。

技术领先，彻底保障飞机安全。整套系统通过安全作业的测试，飞控自动增稳系统及多种高科技技术，让飞机更为安全稳健，更有效。

（2）飞控系统

无人直升机自动驾驶仪可以实现自主起飞、自主降落、自主任务飞行和地形匹配飞行等功能，完全替代驾驶员飞行使其发展方向，其使用 GPS/INS 组合导航技术和先进的自动控制技术，可以实现非常稳定的自主悬停和巡航飞行。采用地面站、遥控等方式进行飞行控制，有以下几种工作模式：

速度控制/高度锁定模式。在此种模式下，飞行高度可以被锁定，直升机的前后、左右的速度以及机头指向命令将由遥控器发出，通过机载自动控制系统进行精确的反馈控制。

导航点飞行模式（可选配置）。在这种飞行模式下，操作人员可通过地面站计算机对飞机进行操作，可在地面站的电子地图上设立多个导航点，以规划飞机的飞行路线，飞机将根据操作人员指定的路线进行飞行，并且将飞行数据传回地面站，地面站计算机上可以显示全套的飞行数据，操作人员对飞机的飞行路线可以进行实时的调整和观察。

纯手动模式。系统保留了传统的手动控制模式，方便操纵人员切换成纯手动模式进行控制。实现表 7-3 中的功能：

表 7-3　实现的功能

名称	内容
自航能力	在保持无人机飞行稳定的前提下，采用各种导航手段，控制无人机按照预先设定的航迹飞行，执行相应航线任务
自稳能力	在各种气象条件及外界不可预测情况影响下，智能测算无人机的各项指标参数，自动控制无人机的飞行姿态的稳定，确保无人机正常飞行
状态监控与测控接口	作为整个无人机系统的控制核心，飞行控制计算机系统实施监控无人机各模块状态，并通过高速接口与地面站实时进行指令和数据的交换

（3）地面控制系统

地面监控软件，通过与无人机机载飞控系统实时通信，实现以下功能：在无人机飞行过程中显示加载的飞行区域的电子地图；实时显示无人机的位置、高度、方向、速度、爬升率、发动机转速、俯仰角、横滚角等参数；实时显示 GPS 定位状态，实时显示拍摄地点及航拍影像的数量；操控人员能够发送指令，能捕获中立值、最大风门、最小风门及停车位置等信息；具有智能报警功能，当 GPS 失锁、电压异常、发动机停车、爬升率和俯冲速度过大等紧急情况时，能够智能发出报警声音，第一时间提示工作人员紧急处理。

3. V750 无人直升机

2011 年 5 月 7 日，由潍坊天翔航空工业有限公司、青岛海利直升机制造有限公司与中航技进出口有限责任公司、中航工业西安飞行自动控制研究所、中国电子科技集团第十研究所联合研制的 V750 无人直升机在山东潍坊首飞成功，填补了中国中型无人直升机的空白。V750 无人直升机是一种多用途无人直升机，可从简易机场、野外场地、舰船甲板起飞降落，携带多种任务设备，具有遥控飞行和程控飞行两种飞行模式。直升机可针对特定地面及海域的固定和活动目标实施全天时的航拍、监视和地面毁伤效果评估等，可完成森林防火监测、电力系统高压巡线、海岸船舶监控、海上及山地搜救等任务。

三、多旋翼无人机

多旋翼无人机具有良好的飞行稳定性，对起飞场地要求不高，适用于起降空间狭小、任务环境复杂的场合，具备人工遥控、定点悬停、航线飞行多种飞行模式，在城市大型活动应急保障、灾害应急救援中具有明显的技术优势。比较有代表性的是自转多旋翼无人机和多旋翼倾转定翼无人机。

自转多旋翼无人机是以旋翼自转提供升力，螺旋桨提供前进动力的旋翼类无人机。自转旋翼机在 20 世纪 20 年代问世，是旋翼升力技术的最早实际应用（徐慧等，2011）。自转旋翼机：要提供预旋，即起飞前通过传动装置将旋翼预先驱动，然后通过离合器切断传动链路后起飞。断开离合器后，旋翼机依靠前方气流吹动而使其处于自转状态。与直升机和固定翼无人机相比，自转旋翼机在发动机失控时，依然可以依靠自转而实现安全着陆。同时，自转旋翼机具有良好的低空、低速性和安全性，同时具有结构简单、造价较低、维护成本低、操纵简单等优点。

多旋翼倾转定翼无人机继承了倾转旋翼机的优点，结合了旋翼机及固定翼机两种飞行器的特长，同时也克服了倾转旋翼机的一部分缺点，采用了倾转定翼机构，最大化利用气动效率；改为多旋翼结构，巡航模式飞行时，即使其中一个电机发生故障，无人机也能继续飞行（王伟等，2014a）；多旋翼无人机自主飞行控制系统较为复杂，一般需要设计 3 类控制器：位置控制器、速度控制器及姿态控制器。同时，还有姿态角推算、导航数据融合等算法。无人机的自主飞行涉及飞行器姿态、速度、位置这几个大方面的控制运算，因此对于控制器的运算能力有很高的要求（袁安富等，2013）。四旋翼无人机作为多旋翼机的代表，其自主控制的研究最为活跃，主要包括室外自主飞行、编队飞行、室内避障以及室内 SLAM 的研究等（王伟等，2014b）。

旋翼型无人机按旋翼的控制方式还可分为可变轴距机制和固定轴距机制无人

机。常见的无人多旋翼机有四旋翼、六旋翼、八旋翼等机型。

1. EWZ-S8 易瓦特八旋翼无人机

EWZ-S8 易瓦特八旋翼无人机是一款全球同类产品载重量最大、可垂直起降、拥有多项专利的无人飞行系统。可用于执行资料收集、测量、检测、侦查等多种空中任务，航线控制精度高，飞行姿态平稳，可携带多种任务载荷。飞行控制简单可靠，起飞和回收方式简便安全，机身轻巧，可在极小的场地进行垂直起降，使用成本低。

系统具有以下特点：飞行器具有遥控、自主飞行能力，可以实时修改飞行航路和任务设置；测控与信息传输设备具有遥控、实时信息传输的功能，具有多机、多站兼容工作及一定的抗截获、抗干扰能力；侦察任务设备能昼夜实时获取目标图像信息，具有手动、自动控制工作模式，可迅速发现、捕获、识别、跟踪目标；飞行控制与信息处理站具有对飞行器进行遥控飞行和对机载任务设备进行操控的功能，具有飞行参数与航迹显示、航路规划和实时修改飞行计划、重新设置任务样式的能力，可以实现接收标准视频信号、实时处理和存储图像、数据叠加等操作；地面保障设备具有简易检测、维修与训练的能力，具有快速更换易损件、备用动力电池组和双模态充电的功能，全系统外场展开迅速。

2. X601 六旋翼无人机

功能特点：X601 六旋翼无人机是采用六轴六旋翼的气动设计，可垂直起降、自主导航的无人飞行器系统，搭载不同的任务设备，满足不同任务需求；机体采用碳纤维材料和航空铝材加工而成，拥有更轻的重量和更高的强度；既可以通过遥控器人工操控飞行，也可以借助 GPS 和北斗导航系统进行自动驾驶飞行，具备人工遥控、定点悬停、航线飞行、指哪飞哪，兴趣点绕圈等多种飞行模式；采用了快速拆装的结构设计，在 10min 内即可完成飞行器的拆卸和组装工作；基于模块化的设计理念，可以灵活地搭载高分辨率数码相机、摄像机、红外热成像摄像机等机载任务设备，在不同的光线环境下执行各种影像记录与传送任务，适应不同的任务要求；飞控与导航系统集成了三轴加速度计、三轴陀螺仪、磁力计、气压高度计等多种高精度传感器和先进的控制算法设计，操控非常简单易学；具有多种保护模式，开机后自动检测系统状态，如有异常不执行起飞指令；可设定最大飞行半径和最大飞行高度，超出边界自动进入预设模式；数据链中断后自动返航或继续航线任务（可设定）；低于报警电压时地面站语音报警；低于极限电压自动执行降落指令以保证飞行器的飞行安全; 数传电台和数字图像电台，可实现半径 5km 的超视距飞行和图像实时传输；云台增稳功能（俯仰轴、滚转轴）能有效去除视频抖动，使图像更加清晰稳定。

3. MD4-1000 四旋翼无人机

MD4-1000 四旋翼无人机系统是一种垂直起降小型自动驾驶无人飞行器系统，

可用于执行侦察、拍摄、测绘、检测、指挥、搜索、通信、空投等多种空中任务。

该系统特点：机体和云台完全采用碳纤维材料制造，拥有更轻的重量和更高的强度，飞行器自重仅 2650g，支臂可折叠，更方便运输；基于模块化的设计理念，可以灵活地更换机载任务设备，以适应不同的任务要求。从微单数码相机、全画幅单反数码相机、高清视频摄像机、微光夜视系统、红外热成像夜视系统到高端的测温型红外热成像检测系统均可搭载，从而可以在不同的光线环境下执行各种的影像记录与传送任务，还可以搭载各种定制的专业设备，如三维激光扫描系统、多光谱摄像系统、空气采样监测系统、空中通信中继系统；具有系留电源系统，依靠地面线缆供电，可以 24h 不中断地停留在空中执行监视和通信任务；可以通过遥控器人工操控飞行，也可以借助配置 Waypoint 系统进行自动驾驶飞行，Waypoint 系统自带多种航拍任务模板，可以轻松地进行航线任务设计，并且与 Google Earth 无缝连接，可以直接调用 Google Earth 中的地理信息数据，也可以在 Google Eanh 中设计；采用低转速无刷直驱电机和优化旋翼设计，电机高效率运转的同时产生的噪声却很小，在 3m 的距离悬停时噪声小于 73dB；具有较强的野外环境适应性，通过了火场高温环境测试，可以在最高 6 级风和暴雨下正常工作，在高压电磁环境下具有良好的抗干扰性和安全性；安全设计完善，任何时候只要停止遥控器操作，飞行器就会自动悬停在空中，若超过 30s 接收不到遥控器信号，飞行器将会自动返航到起点。在无人机飞行系统中安置了专业飞行数据记录仪"黑匣子"，可以完整记录飞行器整个飞行过程的各个细节。

四、无人飞艇

无人飞艇航测系统，将航测技术和无人飞艇技术紧密结合，是一种新型的低空高分辨率遥感影像数据快速获取系统。系统具有高机动性、低成本、小型化、专用化、快速、实时对地观测等特点，可作为卫星遥感和常规航空遥感的重要补充手段，有效地改善高分辨率数据既缺乏又昂贵的现状。

飞艇是一种配置有推进装置、利用气囊中封闭的轻质气体产生的浮力原理升空、可控制飞行轨迹的一种轻于空气的飞行器，其与气球的主要区别在于具有推进装置并能控制航行方向。其中，飞行时不需要有人驾驶的飞艇即为无人飞艇。

无人飞艇主要由主气囊、副气囊、吊舱、推进器和燃料箱、调压系统以及控制系统组成其气囊内充飘浮气体（出于安全考虑，通常为安全的惰性气体氮气）。由于气囊是飞艇的主体结构，因此根据其结构不同，飞艇可分为软式、半硬式和硬式3 种类型。软式飞艇由韧性纤维物制成，其囊体形状主要由充入气囊内的飘浮气体与外界空气的压差获得；硬式飞艇由刚性骨架外罩织物蒙皮构成，其气囊形状主要靠刚性骨架支撑；而半硬式飞艇介于这二者之间，艇体下部增设刚性骨架，织物囊体形状是靠充入气囊的飘浮气体与外界空气的压差获得。由于飞艇主气囊采用的气体为氦气，因氦气比空气轻而产生浮力，飞艇停留在空中时，只需很小的动力就可以使其在空中飞行（蒋谱成等，2008）。无人飞艇遥感监测系统作为一项新兴的遥感监测技术，其应用范围广，不仅在土地利用动态监测、矿产资源勘探、地质环境与灾害勘查、海洋资源与环境监测、地形图更新、林业草场监测领域得以应用，而且在农业、水利、电力、交通等领域中也能得到广泛运用。它具有快速、机动灵活、现势强、真实直观和视觉效果好的优势。这一新技术能够避免传统监测手段效率低、速度慢、精度低、效果差等弊端，是对其他遥感方式的有效补充。材料科学与技术的发展为飞艇提供了强度高、氦气渗透率低的新型蒙皮和气囊材料，使得飞艇具有质量轻、强度大、气密性好、尺寸稳定等特点。同时，计算机和自动控制技术的进步，使得飞艇的结构设计更为合理，进一步提高了其可靠性，飞行控制也更加准确灵活，使得无人飞艇开创了更广阔的应用领域，应用于低空航测正是其中之一。

无人飞艇与其他飞行器相比有很多优势：容积大，有效载荷大；续航能力强；可靠性和安全性佳；起飞和着陆方便，对场地没有特殊要求；机性好，使用成本低。从航空摄影测量观点来看，无人飞艇的应用主要有以下优势：可飞得低，飞得慢。低速可减小像移，低空接近目标减弱了辐射强度损失，因此可容易地获取高分辨率、高清晰的目标影像，这是其他航天航空传感器所没有的优势，同时飞得低则受空中管制的影响小，并且能在阴天云下飞行，减小了对天气的依赖性；可靠性和安全性好。无机组人员随艇上天，可避免意外发生时威胁生命安全；气囊内氦气等轻于空气的气体，自重小；飞行速度慢，对地面目标构成的威胁小；可对建筑物盘旋，进行多侧面摄影，有利于三维城市建模纹理信息的获取；机动性好，无须专门的机场起降，使用成本低。

但另一方面，无人飞艇用于航测时也具有明显的局限性：

（1）体积大，抗风能力较弱。除平流层飞艇与系留飞艇外，目前无人飞艇抗风能力在六级以下，在风力超过三级进行飞行时，飞艇姿态不能稳定，出现比较大的旋转角。

（2）无人飞艇应用尚未普及，民用航测类飞艇无论是从任务载荷、设备接口，暂时都无法搭载专业的遥感传感器，如 DMC、UCD/UCX、SWDC 以及机载 LiDAR 与 SAR 等（彭晓东等，2009）。

无人飞艇由于体积大，在空中飞行时易受风和气流的影响，稳定性较差，使姿态角产生偏差。无人飞艇有效解决了飞行过程中飞机自身震动、气流抖动造成的影像模糊以及飞机对地移动造成的像移等误差（陈天恩等，2013），能满足小范围大比例尺测图需要。将遥感设备安装在稳定平台上，保证摄影时数码相机姿态的稳定并保持垂直摄影姿态，实现对遥感设备的姿态控制，以获取清晰、稳定以及所需拍摄角度的遥感影像（王冬等，2011）。无人飞艇遥感监测系统能够获取优于 5cm 的高分辨率遥感影像，经过精确的数据处理，可以制作 1∶500 ~ 1∶2000 地形图。

用无人飞艇作为航测飞行平台，对测图精度的提高的最主要贡献是：可在低空航摄，获取高分辨率的影像；可进行云下航摄，减少云雾的影响；而且由于相机距离地面较近，可获得更多的光通量，阴云天气也可获得高清晰度影像；能以较低速度飞行，可控制像移大小，使得在曝光时间内产生的影像像移小于 0.3 个像素，避免了安装笨重的像移补偿装置来消除影像模糊（刘明军等，2013）。

下边以中国测绘科学研究院的 CK-FT 系列无人飞艇和 FKC-1 无人飞艇为例进行介绍。

1. CK-FT 系列无人飞艇

CK-FT 系列无人飞艇由中国测绘科学研究院研制，无人飞艇可以在离地面 50 ~ 600m，以 30 ~ 70km/h 速度安全飞行，可以获取到比其他飞行器更清晰的航空影像，以高清晰度、高分辨率的影像实现高精度摄影测量，因而更适合大比例尺测图等工程需求。

以 CK-FT180 为例，利用无人飞艇搭载宽角相机，低空获取高分辨率、高清晰度、大幅面影像，提高立体影像的基高比，大大提高了立体测图的内在精度。可以全内业采集平面和高程点，精度完全满足 1∶500 地形图航测精度要求，

解决了大比例尺航测成图需要靠全野外实测高程点的技术难题，大大提高了航测生产效率，节约了生产成本。作业成果说明，无人飞艇低空航测技术和方法，是一种实用可靠的航测新技术和方法，完全能够胜任普通大比例尺航测作业生产。

CK-FT070 成本低、体积小、抗风能力稍弱，只能搭载小相机作业，作业效率较低；CK-FT120 和 CK-FT160 体积大、成本高、抗风能力强，可以搭载组合相机等大相机进行作业，作业效率高。

2. FKC-1 无人飞艇

FKC-1 飞艇是六〇五所为中国测绘科学院研制生产的具有完全自主知识产权的新型浮空器，主要用于大地三维测绘时进行空中拍摄影像等。该飞艇飞行控制系统为遥控与自主双系统控制，可以按设定的航线实行完全自主飞行，具有控制距离远、安全可靠、起降简便等特点。

FKC-1 飞艇平台主要由飞艇主体、飞行控制器、动力及电源系统、囊体气压传感器、地面监控站与遥控系统组成。

飞艇主体主要由头锥、主气囊、副气囊、尾翼组成。头锥位于艇身前端，是轻

质铝合金骨架结构，在气动压力对艇首产生冲击时，头锥仍能使飞艇保持良好气动外形。此外，头锥还可用于飞艇的地面系留及牵引。主气囊层压复合薄膜材料通过热合黏接而成，为软式结构，依靠内外气压差维持外形，内充氮气提供飞艇向上的升力。副气囊内充空气，作为调节气压差。尾翼四片，用于飞行时控制飞艇上、下、左、右的转向。

飞行控制器由控制计算机、GPS 接收机、三轴陀螺仪、姿态控制器、电压监测器、遥感传感器控制器、舵机伺服器、气压高度计和通信单元组成。飞行控制器主要用于监测和控制飞艇各部分协调工作，使飞艇按指定的高度、速度、稳定的姿态和正确的信号自动控制遥感传感器正常工作。同时，飞行控制器负责向地面监控站传输飞艇工作时气压高度、GPS 高度、速度、姿态、各类电压、囊体气压、油量及传感器工作状态等参数，并接收地面监控站信号与指令，实时修改飞行参数、更改飞行任务。

动力及电源系统主要由发动机、汽油燃料、蓄电池、涵道旋转装置和相关附件构成，为飞艇飞行、方向控制和各电子元件工作提供动力和能量来源。

囊体气压传感器与副气囊调压系统主要用于监控和调节主副气囊气压变化，可在一定有效范围内防止因飞艇升降和气温变化造成气囊内部气压过小或过大带来的严重后果。

地面监控站是飞艇操纵的核心部分，它担负地面遥控中心的综合管理任务，包括地面遥控指令的生成与发送、飞艇状态信息的监测与显示、各种参数信息的储存与管理以及飞艇状态参数的检测与调整等。艇载自主控制系统安装于飞艇上，包括飞控盒、通信设备、RC 接收机、电池组、GPS 天线、通信天线等。它具有如下控制模式：

RC 模式——遥控器直接控制模式。

RPV 模式——遥控器控制命令值，飞控自动稳定控制。

CPV 模式——地面站设定飞行速度、高度、航向，飞控自动稳定控制。

UAV 模式——预设导航点，自动导航飞行。

遥控系统主要由遥控器和遥控接收机组成。此部分的信号为单向传输。遥控器发出控制信号，由安装在飞艇上的遥控接收机接收，接收信号通过飞行控制器对飞艇进行控制。遥控系统主要用于飞艇的安全起降；在地面监控站指令输入时，临时由遥控器对飞艇进行控制，以保证飞行安全；同时作为自主飞行时飞行前方有异常或地面监控站异常时，进行人工遥控，保障安全。

FKC-1 飞艇可遥控、可自主飞行，气候适应能力强，可以飞得很慢，甚至可以空中悬停；也可以飞得很低，自主沿航线安全飞行高度可达 50m。飞艇全长 18.32m，高 6.2m，容积 180m³，最大抗风 10m/s，任务载荷为 15kg，最大相对航高为 600m，最大海拔航高为 2000m，续航时间大于 2h。

第三节　无人机移动测量飞行控制

飞行控制是指舵机根据飞控系统从各种机载任务载荷上获取的高度、风速、经纬度等飞行参数，对无人机的俯仰角、翻滚角、速度、高度做出相应的调整，来保持和控制无人机按照一定的姿态和轨迹进行飞行。随着控制技术的发展，无人机在使用范围上取得了较大的突破，高新技术的飞速发展及其在无人机上的不断应用，使无人机向多功能、快速反应及高可靠性方向发展。本节阐述了飞行控制的基本原理、系统构成、系统功能、控制方式以及涉及的技术问题及解决方案等。

一、飞行控制系统组成

飞行控制系统其目的是实现无人机飞行控制和任务载荷管理，包括机载飞行控制系统和地面飞行控制系统两部分。

1. 机载飞行控制系统

机载飞行控制系统由姿态陀螺、磁航向传感器、飞控计算机、导航定位装置、电源管理系统、伺服舵机等组成，可以实现对飞机姿态、高度、速度、航向、航线的精确控制，具有自主飞行（王英勋等，2009）和自动飞行两种模式（Insaurraldeetal，2014）。

飞控导航计算机由模—数、数—模、标准串行口、离散化功率通道及数字输入输出通道等组成。姿态传感器可选用高精度、体积小、可靠性好、性价比高的垂直陀螺。动、静压模块选用智能 PPT 压力传感式模块，具有性能稳定可靠、体积小、重量轻、功耗低等诸多优点。具有模拟接口和数字通信接口，便于模—数采集和与计算机的数字通信。伺服舵机具有体积小、重量轻、输出扭矩大的特点。系统必须是实现智能化控制的任务管理系统。设计时应当降低系统的复杂度，缩减系统的体积和重量，同时要确保系统的可靠性。

无人机飞行控制与管理系统具备完整的惯性系统和定位系统，具有高精度的导航功能和增强的飞行控制功能，采用多种控制模式，保证飞行指令可在不同的情况下实现人机交互式通信，实时控制无人机的飞行。对于长航时无人机由于飞行距离远、航行时间长，对导航定位精度提出了很高的要求。可装备的机载导航系统有惯性导航系统、卫星导航系统、多普勒导航系统、地形匹配导航系统等，常用的主要是惯性导航系统，具有短时精度高、可以连续地输出位置、速度、姿态信息以及完全自主等突出优点，但其导航误差随着时间积累，这也是它不可克服的缺点。通常采用组合导航技术，在载体上装备两种或两种以上的导航系统，通过相互取长补短，来提高系统的总体性能（吴海仙等，2006）。

飞行控制系统主要用于保持无人机飞行姿态角，控制发动机转速和飞行航迹，其性能与可靠性对无人系统性能有着直接的影响。所有飞行管理系统任务功能的实现是由机载硬件和软件以及其他地面支持软件共同完成的。

综合任务管理软件作为主要机载软件，其功能包括：与地面站配合完成的遥控遥测功能；传感器数据采集和数据预处理功能；控制律实时解算功能；控制量输出功能；导航计算功能；任务、设备管理与控制功能；故障检测与处理功能。

系统功能软件模块组成及功能如下：控制律解算模块，完成控制律的解算任务；导航模块，根据存好的导航点信息和 GPS 坐标计算飞机导航指令；航程推算模块，在无线电通信中断、GPS 数据中断时能根据飞机当前的空速、航向等信息推算出飞机的大致方位；采样模块，通过模数采样获取飞机当前姿态和状态信息；输出模块，通过数 – 模输出来控制航机；串口接收模块，接收 GPS、数字罗盘、任务设备数据和遥控指令并解包；串口发送模块，发送遥测数据和任务设备指令；自检测模块，检测各传感器，判断各传感器是否工作正常，必要时切换到备用通道；任务管理模块，管理各个任务设备，并根据任务设备的需要计算导航指令；应急处理模块，在发生故障时按照预案应急处理，以尽量减小损失。

无人机与地面控制站通过无线电传输 GPS 定位数据、飞行状态参数、飞控指令等数据，通过通信从地面控制站获取由 GPS 定位得到的飞机位置信息和各种状态参数，并在电子地图上进行实时航迹显示和飞行状态显示（熊自明等，2007）。

2. 地面飞行控制系统

地面飞行控制系统实时传送无人机和遥感设备的状态参数，可实现对无人机测量系统的实时控制，供地面人员掌握无人机和遥感设备信息，并存储所有指令信息，以便随时调用复查。主要由指令解码器、调制器、接收机、发射机、天线、微型计算机、显示器等组成。在对无人机的控制过程中，要求地面信息处理系统能够连续不断地实时确定飞机的位置、姿态、速度、加速度、气动力和力矩以及飞行环境参数，并复现控制的偏角和飞机的响应（赵琦等，2002）。

地面监控系统主要实现无人机飞行状态实时显示、航线规划和航线回放等功能。无人机在实际飞行过程中，地面测控系统实时输出大量飞行数据，要求操纵人员快速判断并做出反应，灵活及时地参与无人机的控制，这对无人机飞行操纵安全至关重要。无人机的飞行数据集按照数据类型可分为定性数据与定量数据。定性数据主要包括开关遥控指令、飞行状态及任务设备状态、故障类别名称及飞行时间等。定量数据主要包括飞机运动参数、发动机参数、机载设备参数、导航参数等。其中飞机运动参数包括三个姿态角（俯仰角、偏航角、滚转角）、三个角速度（俯仰角速度、偏航角速度、滚转角速度）、两个气流角（迎角和侧滑角）、两个线性位移（纵向角方向的位移和侧向角方向的位移）及一个线速度（速度向量）；导航基本参数包括无人机的实时位置、速度和航向。

地面控制系统功能，见表7-4：

表7-4　地面控制系统功能

功能	内容
任务航线规划	测绘作业时，无人机是按照预先设计的航线进行飞行作业，并可根据作业需要实时调整，修正航线。输入作业区域范围信息，重叠度等作业参数，航线规划系统能自动生成航线。任务规划时，在数字地图上随着鼠标的移动，可以自由增加航程点。任务规划完成后，通过网络通信将规划任务数据打包发送到地面控制站，然后由地面控制站通过无线电链路将数据传送至无人机自动驾驶仪
飞行状态显示	当无人机执行飞行任务时，知道飞机的实际航线是否与事先规划的航线重合或者偏离设定航线的距离有多少等信息是非常重要的。系统通过网络通信从地面控制站实时获取GPS经纬度信息，根据获取的经纬度位置信息在该视图中以直观的小飞机图符显示无人机的实时位置，并实现当前位置点与前一时刻位置点进行连续完成航迹显示，使操纵人员实时得到位置信息。实时显示飞行参数，对无人机进行监测，实现飞机姿态指示、飞控指令指示、飞行状态指示、故障报警及其他参数键切换直接指示等。显示参数主要包括无人机遥测参数、遥控指令显示、系统时间、无人机轨迹、距离、发动机转速、旋翼转速仪表、无人机航向角仪表、滑油压力仪表、升降速度仪表、高度、空速、纵向地速、横向地速、缸头温度、缸壁温度、滑油温度、链路状态、油门等
航线回放功能	获得无人机实际飞行中的数据并保存，通过航线回放可以得到与航迹显示功能完全相同的视觉效果，再现无人机作业全过程，以便于对无人机的飞行状况及任务执行情况进行分析，为以后的任务规划及后续的数据处理工作提供参考
其他功能	数字地图显示和操作，实现地图的快速显示及放大、缩小、漫游等功能。打印输出功能：实现屏幕电子航迹地图到传统纸质地图的转换

无人机自主飞行控制系统较为复杂，一般需要设计3类控制器：位置控制器、速度控制器及姿态控制器。同时，还有姿态角推算、导航数据融合等算法。为了满足以上控制和算法要求，机载部分的硬件布局就显得尤为重要。实现无人机的自主飞行不可避免地要涉及飞行器姿态、速度、位置这几个大方面的控制运算，因此对于控制器的运算能力有很高的要求。若要得到很好的实时控制效果，控制频率是一个重要的考虑因素。对于单芯片飞控系统，一个控制周期内要完成数据采集、数据

处理、控制运算及指令输出，同时还需将数据输出到监控系统，过重的负荷影响了系统的可靠性。针对这一问题，可以设计双芯片飞行控制系统，采用两个处理器分工协作的机制，完成对飞行控制的任务要求（袁安富等，2013）。

无人机在完成高度、长航时飞行任务时，随着飞行时间的增加，飞行控制系统出现故障的概率也在不断增加，具体表现如飞行控制计算机故障、舵机故障、舵面损伤以及机载传感器故障等。为了使无人机在受到非致命性损伤和故障情况时，仍能够完成侦察任务或安全返回，需要研制一种高可靠性、高生存力的飞行控制系统（吴佳楠等，2009）。为了保证飞行安全，长航时无人机采用了硬件余度和软件余度相结合的方式。其中，硬件余度包括操纵面的余度配置、多余度飞控计算机和多余度传感器等，软件余度包括相似余度计算机软件和解析余度传感器。典型的余度结构（吴佳楠等，2009）如下：

（1）电源。对于三余度飞控系统，要求电源也必须采用不低于三余度的结构以保障飞控系统安全。电源系统采用电源1、电源2和备份电池的余度结构。当电源1出现故障后，飞控系统内的电源自动选择电源2作为系统供电电源；当电源2又出现故障时，系统自动启用备份电池。由于备份电池的容量可以满足飞控系统安全模式的需求，因而供电系统的余度等级达到了一次故障工作，二次故障安全。

（2）传感器。飞控系统针对所用信号重要性的不同而对传感器采用信号冗余的配置，可实现关键信号三余度，非关键信号二余度。传感器应具有自诊断能力，飞控计算机可根据各传感器的反馈信号判断是否出现故障。同时对于没有故障的传感器，飞控计算机采集到信号后再进行监控和表决，最后还要根据飞机的自身特性确定表决结果是否处于合理的范围，经过上述判断后得到的信号才能交给控制律部分进行计算。

（3）舵机舵面。对于高可靠性飞控系统，要求气动结构提供丰富的冗余舵面，以全球鹰为例，至少配有4片副翼、4片等效升降舵、4片等效方向舵。每个舵面均配置1个独立舵机，同一机翼上的舵面不同段由不同的飞行控制计算机控制，不同机翼但位置对称（同为内侧或外侧）的操纵面由同一飞行控制计算机控制。舵机的余度可以灵活考虑，在一定的可靠性指标下，当存在气动冗余且具备故障舵面回中的能力时可以采用单余度舵机。若气动冗余较低，只实现单余度或部分舵面二余度，则要通过采用余度舵机技术来提高舵机的可靠性，使得飞控总体的可靠性保持在允许的水平。由于目前发动机的油门伺服系统多为机械伺服系统，可靠性比电器系统高一个数量级，因而不配置余度；自动油门的执行机构—舵机，配置二余度。

（4）飞控计算机。飞控计算机是整个飞控系统中的核心部件，它的可靠性及功能直接关系到系统的技术指标能否实现。飞行控制系统采用了主/主/备的配置方案，由3台飞控计算机同时工作。如果一台计算机出现故障，则通过逻辑开关自动切换到备份计算机。计算机采用非相似余度，这样可以防止硬件的共性故障，减少发生故障的概率。

（5）通信。对于大中型无人机，多采用4通道方式，即两个视距内链路和两个视距外链路，具有较高的可靠性。另外即使通信系统中断，无人机飞行管理系统也可以控制飞机自动返航。

除了采用硬件余度技术外，还设计了软件余度，如针对可能出现的应急情况设计应急控制方案，针对舵面和执行机构等可能出现的故障设计重构的控制律，针对能源不足的问题设计节能控制方案等。软件的非相似余度结构，可保证因软件故障的系统二次故障安全要求。

二、飞行控制方式

无人机的控制已从遥控、程序控制，发展到可以针对自身的状态变化、具有故障诊断和重构的自适应控制。随着各种新技术的不断应用，无人机系统的复杂性及功能的自动化程度等日益增加。由于作业环境的高度动态化、不确定性以及飞行任务的复杂性，使得规划与决策成为无人机面临的新的技术挑战，各种基于程序化的自动控制策略已经不能满足未来先进多功能无人机对复杂环境下的多任务的需求，自主飞行控制能力的提高将是未来无人机飞行控制系统发展的主要目标（王英勋等，2009）。

无人机早期的自动飞行控制系统集稳定、轨迹控制、任务管理等功能于一身，随着无人机飞行功能的不断增加，飞控系统也越来越复杂。在目前的无人机控制中，多以地面控制站遥控或程序控制完成任务目标。目前的无人机地面站已发展成为任务规划控制站，对飞机进行任务规划和控制，无人机也开始具备一定的自主飞行的能力。

美国航空航天局（NASA）飞行器系统计划高空长航时部对高空长航时无人机自主性进行了量化，量化后自主等级划分的层次和意义更加明确。

无人机技术的关键问题就是如何设计合理的控制方式代替飞机驾驶员在有人机系统中的位置。根据无人机不同的控制方式，可将无人机系统分成表7-5中的三类：

表 7-5　无人机系统的分类

类别	内容
半自主控制	半自主的无人机控制中，基站可随时获得无人机的控制权，并且在飞行过程中某些关键动作需由基站发出指令，如起飞、着陆等，除了这些关键动作，无人机可以按照事先的程序设定进行飞行和执行相关动作（张涛等，2013）。基站人员通过控制台发出综合的控制指令，飞控计算机收到指令后根据记载传感器提供的数据和预先编制好的控制律计算出对应的舵控指令，驱动舵机。该方式相对于全手动方式对操作人员的要求大大降低，若控制律设计合理，基本不会出现操作不当导致飞机坠毁的现象，在飞行时灵活度显著提升，整个飞行过程，需要地面操控人员全程监控。等级较高的自主控制中，起飞前对面站操作人员将飞行轨迹、飞行计划通过无线电发送给飞控计算机，飞控计算机自动接收执行相关指令，可以在不受到其他指令的情况下独立自主地控制飞机完成飞行任务。自动化程度大大提高，在长时间的飞行过程中地面站人员只需注意是否出现异常状况即可，但对飞行轨迹规划和飞行计划的制定要求很高，在飞行中对时间敏感性目标处理不方便。人员操纵负荷小，系统具有较高的自主性，对数据链性能要求较低，但控制系统设计较为复杂，对机载设备精度要求高，执行任务的灵活性、机动性相对较差
自主控制	自主控制可以在不需要人工指令的帮助下完全自主地完成一个特定任务。一个完整的智能无人机系统具备的能力包括自身状态的监控、环境信息的收集、数据的分析及做出相应的响应。无人机自主控制就是要使无人机或无人机机群能够在不确定的环境中，依赖自身和机群的观察、定位、分析和决策能力完成特定任务，且完成任务的过程中不需要人的实时控制。这个任务越高级、越复杂，无人机的自主控制等级就越高
基站控制	基站控制式无人机也称为遥控无人机。在无人机飞行的过程中，需要地面基站的操作员持续不断地向被控无人机发出操作指令。从本质上来看，基站控制式无人机就是结构复杂的无线电控制飞行器。地面站人员将控制指令，通过无线电发送飞机，叠加在多级的指令输入端，驱动舵机。该方式为操纵人员提供更大的操纵权限，在执行任务过程中灵活性大，可实现机动飞行控制，一般适用于较为复杂的任务环境，但人员操纵负荷较大，由于无线电链路可能会有延时，对操控人员要求很高，且对数据链性能要求较高，技术实现上较为复杂，适合在视距内使用

目前的研究中对"自主"的概念有不同的定义：自主控制是不需要人的干预以最优的方式执行给定的控制策略，并且具有快速而有效地自主适应的能力，以及在线对环境态势的感知、信息的处理和控制的重构。自主控制与自适应控制的区别可以认为是这两种方法所能处理不确定性的量值，自适应控制可以少量地补偿中等程度的不确定性，自主控制则可以对在不确定动态变化环境中出现的大量不确定性实现控制。

可以看出，自主控制应该具有"自治能力"，必须能够在不确定性的对象和环境条件下、在无人参与的情况下，持续完成必要的控制功能。因此，无人机的"自动"与"自主"的主要区别就在于"自动"是指一个系统将精确地按照程序执行任务，它没有选择与决策的能力。"自主"是指在需要做出决定的时候，这个决定由无人机做出（王英勋等，2009）。

目前，无人机自主控制结构主要有递阶开放的控制结构和包容式控制结构两类。

（1）递阶开放的无人机控制结构。先进的无人机控制必须具有开放的平台结构，并面向任务、面向效能包含最大的可拓展性。针对这样的要求，当前广泛接受的解决方案是选择层阶分解的控制结构和控制技术。

递阶式系统的每一层都有相对独立的功能划分，各层间通过往复的传输实现信息的共享。越往下就越接近具体的执行层，控制算法的具体和局部化程度以及执行的速度就越高；越往上则信息的内容和决策就越具全局意义，并且决策的时间尺度也将变得更长。由于信息的共享，实际上每一层都有相当的全局观，这有利于在必要时相对各层开发适当的推理和决策算法，从而提高整个系统的智能化水平和自主程度；其中决策管理层为自主控制的最高层，它依据对系统状态的感知，决策和规划系统的任务目标、任务序列和机动轨迹。适应层根据任务规划结果以及飞机的状态产生相应的导引方案和具体的制导指令，控制执行层生成飞机各操纵效率机构（包括气动效率机构及推力效率机构）的控制指令。

（2）包容式结构。包容式结构是由麻省理工学院的 R.Brooks 提出的一种体系结构思想。一般的分层递阶体系结构把系统分解为功能模块，属于垂直分片的结构。该结构中，仅有最底层的模块能与外界进行交互，即一个输入的信号经过若干道处理之后，只有负责驱动控制的模块才能产生动作。对于环境变化的反应不够灵敏，而且系统功能的增加将引起整体的重构。

包容式体系结构的子系统独立产生动作行为，直接接收传感器信号产生行为动作，各子系统平行工作，由一个协调机制负责集成，进而产生总体行为。包容式体系结构的设计目标包括多任务、判断性强、鲁棒性和可扩充性。由于阶层间的控制机制仅仅协调每个层次的输出行动，并不干扰各个层次的内部工作，因此各层次平行并发工作，同时完成多种任务。所有的传感信号不必集中在某中心用统一方式表达，而是可分布在各个层次中，分别起到不同方面的行为感知作用。多传感器输入的独自处理增加了系统鲁棒性。包容式结构增加了系统的可扩充性。

分层递阶结构与包容式结构对构建适应性自主控制系统均有各自的贡献。可利用递阶控制系统的设计方法对自主控制系统进行分析，划分形成具有不同时间尺度和功能的模块；同时，将包容式结构中各模块可独立产生行为的特性借鉴到递阶智能控制中。然后借鉴人类神经系统"知识型控制—经验型控制—反射式控制"的结构，分别处理和应对不同的任务；无人机故障诊断与自修复重构是其实现自主控制的保障，能够提高无人机自主控制关键技术，无人机的生存能力以及飞行安全性。

自主控制意味着不需要人的干预，必须建立以在线态势感知为中心的实时自主决策能力。无人机在线态势感知的重点问题之一在于如何实现不确定条件下信息的快速获取与处理，从而实现飞行中的再规划，也就是在当接收到新的信息以及发生非预见的事件时，如何实现最优地更新预先制定的计划和导引策略，以应对数据链缺失、实时威胁以及复杂的故障和损伤等控制站无法实时干预的紧急情况；自主控制包括自动完成预先确定的航路和规划的任务，或者在线感知形势，并按确定的使命、原则在飞行中进行决策并自主执行任务。自主控制的挑战就是在不确定性的条件下，实时或近乎实时地解决一系列最优化的求解问题，并且不需要人为的干预。面对不确定性的自动决策，是自动控制从内回路控制、自动驾驶仪到飞行管理、多飞行器管理，再到任务管理的一种逻辑层次的进步，也是自动控制从连续反应的控制层面到离散事件驱动的决策层面的一种延伸。

当面对复杂任务的时候，多无人机系统具备单一无人机所不具备的优势：一是对任务的执行效率高；二是系统的鲁棒性强，即使其中一架无人机损坏，还能够通过其他队员在功能上的弥补继续完成任务；三是多无人机系统可以将任务模块化分散到不同的无人机上进行处理，避免单个无人机运算复杂度过高。所以，多无人机协同工作也是智能无人机的发展趋势之一。

在 2009 年之前，无人机领域的研究成果还是以半自主的控制方式为主，并且在侦查、目标监测、目标跟踪（Gimrdetal，2004）、民用生产等方面，均取得了很有价值的研究成果。此后，研究人员逐渐将研究的重点转移到对自主控制的研究上来。自主控制系统是一个复杂的系统，需要飞行器设计、空间定位、路径规划、飞行控制、图像识别等各方面技术的支持。为了充分利用这些技术，研究者们通常会将各个功能模块化，通过合理的架构设计将其整合，达到自主控制的最终目的。

有地面站参与数据处理的自主控制在研究的初始阶段，由于机载处理器性能的限制，研究人员选择将数据发送到地面基站进行运算处理，然后传回给无人机，指导无人机运动。但地面处理器和无人机之间的通信性能对这种控制方式的鲁棒性和自主性影响较大。随着处理器设计工艺的提升，以及研究人员们对算法的不断优化，上述这种方式逐渐被所有数据处理均在机载处理器上进行的方式所取代，即一旦无人机起飞，其机载处理器将全权扮演大脑的角色，通过对环境信息的处理分析来自主地做出响应。

从无人机领域的发展趋势来看，自主控制是今后的主流方向，但是遥控驾驶模式仍然是不可或缺的，在某些状态下要完成预定任务或紧急返回时遥控驾驶模式会更加有利，且遥控驾驶对于无人机部分关键技术的发展有着极大的促进作用（丁团结等，2011）。自主控制技术作为无人机的发展重点之一，越来越受到重视。如何最大程度给无人机赋予智能，实现其自主飞行控制、决策、管理及健康诊断和自修复，从而在某些领域取代有人驾驶飞机，是今后需要研究的主要方向（雷仲魁等，2009）。

三、飞行控制关键技术

飞行控制系统是无人机的核心，无人机要完成飞行任务，需要控制系统具有良好的控制特性（李一波等，2011）。飞行控制系统是一个复杂的系统，要实现高效的控制，需要数据链通信技术、时间延迟补偿技术、多比例尺调用技术、显示缓存技术、故障诊断与自修复技术、多机协同技术等各方面技术的支持。

1. 数据链通信技术

数据链承担着空地上下行数据的传输工作，对整个无人机系统的工作性能、可靠性和安全性都有着至关重要的作用，数据链的性能好坏、管理策略是否得当将直接影响无人机系统的工作。数据链性能的主要指标包括传输延迟、丢帧率及误码率。由于数据链传输延迟在整个系统的总时间延迟中所占比例较大，大的时间延迟会造成系统实时性下降，同时对于无人机的飞行品质会产生较大的影响。丢帧率对系统延迟有一定影响，一般情况下不会占据主导地位，但是如果丢帧持续时间较长对于系统的时间延迟会产生比较明显的影响。

误码率指的是数据链在传输过程中非期望数据占数据传输总量的比例。在上行控制指令中误码产生的错误指令可能对系统的安全产生直接影响，必须加以保护，以保证在正常情况下不会产生对飞机不利的错误操纵指令。数据链的工作性能在实际使用过程中会受到多种因素的干扰，包括遮挡、电磁干扰等，这样就会增加数据传输的丢帧率与误码率，甚至产生断路的情况，而这些对于实时性、连续性要求较高的遥控驾驶飞行将产生明显的影响，甚至威胁到飞机的安全。

数据链的部分特性对于飞行品质甚至于飞行安全都有着至关重要的影响，为了提高无人机的飞行品质特性、消除由于数据链本身特性所引起的安全隐患，需要有效、可靠的数据链管理策略，对其性能进行优化，保证系统安全，提高飞行品质。

实际应用过程中，由于受数据链上下行传输机理所限，数据链的时间延迟与丢帧率会产生一定的相互影响，实时性的提高会导致数据链路丢帧率增加，相反减小丢帧率同样会导致数据链传输时间延迟增加，最大可能会达到1s以上的时间延迟。由于上下行数据传输时机载飞控或地面数据采集计算机与测控链路之间会存在时间上的不同步，因此机载飞控与地面数据采集计算机从测控链路接收到的数据未必每次都是一个完整的数据帧。要减少丢帧率，则需要机载飞控、地面数据采集计算机对接收到的数据进行帧的二次组合，这可能会导致数据的堆积，从而导致系统时间延迟的增加。由于遥控模式上下行传输的信息量较大，会频繁发生数据堆积，这将严重影响数据传输的实时性。如果要提高实时性，则必须"抛弃"上下行传输数据中不完整的帧，而这样将导致丢帧率的大幅提高，这就需要根据不同的操纵模式来选择不同的处理方式。程控模式下要求较低的数据传输丢帧率，提高数据传输的连续性；遥控驾驶模式下对实时性有很高的要求，此时可在允许的条件下适当提高丢帧率，以满足对实时性的要求。一般使用条件下丢帧持续时间为 30 ~ 45ms，不会对飞机平台产生明显的影响。如果存在电磁干扰或遮挡，可能会出现超过 1s 以上的连续丢帧，这时对于遥控驾驶来说就是不可忍受的。为保证系统安全，需根据持续丢帧的时间采取不同的应急处置措施，如平滑过渡与模式切换等。对于误码率的处理，要求在接收到遥控驾驶指令时进行速率与幅值的限制，保证操纵指令的连续与正确。为避免由于误码的产生而导致飞机平台产生较大瞬态响应，影响飞机的安全，需设置相应的安全应急处置措施。

2. 时间延迟补偿技术

在无人机系统中，时间延迟的含义就是指从地面操纵人员的输入开始到他感受到无人机响应信息所经历的时间。根据无人机系统的组成来看，无人机系统时间延迟主要包括了信号采集与处理、数据传输与显示、平台响应所产生的时间延迟。相对来说，数据链上下行传输与平台响应时间较长，在无人机系统的时间延迟总量中占据主要地位。时间延迟补偿技术的基本原理就是利用飞机响应的预测与修正技术实现对系统时间延迟的补偿，以达到减小时间延迟的假象，提高驾驶员操纵时的飞行品质（Thurlmgetal，2000）。实现上是通过在地面任务站中建立飞机本体的动力学模型，当飞行员进行操纵时，首先通过动力学模型对飞机响应进行预测，将预测响应先呈现给操作员，然后再与链路下行的真实飞行参数进行叠加、修正以保证预测响应与实际响应的一致性，由此改善操作员的操作感受。

3. 多比例尺地图调用技术

多比例尺地图符合人们由远及近、由整体到局部逐次清晰的空间认知习惯。由于地图数据量很大，需要解决多比例尺地图的管理与快速显示。如采用地图控制文件为基础，实现多比例尺数据的平滑切换显示。地图控制文件中记录了每幅地图的路径、比例尺、坐标范围和显示层次，在地图开窗放大、缩小时计算窗口的坐标范围，从而根据该坐标范围选择相应比例尺的地图。为了实现地图的快速显示，在装载相应比例尺地图前，首先读取对应的空间索引文件，然后根据索引的范围装入相应大小的地图数据。通过地图控制文件和空间索引的结合，系统能够较好地解决多比例尺地图的快速显示和比例尺的自动平滑过渡。

在进行系列比例尺地图显示时，可以采用以下方法以提高空间数据显示速度：

利用图幅建立分层索引；根据系列比例尺地图具有统一的目标分类分级、统一的要素编码标准和统一的符号体系，建立统一的符号库和符号的对应体系；在程序运行时一次性加载，程序结束运行时从内存删除；并建立独立于绘图函数的绘图设备定义、创建和销毁函数，提高图形数据的显示效率，减少内存的碎片浪费；将图形显示中最频繁使用的空间数据的索引数据装入内存，以利于提高空间数据的读取效率。在受比例尺和内存容量的限制时，将空间索引数据分块装入内存，方法比较复杂，但适应面很广，它适合任何系列比例尺地图的快速显示，而且无论图幅多少，其显示速度不会受到明显的影响。

4. 显示缓存技术

在解决飞行参数刷新时图符字符闪烁问题时，实时显示大量动态的飞行参数情况，需要根据显示要求频繁刷新，所以处理好数据变化与显示的关系，是飞行参数实时显示要解决的主要问题。采用显示缓存技术解决实时刷新问题。显示缓存就是系统为提高显示效率而设置的脱屏位图，为不同类型的显示建立多级显示缓存。通常情况下，系统建立三级显示缓存：一级显示地理要素，一级显示文字字符，一级显示被选中的图符。这样在文字字符改变或部分图符被选中时，只需要重绘改变的缓存，从而减轻了系统负担。实时显示的信息必须建立实时目标显示缓存，当大量不同来源的实时信息共同显示时最好为每种来源的信息建立独立的显示缓存。

5. 故障诊断与自修复技术

无人机在复杂未知飞行环境下的故障诊断与容错控制，为提高无人机飞行的安全性、可性及早期故障的适应与防护能力提供了一条新的技术途径，同时自诊断与自修复能力也是完全自主（智能化）飞行控制系统的基础。

不断庞大的无人机规模和其昂贵的任务设备对飞行器的可靠性和容错能力提出了更高要求。无人机的飞行控制系统作为飞行器的控制中心，对其飞行安全起到至关重要的作月，就要求无人机飞行控制系统除了优良的设计和严格的地面试验之外，还要具备在飞行过程中系统出现故障时能实时快速诊断，依据故障特性和损伤特性，迅速进行故障隔离和控制重构，实现无人机的最低安全性要求，保证无人机飞行任务的继续执行或者保证无人机安全返航回收。无人机的飞行控制系统通过采集各机载传感器信息，结合飞行任务需求，控制无人机舵面和发动机等执行机构，实现对无人机不同层次的控制。传感器信息的冗余、信息之间的内在关系以及执行机构的操纵余量设计等，为飞行过程中无人机故障自诊断与容错控制提供了理论上的可行性。设计精良的自检测功能,为飞控计算机进行快速故障检测和定位提供直接的帮助。传感器信息的内在关系、冗余信息出现矛盾时的仲裁算法的深入研究，多层次机载部件 BIT 设计与验证，容错控制律设计与仿真验证，安全性故障控制软件模块以及高可靠性机载软件的开发与测试等，是提高无人机飞行安全所必须开展的工作。

6. 多机协同技术

单架无人机独立飞行逐步提高到多架无人机编队，实现多架无人机协同飞行，是无人机自动控制的新高度。为了做到协同，无人机群应该具有高度的自主程度，并能在不同阶段进行可变自主程度飞行。编队中的单个无人机应能以不同的路径飞行，能为其他编队成员提供完成协同任务所需要的支持，能感知和评估变化的境况、形势和环境，能自动进行航路重规划，达到对目标区域实施从空间、时间或频率上的有效覆盖；相对于单架无人机的控制来说，多机协同的无人机控制系统优势在于：各架无人机从完成任务的层面上，能达到互为余度的效果；能高效地完成目标区域面积大、范围广的任务。

第四节　无人机移动测量任务载荷

任务载荷主要是指搭载在无人机平台的各种传感器设备，移动测量中常用的传感器有光学传感器（非量测型相机、量测型相机等）、红外传感器、多镜头集成倾斜摄影相机、机载激光雷达、视频摄像机等。实际作业中，根据测量任务的不同，配置相应的任务载荷。与星载光学测绘系统相比，航空测绘系统在成像分辨率、测绘精度、信噪比、辐射特性测量、成图比例、测绘成本、操作灵活性等方面具有较大优势。随着经济和社会的发展，航测任务需求大幅增加，所涉及的行业领域也越来越多，开始由地形测绘向林业、农业、电力、矿业、环境保护、城市规划等领域拓展，为测绘装备提供了良好的发展机遇。同时，用户对装备的细节获取能力、信息内容、可操作性、时效性等方面的要求也越来越高，也对装备的性能提出了更为苛刻的要求（李海星等，2014）。

经过将近百年的发展，航空测绘装备技术水平发生了质的飞跃，最初的胶片式航拍相机已逐渐退出市场，正在被装有线阵或面阵探测器的数字式、多光谱相机所代替，系统的信息获取能力和数据丰富程度大幅提升（Schiewe，2005）。航空测绘的内涵也发生了根本的转变，由传统的航空摄影测量发展为航空遥感测绘（Papamdkisetal，2006）。就其目前的航空测绘相机而言，主要是线阵和面阵 CCD 多光谱数字相机。随着探测器、GPS/IMU、激光器技术的发展和成熟，基于测时机制的机载 LiDAR（激光雷达）已经发展成为另外一种重要的航空测绘手段。它的出现大大拓展了航空光学测绘的适用范围，使得浅滩测量、森林测绘、输电线路规划等测绘相机难以有效解决的应用成为可能。此外，LiDAR 具有测量精度高、方便快捷、数据处理方便等优点，已成为重要发展方向。

近年来，用于航空摄影的两种半导体（CCI、CMOS）技术经历了长足的发展，并取得了重大突破。尤其是大幅面面阵传感器的产生，对数字航摄仪产生了重要的影响。数字相机可以根据所：数字影像的大小选择相应幅面的面阵传感器，或者进行多传感器的拼接。在高分辨率遥感载荷发展的牵引下，高精度 POS（位置与姿态系统）技术也得到了快速发展，并广泛应用于高性能航空遥感领域。目前，国际上的 POS 产品已经达到了很高的技术指标，加拿大 Applamx 公司研制的 POS/AV610 采用高精度激光陀螺 IMU 与 GPS 组合，处理后水平姿态精度与航向精度分别高达 0.0025° 和 0.005°（李军杰等，2013）。

随着航测任务的多样化发展和不断深入，用户所需的测绘信息类型更加丰富，对测绘装备的发展起到了重要的推动作用。从目前航测装备技术水平和系统配置来看，测绘相机和机载 LiDAR 已经具有较好的工作精度，相机和机载 LiDAR 相融合已成为发展的必然趋势。以测绘相机为主，机载 LiDAR 等其他光学测绘装备相结合的多传感器航空光学测绘平台，在未来将会具有更大的竞争优势（Forzierietal，2013）。大面阵、数字化是航空测绘相机的重要发展方向。20k 的大面阵数字测绘相机虽然已经实现，通过增大探测器规模来提升装备信息获取效率仍有一定的开发空间。随着探测器件制造工艺水平的发展，30 ~ 50k 规模的 CCD 或 CMOS 面阵探测器在不远的未来有可能会在航空测绘相机领域得到推广应用。机载 LiDAR 在航测装备中的作用日趋显现，它将成为未来航空立体测绘的重要支柱，如何提升其数据获取效率是关键所在。总而言之，精度已不是目前已有航测装备的根本问题所在。

在无人机移动测量中，现有高精度航测设备存在的最大问题是体积大、质量重，只有少数载荷大的大型无人机才能使用，造成了测绘装备使用的局限性。由于控制技术和成像技术的发展，一些非专业的测量设备（如民用相机）也能满足专业的测量任务需求，并在移动测量中得到广泛应用。适用范围、效率、方法以及数据处理的自动化是测绘装备未来发展亟待解决的主要问题。

一、光学相机

航空测绘相机的研究和应用最早可追溯至 20 世纪 20—30 年代，Leica 早在 1925 年已经开始了相关研究，并且为美国地质调查局进行了初步尝试。20 世纪 50 年代开始，胶片型航空测绘相机得到了广泛的应用。随后的数十年中，随着计算机和数据采集技术的发展，尤其是 CCD（电荷耦合器件）技术的成熟，航空光学测绘相机技术发生了质的飞跃。20世纪70年代，德国的戴姆勒一奔驰航空公司成功研制了第1台以CCD作为成像介质的电光成像系统–EOS。随后，以CCD作为成像介质的测绘相机得到了快速发展，并且在星载遥感测绘相机领域得到了广泛应用。20世纪80年代中期，以线阵CCD为主的数字式航空测绘相机得到了快速的发展。1905年问世的数字航空摄影相机，采用了线阵推扫成像模式，立体测绘采用三线阵机制，探测器由6条10线阵CCD构成，每2条CCD拼接形成一线列，具有多光谱和立体测绘功能，可满足1∶2.5万的大比例地形测绘需求。线阵数字式航空测绘相机的出现和成功应用使航测装备技术发生了质的飞跃，对系统的数据获取、后处理和存储等环节产生了革命性的影响，同时对传统的胶片型测绘相机发出了巨大冲击。21世纪初，商用航测系统不断涌入市场，传统的胶片型相机逐步被数字相机所取代，在民用测绘领域涌现出大量装备（Walker，2007）。21世纪以来，随着探测器、计算机、稳定平台、GPS/IMU、图像处理等技术的发展，线阵数字航空测绘相机的系统性能稳步提升，适用范围不断扩大。与此同时，面阵CCD探测器的出现使航测相机在数据获取效率方面有了进一步提升，为航测装备市场增添了新的活力。

经过数十年的发展，数字航测相机技术成熟，已基本取代胶片相机，以面阵数字相机为主，且大多具备多光谱成像功能，可满足不同的测绘任务需求。为了减少飞行次数、增加飞行覆盖宽度，面阵数字相机焦面一般为矩形；同时为了兼顾测绘对光学系统的性能要求，相机大多采用多镜头拼接方案。由于探测器件等相关技术的进步，航空测绘相机的像元比早期系统的像元尺寸都有所减小，不仅增大了面阵规模，而且在同样工作高度下可利用小焦距光学系统获得更高分辨率；大面阵数字式多光谱测绘相机时代已经到来，相关装备技术已经发展成熟，随着成像技术、控制技术、无人机技术的发展，非量测型相机开始在航测领域崭露头角，它对航测的工作效率、适用范围、数据传输、存储以及后期数据产品的生产生成势必产生深远的影响。

1. 非量测型相机

非量测型相机是相比于专业摄影测量设备——量测型相机而言的，是普通民用相机，主要包括单反相机、微单相机以及在单个普通民用数码相机基础上组合而成的组合宽角相机等。其空间分辨率高、价格低、操作简单，在数字摄影测量领域得到广泛应用。

单反相机。单反相机全称为单镜头反光照相机，是用单镜头并通过此镜头反光取景的相机。随着计算机技术和CCDXMOS等感光元件技术的发展，单反相机性能不断提高，在无人机移动测量中得到广泛应用。

单反相机有以下特点：成像质量优秀，在宽容度、解像力和感光度方面表现良好；快门是纯机械快门或电子控制的机械快门，时滞极短，按下快门后能立即成像，连拍速度也很快；单反相机的取景是通过镜头取景，采光好，场景真实，颜色自然；可以根据航拍任务的不同来确定使用何种镜头，镜头更换方便。

微单相机。"微单"涵盖微型和单反两层含义：①相机微型、小巧、便携；②可以像单反相机一样更换镜头，并提供与单反相机同样的画质。与单反相机的区别是，微单相机取消了反光板、独立的对焦组件和取景器。虽然对焦性能和电池续航能力远弱于单反，但成像质量基本与单反相机一样，均可以更换镜头，而且体积和重量远小于单反相机，非常适合小型无人机进行小范围测量作业。

组合宽角相机。组合宽角相机是在单个数码相机基础上组合拼接而成，常见的有双拼组合和四拼组合宽角相机两类。轻小型低空无人机为了保证安全，必须轻载荷。现在市场提供的无人机有效载荷一般不超过5kg。因此，这类无人机不能装载一般有人驾驶飞机所使用的重达百公斤量级的高档航空相机。目前大多采用稍微高档的普通数码相机，像幅在3000×4000以上，存在像幅小、基高比低、成图精度低、效率低等缺点。组合宽角相机有以下特点：组合宽角相机可以扩大面阵传感器容量，形成等效大面阵相机；可以形成组合宽角视场。视场角是航空相机的重要技术指标。宽视场角有两个作用：航向的宽视场角可以提高基高比，从而提高高程量测精度；旁向宽视场角可以增加航带影像的地面覆盖宽度，从而提高飞行作业效率以及减少野外控制点的布设数量；与单机系统相比，通过双拼组合扩大成像系统的旁向视场角，使得在等同航高条件下，航带影像地面覆盖宽度增加一倍，从而达到提高效率的目的（林宗坚等，2010）。

2. 量测型相机

大幅面的数字航空摄影传感器主要以两种方式发展：一种是基于三线阵的CCD推扫式传感器，即在成像面安置前视、下视、后视3个CCD线阵，在摄影时构成三条航带实现摄影测量，ADS40/80就是典型的三线阵航空数码相机；另一种是基于多镜头系统的面阵式传感器（如DMC、UCX、SWDC），利用影像拼接镶嵌技术获取大幅面影像数据。与线阵式传感器相比，面阵式航空摄影传感器继承了传统胶片式航摄仪的成像方式和作业习惯，具体作业流程与传统航摄仪相比基本没有改变。因此，在目前的数字航空摄影传感器中，仍以面阵式成像方式为主流（王鑫等，2012）。数字航空摄影传感器的核心元件以光敏成像元件CCD为主。面阵式传感器中的CCD元件是以平面阵列的方式排列的，成像方式与传统的胶片方式类似。由于受制造工艺和成本方面的限制，现有的大面阵数字航空摄影传感器一般是利用多个小面阵CCI，采取影像拼接镶嵌的技术获取大幅面影像数据，因此，它的几何关系要比常规的基于胶片的航空相机复杂。在相同航高的情况下其影像分辨率都比传统航测要高，由此引起的航摄精度的变化、航摄影像尺寸的变化均为影像控制测量的设计方案及测绘产品的生产带来了新的问题（喻鸣等，2010）。

此外，航测相机也存在一些缺点：①其像幅覆盖范围小于常规航空相机的覆盖范围，由此产生航空数码相机像对数增加、工作量增加；②由于航片的交会角小，接近于常规长焦摄像机，因此航空数码摄影测量还存在高程精度低的问题。

（1）SWDC 数字航空摄影仪

SWDC 数字航空摄影仪是基于高档民用相机发展而来的工业级测量相机，经过加固、精密单机检校、平台拼接、精密平台检校而成，并配备测量型双频 GPS 接收机、GPS 航空天线、航空摄影管理计算机；系统还集成了航线设计、飞行控制、数据后处理等一系列自主研发软件。其中的关键技术是多影像高精度拼接，即虚拟影像生成技术，并可实现空中无摄影员的精确 GPS 定点曝光。SWDC 数字航空摄影仪既适用于城市大比例尺地形图、正射影像图，也适用于国家中小比例尺地形图测绘，性价比高，在国内占有很大的市场占有率。

SWDC-4 由中国测绘科学研究院与有关单位合作研制，是我国自主知识产权产品，其核心产品主要有：高精度大负载惯性稳定平台，高精度激光陀螺 POS（TX-R20），高精度组合宽角数字航测相机 SWDC-4A。SWDC-4A 相机将 4 个子相机按照一定的间距与倾斜度固定于盘架上，通过时间同步技术和精确控制技术，精确控制 4 个子相机触发和曝光的时间，使各子相机在拍摄过程中始终保持同步状态，拼装前后经严格的单机检校和整机检校得到相应的参数。基本原理是：利用水平影像上重叠部分的同名点，根据旋转平移关系，求解 4 幅影像的相对方位元素，然后将水平影像同时投影到虚拟影像上。其功能特点有：具有焦距短、可更换镜头、内置稳定平台等优点，在与进口航摄仪相比，短焦距镜头特点可以保证在同样航高情况下进行中小比例尺作业时获取到更大数值的 GSD，提高航摄效率的同时更有利于获取到可飞的航摄天气；可更换拍摄方式的特点可保证在大比例尺作业时达到合格的高程精度；内置稳定平台也为用户节约了设备成本的支出。

SWDC 是我国自主研发的大面阵框幅式相机，影像形状为矩形，按 $20\mu m$ 扫描时相当于胶片相机 $23cm \times 32cm$，比传统照片 $23cm \times 23cm$ 大，可更换镜头（50mm、80mm），适于多种分辨率影像的获取，高程精度优于国外同类产品，镜头视场角大、基高比大（0.59、0.8）、幅面大等特点，并且能够在较少云下摄影。系统集成了 GPS、数字罗盘、自动控制和精密单点定位等关键技术（黄贤忠等，2009）。

由于 SWDC 数字航摄仪具有基高比大的特点，在相同地面采样距离条件下，取得的高程精度比其他数码相机要高，且它可获取地面采样距离为 4 ~ 100cm 的影像数据，适应于不同地区不同成图比例尺。SWDC 采用外视场拼接技术，即通过将同时拍摄的多幅影像拼接生成一张虚拟影像；SWDC 传感器由多个全色波段镜头，经过加固、精密单机检校、平台检校和平台拼接组成，镜头相互之间有一定夹角，实现拼接影像内部重叠率 10%。SWDC 数字航摄仪采用定点曝光的方式获取影像，随着飞行系统进入测区航线，航摄仪依据设计经纬度进行定点曝光。SWDC 在实际航摄飞行时，内置 GPS 接收机可实时计算出当前飞机坐标，通过与设计坐标对比，当满足点位坐标要求时，控制计算机给相机发送曝光脉冲信号，实现飞控系统与 GPS 联合作用下的定点曝光（丁兆连等，2013）。航摄仪在获取测区影像之前需要在同等光照条件下确定曝光时刻相机光圈和快门数值，并保持各相机参数一致。但是 SWDC 没有像移补偿装置，在设置快门速度时应充分考虑像移。

SWDC 航摄仪在获取航空影像的同时，采用 PPP 精密单点定位方式解算数码相机通过曝光点时刻的空中位置，以取代地面控制点进行摄影测量加密来获取模型定向点，再利用加密点实施影像定向。因此，获取小比例尺影像时，基于精密单点定位的技术可以实现无地面控制点的航空摄影测量；同理，通过布设较少外业控制点可获取大比例尺影像，事后应用精密单点定位软件（Trip）解算所得到的坐标精度完全可以满足航测后期工序；SWDC 航空数码相机在相机检校、多面阵 CCD 虚拟影像拼接、精确空中定点曝光等技术方面具有创新性；在国内首次将 GPS 辅助空三测量从传统方法应用到数字航空领域，可以成功实现地面无控制或稀少控制的 GPS 辅助空中三角测量，且产品生产周期短，这对于我国困难无图区测绘以及遥感救灾快速响应等方面具有重大的现实意义，适合我国国情。

（2）DMC 数字航摄仪

卡尔蔡司公司（Carl Zeiss）与德国鹰图交互计算机图形系统的子公司 Z/I IMAGING 合作，在 2000 年推出了数字航空摄影传感器 DMC。2010 年在 INTERGEO 年会上推出了 DMC Ⅱ 数字航空摄影传感器，包括 DMCH Ⅱ l40、DMC Ⅱ 230 和 DMC1 Ⅱ 250 三种产品，提供了数字传感器从低成本入门到高端的全部类型。DMCn 是第一台进入大批量工业生产并利用单 CCD 获取大幅面全色影像的传感器。每个颜色通道拥有独立的光学传感器 CCD 芯片，在后续的作业工序中无须进行系统误差的解算和消除，可以进行更快、更易、更精确的图像处理。

DMC 是面阵模块化数字航摄仪，传感器单元由 8 个高分辨率镜头组成，每个镜头配有面阵 CCD 传感器，中央 4 个全色镜头，成碗状排列，以倾斜的固定角度进行安置，4 个多光谱镜头分别对称排列在全色镜头两侧。全色影像利用 4 个不同投影中心小影像的同名点采用外扩法拼合成虚拟焦距为 120mm 的中心投影影像。DMC 相机通过将高分辨率的全色影像与同步获取的低分辨率 RGB 和红外影像进行融合、配准处理，最终形成高分辨率的真彩色和红外影像。

DMC Ⅱ 的镜头由德国蔡司公司为其定制设计，其独立的全色（PAN）镜头实现了多年来胶片相机在基本光学设计原理上的单镜头大范围地面覆盖的最大设计视角，并通过消除影响几何精度和辐射量的可能误差源，使影像达到了所有测图和遥感应用的需求。设计中包括垂直投影和单镜头中心投影。因而，DMC Ⅱ 影像数据的后处理不需要 CCD 缝合和影像拼接。DMC Ⅱ 有 5 个正摄镜头，其中 4 个获取红、绿、蓝及近红外的多光谱影像，1 个高分辨率镜头获取全色影像。每个镜头都定制了一个特别的机载压力驱动快门执行自动自检校，确保 5 个镜头在曝光周期里的动作达到最大的同步。DMC Ⅱ 的影像与 DMC 相比具有更高的信噪比和辐射分辨率。1∶3.2 的高融合比保证了高品质的彩色和彩红外影像，1.7s 超短曝光时间间隔满足多基线摄影，甚至是低空和高速情况下的大比例尺摄影测量要求。采用 5cm 的地面分辨率、311km/h 的飞行速度可获得 80% 的航向重叠度，14bit 的影像具有出色的辐射分辨率，即使在光照条件不好、存在阴影或曝光过度的情况下，仍然具有充足的影像信息。DMC Ⅱ 配备了一款新的接装板，能够安置更多不同型号的惯性测量装置。此传感器的兼容性也非常高，可以根据用户的需要进行升级。RMKD 只需安装一个全色 CCD 模块及镜头就可以升级为 DMC Ⅱ 250。

使用多面阵 CCD 传感器进行摄影时，由于 CCD 的尺寸问题，其获取影像的地面覆盖范围要小于传统航摄仪的地面覆盖。因此，会使像对数增加，模型接边的工作量增加，从而增加内业工作量。DMC Ⅱ 250 的大幅面影像在一定程度上解决了这一问题。其中 DMC Ⅱ 250 影像的影像分辨率已超过目前像幅最大的面阵传感器 UCXP，与 ADS40/80 相比，能够有效减少航线数目约 30%，可以充分利用航摄天气、有效提高航摄效率。传感器单个像元的尺寸达到了 5.6 飞行高度为 500m 时地面采样距离（GSD）仅为 2.5cm，且具有像移补偿功能（TDI），能够满足 1∶500 比例尺的成图要求，便于测绘大比例尺地形图。由于不使用拼接影像，DMC Ⅱ 获取的影像不再因为成像系统的不统一而存在系统误差，影像的几何精度得到了明显提高：其内外方位元素的解算精度也随之提高，地面点的量测精度也因此得到改善。DMC Ⅱ 可以获得高达 80% 的影像重叠率，利于进行多基线处理的航空数字影像测图，按多目视觉的理论，利用多重叠影像，增大交会角，从而提高高程精度，满足对地面点精度（尤其是高程精度）的需求（王鑫等，2012）。

（3）ADS 系列数码航摄仪

ADS40 由 Leica 公司 2000 年推出，能够同时获取立体影像和彩色多光谱影像。它采用三线阵列推扫成像原理，前视 27°、底视 0°、后视 14°，三组排列，能同时提供 3 个全色与 4 个多光谱波段数码影像。该相机全色波段的前视、底视和后视影像可以构成 3 个立体像对。彩色成像部分由 R、G、B 和近红外 4 个波段，经融合处理获得真彩色影像和彩红外多光谱影像，生成条带式影像，同一条航线不需要拼接影像，ADS40 还集成了 POS 系统。

2008 年 Leica 公司推出 ADS80 机载数码航空摄影测量系统，集成了高精度的惯性导航定向系统（IMU）和全球卫星定位系统（GPS），采用 12000 像元的三线阵 CCD 扫描和专业的单一大孔径远心镜头，一次飞行即可以同时获取前视、底视和后视的具有 100% 三度重叠、连续无缝的、具有相同影像分辨和良好光谱特性的全色立体影像以及彩色影像和彩红外影像。

自 ADS40 数字测绘相机以来，ADS 系列产品（ADS80、ADS100）一直沿用三线阵的设计理念，整机系统性能不断提升，线阵规模不断扩大，采用了分光方法。透过光学镜头的光线经两组分光元件后被分为 3 路，进而投射在 3 个探测器线列上，同时还通过 CCD 叠加和半像元错位的方式来提升系统的细节分辨能力。LH 的强大技术实力使得 ADS 三线阵测绘相机发展成为航空光学测绘装备领域颇具竞争优势的一员，并且具有很大的市场保有量和行业影响力。

二、红外传感器

红外传感系统是用红外线为介质的测量系统，按照功能可分成 5 类，按探测机理可分成为光子探测器和热探测器。红外传感技术已经在现代科技、国防和工农业等领域获得了广泛的应用。红外传感系统是用红外线为介质的测量系统，按照功能可分成 5 类：①辐射计，用于辐射和光谱测量；②搜索和跟踪系统，用于搜索和跟踪红外目标，确定其空间位置并对它的运动进行跟踪；③热成像系统，可产生整个目标红外辐射的分布图像；④红外测距和通信系统；⑤混合系统，是指以上各类系统中的两个或者多个的组合。红外传感器是红外波段的光电成像设备，可将目标入射的红外辐射转换成对应像元的电子输出，最终形成目标的热辐射图像。红外传感器提高了无人机在夜间和恶劣环境条件下执行任务的能力。

1. STAMP 系列传感器

CONTROP 公司为 SUAV（小型无人飞行器）开发了首套小型稳定有效载荷，以解决传输到用户的图像质量较差的问题。D-STAMP 有效载荷是一种白昼稳定微型有效载荷，重 M650g，具有大型光电有效载荷能力，包括稳定的 LOS（瞄准线）、无振动全图形放缩的高质量图像、标明坐标和 INS(惯性导航系统)目标跟踪能力。另外，I>STAMP 还具有独特的扫描能力，还可为操纵者和所有收到视频信号的用户的视频图像提供有关的补充数据（如补充固标坐标）。

Comrop 公司的 STAMP 系列传感器是陀螺仪稳定的小型传感器，专用于小型无人机。STAMP 系列小型传感器已经在包括"云雀""蓝鸟"和 Skylite 在内的多种无人机上使用了多年。STAMP 系列传感器包括：具有非致冷红外探测器的 U-STAMP、U-STAMP-Z 和 U-STAMP-DF 传感器，具有彩色 CCD 的 D-STAMP 和 D-STAMP-HD 传感器，T-STAMPC 和 TSTAMP-U 双传感器，以及结构加固的 A-VIEW 传感器。这些传感器装备作为有效载荷用于小型无人机进行侦察，提供的图像质量与大型无人机有效载荷相当。Controp 公司瞄准需求迅速增长的小型无人机有效载荷市场，解决传感器价格和图像质量之间的矛盾，提供具有高性能重量比和高性能体积比的传感器。传感器采用机械陀螺和 3 个万向架系统实现自动变焦，具有高的图像质量，既减小了操作人员的工作量，也使操作人员在进行大小视场变换时能够看到目标。

2. COMPASS 系列传感器

以色列埃尔比特光电系统公司是一家世界领先的集成无人机传感器装备提供商，该公司的光电传感器装备能够提供最佳的观察、监视、跟踪和目标定位能力，他们的传感器产品设计具有的机械接口和电气接口容易与其搭载平台整合。

DCOMPASS 传感器系统具有在各种气候条件下进行昼夜情报、监视、目标搜索和侦察的能力。系统采用了微型数字电路和轻质材料，因此重量轻、体积小，适合于高级无人机应用。

MICMCOMPASS 传感器系统是 COMPASS 家族的最新成员，采用了重量超轻，极度紧凑和高度稳定的设计，具有连续变焦以及昼夜观察和监视能力。系统提供稳定的实时视频，远程连续变焦热成像和彩色变焦 CCD 摄像机，并且能够自动跟踪观察到的目标。

"云雀"系列无人机上搭载超轻型热成像装置，利用万向架实现稳定工作，其上集成了高分辨率的前视红外非制冷测辐射热计摄像机，其工作波段为 $8 \sim 12 \mu m$，在固定焦距下的固定视场为 23°，载荷重量为 700 ~ 800g，在同等级别中重量最轻。但是，其最重要的特色是图像质量非常高，还包括超广域覆盖以及移动目标连续跟踪等功能。

三、倾斜摄影相机

倾斜摄影技术是国际测绘领域近些年发展起来的一项高新技术，它颠覆了以往正射影像只能从垂直角度拍摄的局限，通过在同一飞行平台上搭载多台传感器，同时从不同的角度采集影像，将用户引入了符合人眼视觉的真实直观世界。倾斜摄影技术特点，见表 7-6。

表 7-6　倾斜摄影技术的特点

特点	内容
反映地物周边真实情况	相对于正射影像，倾斜影像能让用户从多个角度观察地物，更加真实地反映地物的实际情况，极大地弥补了基于正射影像应用的不足
数据量小易于网络发布	相较于三维 GIS 技术应用庞大的三维数据，应用倾斜摄影技术获取的影像的数据量要小得多，其影像的数据格式可采用成熟的技术快速进行网络发布，实现共享应用
建筑物侧面纹理可采集	针对各种三维数字城市应用，利用航空摄影大规模成图的特点，加上从倾斜影像批量提取及贴纹理的方式，能够有效降低城市三维建模成本
倾斜影像可实现单张影像量测	通过配套软件的应用，可直接基于成果影像进行包括高度、长度、面积、角度、坡度等的量测，扩展了倾斜摄影技术在行业中的应用范围

　　倾斜摄影技术突出优势：结合 LiDAR 技术提供三维影像（每个像素具有三维坐标）；可以直接定位、量测距离、面积及分析；提供真实、实时、可量测、大范围的三维浏览。

　　航空倾斜影像不仅能够真实地反映地物情况，而且还通过采用先进的定位技术，嵌入精确的地理信息、更丰富的影像信息、更高级的用户体验，极大地扩展了遥感影像的应用领域，并使遥感影像的行业应用更加深入。由于倾斜影像为用户提供了更丰富的地理信息，更友好的用户体验，该技术目前在欧美等发达国家已经广泛应用于应急指挥、国土安全、城市管理、房产税收等行业。

　　1. A3 数字航摄仪

　　A3 数字航摄仪由全球领先的数字测绘系统供应商以色列 VisionMap 公司生产。A3 采用步进式分幅成像可获取超大幅宽影像（SLF），结合其一体化后处理系统 Lightspeed 可得到一系列产品：正射影像图（DOM）、数字高程模型（DEM）、数字表面模型（DOM）、倾斜测图产品。

　　A3 是以色列 VisionMap 公司生产的新一代步进式倾斜数码航摄仪，由存储器、小型计算机、GPS、电源、控制终端接口及旋转双镜头组成。采用步进式分幅成像原理，在飞行的同时，镜头围绕一个中心轴做最大可达 109° 摆角的高速旋转和采集，最大可获取约 62 000 × 8 000（4.96 亿）像素的超宽幅影像图，每个 CCD 每秒可捕捉 7.5 张数字影像。采用 300mm 的镜头，拥有超高的数据获取能力和影像分辨率，同样的分辨率要求下，A3 能够飞行更高的高度，获取更大面积的数据，节约飞行成本。设计的旋转相机，可获取同一地物在不同角度的影像，一次飞行可获取多种高分辨率垂直和斜拍测图产品。自动匹配原始垂直及斜拍影像连接点，无须地面控制点就可生成满足所有工业标准的高质量产品。

A3 相机的设计具备传统线阵和面阵成像方式特点，是结合两者优势、扬长避短的新一代步进分幅成像方式产品。步进式分幅成像是利用摆扫机构，在垂直于航向的方向多个不同位置成多幅图像，各位置之间保证一定的重叠率，以便于后期处理时恢复为完整的大分辨率图像。A3 航摄仪的镜头采用特别的旋转设计，镜头围绕中心轴可做一个 10K 旋转采集，每次摆扫可以获取 64 个像幅（单个 CCD 获取 32 个像幅），一次摆扫时间是 3 ~ 4s。为满足航测成图的要求，考虑到航线网、区域网的构成和模型之间的连接等，A3 沿航线两个单像幅重叠度是 2%（大约 100 个像素），垂直航线两个像幅重叠度是 15%。A3 航摄仪的优势，见表 7-7：

表 7-7　A3 航摄仪的优势

优势	内容
超大的像幅	A3 采用步进式成像方式，最大可获取约 62 000×8 000（4.96 亿）像素的超宽幅影像图
超高的数据获取能力	A3 航摄仪以其超强数据获取能力著称，相机使用 300mm 长焦距镜，使得相机拥有超高的数据获取能力和影像分辨率
高精度的产品	由于 A3 系统特殊的成像方式（框幅 + 扫描式），可获得高度重叠度的影像，同一个点在多达数十幅有影像响应。由于同一空间点可通过数十个多余观测（共线方程）获得解算，精确反映出获得该点的空间位置，即完成高精度产品生产
一次飞行可获取多种产品	A3 系统一次飞行后，再无须额外飞行和数据处理，即可同时获得多种数据产品：正射影像图、高程模型、数字表面模型、倾斜测图产品

2. SWDC-5 数字航空摄影仪

SWDC-5 数字航空摄影仪通过在同一飞行平台上同时从 5 个不同的视角采集影像，将人引入了符合人眼视觉的真实直观世界。该技术可作为数字城市建设中三维建模数据获取和更新的主要技术手段，建立城市高分辨率航空影像数据库。SWDC-5 数字倾斜相机，通过子相机加固，精密检校，安装固定架（倾角范围：35° ~ 45°），集成 5 个高档大幅面民用数码相机，并且研制专用于倾斜摄影的飞控系统，形成一套可拍摄多方向倾斜影像的航空摄影系统，有不同的组合方案备选。

通过在同一飞行平台上搭载多个相机，分别从竖直和 4 个倾斜角度对地面进行拍摄，得到被拍摄物体的多视角影像，建筑物外立面的真实纹理，并且有效集成 POS 系统，获取到每张像片的外方位元素，数据可广泛应用于数字城市、数字地球（智慧地球）的基础地理空间框架建设。

目前 SWDC-5 系统已经实现了正常的数据获取、数据后处理、具体工程解决方案应用试验。具体的解决方案有如下几种模式：①建立带有姿态数据的倾斜照片影像库,当光标在物体运动时系统自动调出相关的倾斜照片,并在其上进行量测和观察。为用户提供可量测影像数据。②与 POS、LiDAR 配合,用 LiDAR 的 DSM 配合有姿态数据的影像进行城市三维建模。③只与 POS 配合,不用 LiDAR,配合高可靠相关匹配,用有姿态的影像的多光线(大于等于 5 条光线)前方交会生成 DSM 后进行建模。④不用 POS 和 LiDAR,只用五头相机的数据和 GPS 记录的曝光点坐标数据,配合高可靠性相关匹配,做倾斜照片自动空中三角测,得到各照片姿态后进行前方交会生产 DSM 并且建模。系统特点:系统由加固并量测化改造后的 5 台大面阵数码相机组成,单相机像素数达 5 000 万,每台单相机的综合畸变差均小于 2 μm;相机具有多视角同步采集影像功能,提供精确的子相机相对方位;系统为不同品牌的 POS 系统预留安装接口,并且标配国产高精度 POS 系统;系统配置两种镜头组合方案,兼顾高质量影像纹理采集以及高重叠数据采集两种特点,给用户以更多的选择便利;系统兼具建模与测量相机双重功能,经过简单的结构改造,系统即可进行倾斜航摄数据采集,也可进行常规的航测数据采集;倾斜相机单机幅面超过进口相机,斜片分辨率高、畸变小、焦距可任意组合,并与国产 POS 成功对接,建模逼真、造价低、速度快、交互少。

四、机载激光雷达

LiDAR 是一种以激光为测量介质,基于计时测距机制的立体成像手段,属主动成像范畴,是一种新型快速测量系统,可以直接联测地面物体的三维坐标,系统作业不依赖自然光,不受航高、阴影遮挡等限制,在地形测绘、气象测量、武器制导、飞行器着陆避障、林下伪装识别、森林资源测绘、浅滩测绘等领域有着广泛应用(Hopkmsonetal,2013)。

LiDAR 诞生于 20 世纪 60—70 年代,当时称之为激光测高计。20 世纪 80—90 年代,该项技术取得了重大进展,一系列航天和机载 LiDAR 系统研制成功,并得以应用。自 21 世纪以来,计算机、半导体、通信等行业进入了蓬勃发展的时期,从而使得激光器、APD 探测器、数据传输处理等 LiDAR 相关的器件和关键技术取得了迅猛发展,一系列商用机载 LiDAR 系统不断涌入市场。它的出现为航空光学装备领域注入了新的活力,大大拓展了航空光学测绘的适用范围和信息获取能力,目前已成为面阵数字测绘相机的有力补充,在航空光学多传感器测绘系统中扮演重要角色。

LiDAR 是可搭载在多种航空飞行平台上获取地表激光反射数据的机载激光扫描集成系统。该系统在飞行过程中同时记录激光的距离、强度、GPS 定位和惯性定向信息。用户在测量性双频 GPS 基站和后处理计算机工作站的辅助下,可以将雷达用于实际的生产项目中。后处理软件可以对经度、维度、高程、强度数据进行快速处理。工作原理：通过测量飞行器的位置数据（经度、维度和高程）和姿态数据（滚动、俯仰和偏流），以及激光扫描仪到地面的距离和扫描角度，便可精确计算激光脉冲点的地面三维坐标。

作为一种主动成像技术，机载 LiDAR 在航空测绘领域具有如下特点：

（1）采用光学直接测距和姿态测量工作方式，被测对象的空间坐标解算方法相对简单、易于实现、单位数据量小、处理效率高，具有在线实时处理的开发潜力。

（2）由于采用了主动照明，成像过程受雾、霾等不利气象因素的影响小，作业时段不受白昼和黑夜的限制。因此，与传统的被动成像系统相比，环境适应能力比较强。

（3）通过激光波段选择，可对海洋、湖泊、河流沿线浅水区域的水底地形结构进行立体测绘，这一能力是传统被动航空光学测绘装备所不具备的。

（4）测距分辨率高，结合距离门技术，可对一定距离范围内的目标进行高精度测量。在森林生态结构分类、林下地表形态、林木资源储量、电力线路测绘等领域具有独特优势。

鉴于上述特点，机载 LiDAR 在浅滩测量、森林资源调查、厂矿资产评估、电力设施测绘、3D 城市建模等测绘领域具有一定特色，与测绘相机形成了很好的优势互补的效果。可同时实现陆地和相对较清水域的水深、水底形貌的高精度测绘（高程精度 ±15cm），获取高精度数字高程模型，这一功能是航空测绘相机难以达到的，在浅水区开发建设中具有重要应用。机载 LiDAR 在森林资源测绘领域具有很大的技术优势和较好的应用价值，北欧、加拿大等森林资源丰富的地区很早已经将 LiDAR 应用于森林资源测绘。UDAR 数据可用于森林覆盖率、林木储蓄量评估，以及森林垂直生态结构分布、树种分类、树冠高度和分布密度等方面的研究，可以获得更加详细的树木垂直结构形态，LiDAR 在该领域的优势进一步得以凸显，已发展成为森林资源测绘的主力装备之一。除了上述两个特色应用之外，LiDAR 在输电线路、河谷地形等狭长带状区域测绘，以及大型固定资产评估、三维数字城市建设等相关领域也具有一定应用优势。

LiDAR 系统基本都是基于点阵扫描工作模式，工作高度高达数千米，测量精度可达厘米级别，系统显著特点如下：

激光重复频率高。现有商用系统的激光重复频率可高达 500kHz，比早期的提高 2 ~ 3 个数量级。高的激光重复频率是提高系统数据获取速率的重要解决途径之一，与之相关的扫描系统、数据传输和处理速度要求也随之提高。对于同一照射点，高的激光重复频率可增加反射回波数量，有利于提高系统的细节分辨能力。

横向扫描角度大。现有商用机载 LiDAR 大都与大面阵航空测绘相机一起使用，为满足横向覆盖宽度的要求，横向扫描角度与测绘相机的横向视场角匹配，其横向扫描角度可达 60°～70°的水平。

典型 LiDAR ALS50 Ⅱ设备，激光点采集间距可以达到 0.15m，根据不同工程需要，可以灵活调节不同地表激光点采集间隔，有利于真实地面高程模型的模拟。且高程精度不受航飞高度影响，即使在没有地面控制点的情况下，也能达到较高的定位精度，利用其获取的高密度、高精度点云及影像数据（赖志恒等，2014）。但 LiDAR 系统质量重、体积大，目前只能在大型无人直升机上搭载，应用受到了极大限制，体积小、质量轻、集成化，是其以后的发展方向。

五、视频摄像机

无人机搭载的视频摄像机一般为 CCD 和 CMOS 摄像机。CCD 是 Charge Coupled Device（电荷耦合器件）的缩写，它是一种半导体成像器件，具有灵敏度高、抗强光、畸变小、体积小、寿命长、抗震动等优点。CMOS，互补金属氧化物半导体，电压控制的一种放大器件，是组成 CMOS 数字集成电路的基本单元。

被摄物体的图像经过镜头聚焦至 CCD 芯片上，CCD 根据光的强弱积累相应比例的电荷，各个像素积累的电荷在视频时序的控制下，逐点外移，经滤波、放大处理后，形成视频信号输出。视频信号连接到监视器或电视机的视频输入端便可以看到与原始图像相同的视频图像。CCD 与 CMOS 图像传感器光电转换的原理相同，他们最主要的差别在于信号的读出过程不同；由于 CCD 仅有一个（或少数几个）输出节点统一读出，其信号输出的一致性非常好；而 CMOS 芯片中，每个像素都有各自的信号放大器，各自进行电荷电压的转换，其信号输出的一致性较差。但是 CCD 为了读出整幅图像信号，要求输出放大器的信号带宽较宽，而在 CMOS 芯片中，每个像元中的放大器的带宽要求较低，大大降低了芯片的功耗，这就是 CMOS 芯片功耗比 CCD 要低的主要原因。尽管降低了功耗，但是数以百万的放大器的不一致性却带来了更高的固定噪声，这又是 CMOS 相对 CCD 的固有劣势。

MV-VE GigE 千兆网工业数字摄像采用帧曝光 CCD 作为传感器，图像质量高，颜色还原性好，以网络作为输出，传输距离长，信号稳定，CPU 资源占用少，可以一台计算机同时连接多台摄像机。与国外同档次产品相比，有明显的价格优势，对于要求高清、高分辨率图像质量的客户，MV-VE GigE 千兆网数字相机是一种很好的选择。

MV-VE GigE 千兆网工业数字相机可通过外部信号触发采集或连续采集，广泛应用于工业在线检测、机器视觉、科研、军事科学、航天航空等众多领域，特别是在智能交通行业、重大事件应急测绘安保、空间地理信息直播方面得到应用（张永生，

2013）。

产品特点有：数字面阵帧曝光逐行扫描 CCD，软件控制图像窗口无级缩放；采用 GigE 输出，直接传输距离可达 100m；可控电子快门，全局曝光，闪光灯控制输出，外触发输入，软件触发；在连续模式和触发模式下都支持自动增益和自动曝光，晚间自动开启闪光软件，调整增益、对比度，外触发；延迟图像传输，传输数据包长度和间隔时间可调。

第八章 无人机移动测量作业基本要求研究

第一节 数据产品生产质量控制

数据产品生产质量控制是无人机移动测量数据产品应用中的重要内容，直接关系到产品结果的可靠性。质量控制贯穿数据生产的始终，包括外业控制、内业源数据控制、产品控制等环节。其中，外业控制主要包括控制点的精度、密度、布设控制等；内业源数据控制主要包括空中三角测量精度、重叠度、倾角、旋角、弯曲度、航高保持、覆盖保证、漏洞检查等控制；产品控制包括几何校正、匀色处理、影像拼接、影像处理等控制。

一、外业控制

1. 控制点精度

平面位置精度、高程精度、最大误差按照 GB/T 18315—2001《数字地形图系列和基本要求》执行。1∶500 地形图高山地的地面坡度在 40° 以上，对于 1∶1000 地形图高山地、1∶2000 地形图高山地，高山地在图上不能直接找到衡量等高线高程精度的位置时，等高线高程精度可按下式计算。

$$m_h = \pm\ (a + b\tan a)$$

式中，m_h 为等高线高程中误差，单位为 m；a 为高程注记点高程中误差，单位为 m；b 为地物点平面位置中误差，单位为 m；$\tan a$ 为检查点附件的地面倾斜角，单位为（°）。

2. 控制点密度

基本控制点是指可作为首级影像控制测量起闭点的控制点。平面基础控制点包括国家等级三角点、精密导线点、5 秒级的小三角点和导线点，其密度应满足每四幅图面积内最少有一个点；高程基础控制点包括国家等级水准点和等外水准点，其密度应满足 2 ~ 4km 最少有一个点。

3. 控制点布设

（1）选点条件

控制点应满足以下要求：影像控制点的目标影像应清晰，易于判刺和立体量测，应是高程起伏较小、常年相对固定且易于准确定位和量测的地方，弧形地物及阴影等不应选作点位目标；高程控制点点位目标应选在高程起伏较小的地方，以线状地物的交点和平山头为宜；狭沟、尖锐山顶和高程起伏较大的斜坡等，均不宜选作点位目标。

（2）布设方式

常用的布设方式有全野外布点、航线网布点、区域网布点及特殊情况布点（见表 8-1）。

表 8-1　常用的布设方式

方式	内容
全野外布点	全野外布点主要有综合法成图和全能法成图两种方式。对于综合法成图，当成图比例尺不大于航摄比例尺 4 倍时，在隔号影像测绘区域的 4 个角上各布设 1 个平高点，在像主点附近布设 1 个平高点作检查。成图比例尺大于航摄比例尺 4 倍时，应加布控制点；对于全能法成图，立体测图或微分纠正时，每一个立体像对应布设 4 个平高点。当成图比例尺大于航摄比例尺 4 倍时，应在像主点附近布设 1 个平高点。当控制点的平面位置由内业加密完成，高程部分由全野外施测时，平高控制点可以改为高程控制点
区域网布点	区域网内不应包括影像重叠不符合要求的航线和像对，平面网和平高网的航线跨度、控制点间基线数不应超过相应的规定。当区域网用于加密平面或者平高控制点时，可沿周边布设 6 个或者 8 个平高点。受地形条件限制时，可采用不规则区域网布点：应在凸出处布平高点，凹进处布高程点，当凹角点与凸角点之间的距离超过两条基线时，在凹角处应布设平高点
特殊情况布点	当遇到像主点、标准点位落水，海湾岛屿地区，航摄漏洞等特殊情况，不能按正常情况布设像控点时，视具体情况以满足空中三角测量和立体测图要求为原则布设控制点
航线网布点	航线网布点应按照航线每分段布设 6 个平高点，航线首末端上下两控制点应布设在通过像主点且垂直于方位线的直线上，航线中间两控制点应布设在首末控制点的中线上

二、初始数据控制

初始数据控制主要包括空中三角测量精度控制、飞行质量检查、影像质量检查。

1. 空中三角测量精度控制

（1）空中三角测量精度要求

空中三角测量精度应满足下列要求：数字线划图、数字高程模型、数字正射影像图制作时，内业加密点对附近野外控制点的平面位置中误差、高程中误差按 GB/

T7930—2008《1:5001:10001:2000 航空摄影测量内业规范》要求执行，成果仅用于数字正射影像图制作时，高程精度可适当放宽；数字线划图（B 类）、数字正射影像图（B 类）制作时，内业加密点对附近野外控制点的平面位置中误差、高程中误差不应大于表相应的规定，成果仅用于数字正射影像图（B 类）制作时，高程精度可适当放宽。

（2）相对定向要求

空中三角测量相对定向应满足下列要求：连接点上下视差中误差为 2/3 个像素，最大残差 4/3 个像素，特别困难地区（大面积沙漠、戈壁、沼泽、森林等）可放宽 0.5 倍；每个像对连接点应分布均匀，自动相对定向时，每个像对连接点数目一般不少于 30 个，人工相对定向时，每个像对连接点数目一般不少于 9 个；在精确改正畸变差的基础上，连接点距影像边缘不应小于 100 个像素。

（3）绝对定向要求

空中三角测量绝对定向应满足下列要求：数字线划图、数字高程模型、数字正射影像图制作时，区域网平差计算结束后，基本定向点残差、检查点误差及公共点的较差按照 GB/T 7930—2008《1:5001:10001:2000 航空摄影测量内业规范》要求执行，成果仅用于数字正射影像图制作时，高程精度可适当放宽；数字线划图（B 类）、数字正射影像图（B 类）制作时，区域网平差计算结束后，基本定向点残差、检查点误差及公共点的较差不得大于相应的规定，成果仅用于数字正射影像图（B 类）制作时，高程精度可适当放宽；可采用带附加参数的自检校区域网平差以消除系统误差。

2. 飞行质量控制

飞行质量控制的主要内容，见表 8-2。

表 8-2　飞行质量控制

项目	内容
影像倾角	影像倾角一般不大于 5°，最大不超过 12% 出现超过 8° 的片数不多于总数的 10%。特别困难地区一般不大于 8°，最大不超过 15% 出现超过 10° 的片数不多于总数的 10%
影像重叠度	影像重叠度应满足以下要求：航向重叠度一般应为 60% ~ 80%，最小不应小于 53%；旁向重叠度一般应为 15% ~ 60%，最小不应小于 8%
摄区边界覆盖保证	航向覆盖超出摄区边界线应不少于两条基线。旁向覆盖超出摄区边界线一般应不少于像幅的 50%；在便于施测影像控制点及不影响内业正常加密时，旁向覆盖超出摄区边界线应不少于像幅的 30%

项目	内容
影像旋角	影像旋角应满足以下要求：影像旋角一般不大于 15°，在确保影像航向和旁向重叠度满足要求的前提下，个别最大旋角不超过 30°；在同一条航线上旋角超过 20° 影像数不应超过 3 片；超过 15° 旋角的影像数不得超过分区影像总数的 10%；影像倾角和影像旋角不应同时达到最大值
漏洞补摄	航摄中出现的相对漏洞和绝对漏洞均应及时补摄，应采用前一次航摄飞行的数码相机补摄，补摄航线的两端应超出漏洞之外两条基线
航高保持	同一航线上相邻影像的航高差不应大于 30m，最大航高与最小航高之差不应大于 50m，实际航高与设计航高之差不应大于 50m

3. 影像质量控制

影像质量检查应采用以下方法：

（1）通过目视观察，检查以下方面：影像的清晰度，层次的丰富性，色彩反差和色调柔和情况，影像有无缺陷，拼接影像拼接带有无明显模糊、重影和错位。

（2）根据飞机飞行速度、曝光时间和影像地面分辨率，利用相应公式计算像点位移。最大像点位移由航摄分区最高点处对应的参数计算获得。

三、产品质量控制

产品控制包括几何校正、匀色处理、影像拼接、影像处理等控制，具体内容见表 8-3。

表 8-3　产品质量控制

项目	内容
匀色处理	对影像进行色彩、亮度和对比度的调整和匀色处理。匀色处理应缩小影像间的色调差异，使色调均匀、反差适中、层次分明，保持地物色彩不失真，不应有匀色处理的痕迹
几何校正	几何校正可采用数字微分纠正等方法。纠正范围选取影像的中心部分，同时保证影像之间有足够的重叠区域进行镶嵌。对平地、丘陵地可采用隔片纠正，对山地、高山地以及平地和丘陵地中的居民地密集区可采用逐片纠正
影像处理	按相关要求检查影像质量，对影像模糊、错位、扭曲、重影、变形、拉花、脏点、漏洞、地物色彩反差不一致等问题，应查找和分析原因，并进行处理。涉及保密的内容应进行保密处理
影像拼接	检查拼接的接边精度是否符合规定，接边超限应返工处理。接边差符合要求后，选择拼接线进行拼接处理。拼接后的影像应确保无明显拼接痕迹、过渡自然、纹理清晰

第二节　常规测量成果整理与验收

无人机移动测量任务执行完成后，测量任务执行单位需要对测量成果进行及时整理，交于验收单位验收。整理内容主要是指数字航片和文档资料。验收涵盖了验收程序、移交的资料、验收报告等。

一、测量成果整理

1. 数字航片整理

（1）预处理

数字航片预处理内容和要求如下：

①格式转换。为归档资料或后处理的需要，将不同低空航摄系统获取的专用影像数据格式转换为通用格式，转换过程应采用无损方法。

②旋转影像。所有低空数字航片应保持与相机参数的一致性，不作旋转指北处理，通过标明飞行方向、起止影像编号的航线示意图，以及航摄相机在飞行器上安装方向示意图，建立对应关系。

③畸变差改正。可采用专用软件对原始数字航片数据进行畸变差改正，输出无畸变影像和与之相应的相机参数。

④增强处理。不影响成果质量和后续处理的前提下，对阴天有雾等原因引起的影像质量较差的数字航片，可适度作增强处理。

（2）航片编号。航片编号方法为：航片编号由12位数字构成，采用以航线为单位的流水编号。航片编号自左至右1~4位为摄区代号，5~6位为分区号，7~9位为航线号，10~12位为航片流水号；没有摄区代号的，可自行定义摄区代号；一般以飞行方向为编号的增长方向；同一航线内的航片编号不允许重复；当有补飞航线时，补飞航线的航片流水号在原流水号基础上加500。

（3）航片存储。按照航线建立目录分别存储，一般应采用光盘或硬盘存储，存放于纸质或塑料光盘盒、硬盘盒内。

（4）外包装

硬盘或光盘和其包装盒标签的注记内容应包括：

①总体信息部分：摄区名称，相机型号及其编号，相机主距，航摄时间，飞行器型号，航线数和航片数，摄区面积，地面分辨率，航摄单位。

②本盘装载内容部分：盘号（分盘序号／总盘数），影像类型，航线号，起止片号，备注。

2．文档资料整理

（1）纸质文档资料的整理

所有文档应单独装订成册，存放在 A4 幅面的档案盒内；每份案卷中应包含卷内资料清单。

（2）电子文档资料的整理

电子文档的名称和内容应与纸质文档一致，无电子格式的纸质文档应扫描成电子文档；电子文档的存储介质为光盘。光盘存放于方形硬质塑料盒内，盒外注明摄区名称、摄区代码和资料名称。

二、测量成果验收

1．验收程序

验收应按照以下程序执行：航摄执行单位按本规范和摄区合同的规定对全部航摄成果资料逐项进行认真地检查，并详细填写检查记录手簿；航摄执行单位质检合格后，将全部成果资料整理齐全，移交航摄委托单位代表验收；航摄委托单位代表依据本规范和航摄合同规定对全部成果资料进行验收，双方代表协商处理检查验收工作中发现的问题，航摄委托单位代表最终给出成果资料的质量评定结果；成果质量验收合格后，双方在移交书上签字，并办理移交手续。

2．移交的资料

移交的资料应包括：影像数据，标明飞行方向、起止影像编号的航线示意图，航摄相机在飞行器上安装方向示意图，航空摄影技术设计书，飞行记录表，相机检定参数报告，航摄资料移交书（包括航摄任务说明、航摄面积统计表和航摄资料统计表），航摄军区批文，航摄资料审查报告及其他有关资料。

3．验收报告

航摄委托单位代表完成验收后，应写出验收报告。报告的内容主要包括：航摄的依据——航摄合同和技术设计；完成的航摄图幅数和面积；对成果资料质量的基本评价；存在的问题及处理意见。

第三节　无人机移动测量应急响应预案

无人机移动测量具有快速响应、机动灵活、简单方便的特点，常用于应急测绘。应急事件的突发性，要求测绘无人机有完善的响应预案。本节主要介绍了应急测绘无人机的应急组织体系、应急响应和应急保障。

一、无人机移动测量应急组织体系

无人机移动测量应急组织体系可由测绘应急保障单位、应急测绘办公室、数据获取组、数据处理组、数据传输组、宣传后勤组组成，在上级测绘应急指挥中心和应急测绘保障处的领导下，快速开展应急保障工作。各部门职责见表8-4：

表8-4　各部门的职责

职责	内容
应急测绘办公室	在应急领导小组的领导下，负责组织实施应急测绘前方分队开展测绘应急保障工作；负责无人机中队、数据处理组、数据传输组和宣传后勤组人员的调度与管理；负责应急数据资料的归档管理与保密工作
测绘应急保障单位	在上级测绘应急指挥中心和应急测绘保障处的领导下，总体负责测绘应急保障工作，实时汇报应急工作动态
数据处理组	负责应急数据的快速处理工作，快速生产应急专题图、正射影像图等应急专题产品
数据获取组	负责快速获取应急测绘数据，负责应急现场任务装备的管理与维护工作
宣传后勤组	负责应急现场摄录和宣传工作，负责应急测量调度与管理，做好应急现场人员后勤保障工作
数据传输组	负责将现场数据资料传输、传送至上级指挥中心

二、无人机移动测量应急响应

当辖区内发生重大突发公共事件，或者收到上级测绘应急指挥中心和应急测绘保障处开展应急测绘工作指示后，应急领导小组和应急测绘分队成员应立即按照应急测绘响应要求开展应急测绘保障工作。

①Ⅰ级响应：当辖区内突发公共事件造成或预判可能造成大面积、大范围的人员死伤、公共基础设施损毁和经济损失，或者收到上级测绘应急指挥中心和应急测

绘保障处测绘应急保障Ⅰ级响应指令时,应急测绘中心立即启动测绘应急Ⅰ级响应。应急领导小组、应急测绘办公室、无人机中队（至少两个机组）、数据处理组（至少两个处理组）、数据传输组及宣传后勤组所有人员,以最快速度响应,立即奔赴指定地点集合,迅速向事发区域或地点出发。

②Ⅱ级响应:当辖区内突发公共事件造成一定面积和范围的人员死伤、公共基础设施损毁和经济损失,或者收到上级测绘应急指挥中心和应急测绘保障处测绘应急保障Ⅱ级响应指令时,应急测绘中心立即启动测绘应急Ⅱ级响应。应急测绘办公室负责人以及无人机中队（至少一个机组）、数据处理组（至少一个处理组）、数据传输组,以最快速度响应,并按照规定时间奔赴指定地点集结出发。

③Ⅲ级响应:当辖区内突发公共事件造成小范围内人员死伤、公共基础设施损毁和经济损失,应急测绘中心立即启动Ⅲ级响应。应急测绘办公室、无人机中队、数据处理组、数据传输组等有关人员做好随时集结出发的准备工作。

三、无人机移动测量应急保障

灾害具有突发性和不确定性的特点,应急测绘队伍应不断完善应急测绘工作机制,积极开展应急测绘新技术研究与转化应用,做好日常应急装备维护保养;持续开展队伍训练,保持并稳步提升应急战斗力,在灾害发生时做到立即响应、分工明确、迅速行动。

1. 应急装备维护

在非应急状态下,无人机中队和数据处理组需做好应急装备的日常维护保养工作,并按月进行装备维护检查,填写并提交应急装备维护保养记录表,及时解决装备存在的问题或隐患,以保障应急状态下装备完好、齐备、整洁。

具体维护工作如下:

（1）机库维护及装备储备

维护内容:①应急装备储备。应急装备及配件均需满足在任何情况下的应急测绘需求,所有零配件均需按照台账的形式登记,每次使用完成以后,需及时补充更新。负责人需实时关注装备储备数是否满足应急需求,在汛期按周提交应急装备储备表,其他月份则按月提交。②机库维护整理。保持机库的整洁性以及机库内装备放置的整齐性,所有装备均按照"下重件、上轻件"的原则整齐摆放在机库内,任何零配件均需以储备箱的形式分类摆放,在每个储备箱上都以标签的方式注明。在任何情况下使用完成以后,均需放回原位。

（2）飞行平台

装备组成:无人机机身、机翼、水平尾翼、发动机、弹射起飞系统、遥控器、电池、自动驾驶仪、GPS 模块、机载数传电台、差分系统。

维护内容：检查飞机机身的整体性，如有开胶或裂损现象及时处理。检查飞机各设备固定螺丝是否有松动或缺失；转动发动机检查缸压是否正常，并打开化油器和火花塞，使用化清剂清洗；启动发动机检查发动机是否正常工作，转速是否正常，油门曲线是否平稳；检查弹射架各部件有无松动或损坏，确认钢绳没有断头现象；检查弹射架滑道上减震海绵垫是否有板结变形现象，如有则及时更换；通电测试自驾仪是否正常工作、GPS 是否正常定位、各个舵机是否工作正常、各个舵面是否转动灵活。

（3）地面监控站

装备组成：数传电台、地面站计算机、信号天线、机载数码相机。

维护内容：检查数传电台天线连接头是否完好，通电测试通信是否流畅；在地面进行通信距离测试，检测电台是否正常；检查机载相机的镜头是否有灰尘或污点，如有，立即使用专用清洁工具清洁，避免损伤镜头镀膜；开机检查拍照等各项功能是否正常；机载数码相机储备数不得低于 2 个，每个相机配 2 块电池，如相机数量不足应立即报告应急测绘办公室，并及时补充。

（4）辅助设备及常用工具

装备组成：电池、充电器、启动器、加油泵、汽油桶、工具箱、环氧树酯、碳纤维布、卫星电话、对讲机、3G 网卡、宣传与后勤装备。

维护内容：镍氢电池、锂电池应将电充满存放，每月对电池进行维护保养；使用充电器对电池进行充放循环，对放电量达不到出厂容量 70% 的电池应停止使用；清点配件及易损配件，备用螺旋桨数目不得低于 10 个，备用舵机不低于 5 个；起落架不少于 3 个；GPS 天线数量不少于 3 个；检查并保障有满足应急需要的油料；检查卫星电话、对讲机、3G 网卡是否正常工作；保持宣传与后勤装备的储备数和整洁性；检查工具箱内各种工具是否齐备，如有缺少，需及时补充。

（5）车辆

装备组成：应急监测车、越野车等满足应急测绘需要的车辆。

维护内容：所有车辆内外部需保持整洁；车辆达到规定保养里程时，需及时保养；车辆应停放在不易被阻挡的位置，油量始终保持在 2/3 箱以上；检查轮胎气压有无缺气、漏气现象，如有，需及时加气或补胎；检查车辆是否能够正常发动、电瓶电压是否正常（若低于 12V 应及时充电）、机油、刹车油、防冻液等是否充足，如缺少，需立即补充。

（6）数据传输设备

装备组成：应急监测车内计算机、UPS、发电系统。

维护内容：检查应急监测车内的计算机、UPS、发电系统、卫星传输系统是否工作正常。

（7）数据处理装备

装备组成：数据处理软件、移动图形工作站、软件狗、绘图仪、移动存储设备。

维护内容：定期升级图形工作站系统安全防护软件，删除不需要的文件，备份重要文件，优化系统操作速度；同时，定期给计算机做清洁，日常使用过程需注意防尘、防高温、防磁、防潮、防静电、防震。确保数据处理软件、软件狗、移动存储设备和绘图仪均可正常使用，以保持装备在应急现场发挥最佳性能。

2．应急队伍训练

应急队伍训练的主要内容，见表8-5。

表8-5　应急队伍训练

项目	内容
无人机操控训练	在执行生产任务过程中，无人机中队需同步开展无人机操控训练，提升在复杂地形地貌、天气情况恶劣、起降条件不佳等各种环境下的航线设计和飞行操控能力。同时，开展机务人员和地面监控站人员之间的轮岗训练，要求机务人员能够熟练操作地面监控站、设计飞行航线，地面监控站人员能够熟练独立完成机务工作
应急操练	由应急测绘办公室负责，每年举行应急操练不少于一次，模拟实战应急，检验和完善测绘应急保障工作规范，提高测绘应急保障能力
数据处理训练	保持数据处理训练的常态化，要求数据处理组的所有人员针对不同测区的无人机数据，每月进行一次生产训练，不断丰富数据处理经验，提高数据处理速度

第九章　无人机移动测量应用研究

第一节　无人机移动测量在应急保障和
数字城市建设中的应用

一、无人机移动测量在应急保障中的应用

无人机移动测量能及时提供区域现状信息，增强对突发自然灾害和公共事件的响应和处置能力，广泛应用于地质灾害监测预警、森林火灾监测救援、公共安全应急保障等领域，为应急决策提供技术支撑和信息服务。本节将以地质灾害应急监测、森林火灾救援预警、公共安全应急保障为例，介绍无人机移动测量在应急保障中的应用。

1. 无人机移动测量在地质灾害应急测绘保障中的应用

近年来，地质和自然灾害频发，准确快速地获取区域范围内受灾区的高空间分辨率影像，对防灾减灾和快速应急响应至关重要。无人机航摄系统不仅可以机动灵活、高效快速、精细准确地获取测区范围内的地形信息和高空间分辨率影像，而且可以在云下摄影，这对于恶劣天气中的应急救灾和地质灾害调查和评估极其重要（李淼淼等，2013）。

灾害发生后，需要迅速、准确地获取灾情信息，快速评估出灾害损失，制定出救灾策略。以往，灾情信息的获取主要依靠人工实地勘测调查来实现，不但工作量大、效率低、费用高，且存在着很大的人身安全隐患。随着技术的发展，卫星影像的获取在一定程度上代替了人工实地勘察，成为一种有效的灾情获取手段。但是，由于卫星受运行周期及空间分辨率的限制，不能满足灾后影像获取及时性的要求，在一定程度上限制了其在应急救援方面的应用。传统的载人航空摄影要考虑到飞行人员和设备的安全，且受到气候条件和起飞场地限制，成本较高，无法保证数据的实时采集。无人机航摄系统能获取实时影像，成本低、分辨率高，不存在人身安全隐患，在灾害应急救援中具有广阔的应用前景。

利用无人机航摄为地质灾害区域监测和救援提供及时应急响应所达到的效果，充分说明系统可以快速获取，能够生动而又直观地及时反映现状的高清晰地表影像数据。通过后期加工处理和数据利用，还可生成 DEM、正射影像图、三维虚拟景观模型、三维地表模型等三维可视化数据，便于地质灾害的调查评估，有利于提早防治。在紧急情况发生时，无人机可做到快速响应并在远离危险地区的地点起飞，奔赴人员不能到达区域。在取得热点区域的影像后，一般不需要对其进行精确的坐标定位，就可实现快速拼接，在第一时间获取受灾地区的影像数据，为抢险救灾提供及时的数据保障（王国洲，2010）。

根据无人机技术进行灾害监测，主要包括任务规划、飞行控制、影像处理、综合分析和数据管理 5 部分。任务规划负责确定监测范围、监测目标、飞行环境和飞行参数；飞行控制负责安全航拍采集监测影像；影像处理负责对监测影像进行技术处理、有效关联和全景拼接；综合分析负责对处理后的监测影像进行判读，定性或定量地描述监测结果；数据管理负责归档各类历史影像资料，逐渐形成影像资料库（李云等，2011）。

作为无人机灾害监测成果的吸收者，灾害管理部门主要关心的是如何综合分析、正确判读处理后的无人机影像，以达到识别受灾体、准确判断灾情的目的。

目前，在救助阶段，利用无人机影像进行灾害监测的方法主要是通过人工判读方式，借助案例和经验，识别和分类提取灾区反映灾情的地物目标，采用定性或大致定量的方式描述灾情。同时，结合不同时相、不同来源数据的对比和交叉验证，分析灾害特征目标的空间位置、地理分布、形态变化和灾害损失情况。具体包括：确立反映灾情的各项灾情指标，如农作物受损面积、倒损房屋数量、灾民状况、基础设施状况和公路桥梁坍塌情况、山体滑坡、崩塌、泥石流等；确定各项灾情指标地物在无人机影像中的位置，按照指标的不同功能和不同结构分区，根据资料掌握情况，通过多时相影像的变化判读指标地物受损程度；结合其他多源高分辨率影像，综合对比验证判读结果，提高判读准确度。

在应急处置阶段，对临时安置区、救灾帐篷等进行持续监测，分析安置点布局的合理性；在损失评估阶段，通过判读无人机影像，结合地面抽样调查和舆论等信息，对城市人口聚居区和农村离散分布居民区房屋倒塌、损失情况进行监测，分析不同功能结构、不同用途房屋倒塌、严重受损和轻度损害比例；在重建规划阶段，建立灾区三维实景模型，结合规划模型分析重建方案的合理性和适用性；在恢复重建阶段，对重灾乡镇进行抽样监测，通过不同时相的数据对比分析，判读开工、在建和竣工房屋数量和比例，分析灾区恢复重建进度。

（1）灾情信息评估

重大自然灾害如地震、水灾、冰雪等具有突发性强、灾害范围广、破坏性大特点，往往会造成重灾区信息通信中断和道路交通破坏，灾情信息不畅将导致抢险救灾盲目部署，继而造成更大的损失和次生灾害（陆博迪等，2011）。无人机低空航摄系统具有很高的机动性、灵活性和安全性，可获取多角度、高分辨率影像，不受高度限制和阴云天气影响，且系统成本及影像处理费用较低，可为决策者提供准确、详细、及时的第一手资料。在低空领域、小区域具有一定的优势（马瑞升等，2005），能实现高危目标的实时动态监测，为各级领导和抗震救灾指挥专家的决策，提供及时可靠的数据和信息支持。

对无人机遥感数据进行图像拼接与几何校正，正射精校正等处理后与高精度DEM融合制作出测区三维模型，通过分析三维可视化图像，结合地形资料，对灾区进行了灾害信息获取和灾情评估。实践表明，在灾害应急和复杂地形条件下，使用无人机低空航摄及其三维可视化技术进行实地数据采集和信息提取，能够对震后各种实时情景进行精确描述，为决策者提供准确、详细的第一手资料，更好地服务于应急救灾（何磊等，2010）。

1）正射纠正及三维可视化

实现无人机影像三维可视化的技术和思想，就是依据DEM建立表面模型来显示真实地形，然后再将影像进行纹理叠加来显示地表细节，充分发挥计算机图示技术和虚拟现实技术的优势，利用影像、地理要素和文字符号标注等多种数据生成三维地形影像。

灾区无人机影像解译三维可视化主要包括表9-1中的内容。

表9-1　灾区无人机影像解译三维可视化主要包括内容

项目	内容
三维可视化产品输出	根据选择的飞行路线，逐条生成影像地质解译三维可视化及影像动态分析系列动画，并把这些产品转换成了通用动画所支持的格式打包，提交给有关的工作人员使用
影像数字处理	影像数字处理的目的是对原始影像进行辐射校正、几何校正和投影差改正等，最终制作出统一规格标准的高质量影像，以提高解译应用效果
三维飞行路线选取	根据工作区的地质构造复杂程度和工作需要，按照一定的规则进行飞行勘察路线部署
高精度DEM生成	高精度三维立体图像需要高精度的DEM来支撑，在影像的正射处理中，各像点的投影差改正也需要对应点的高精度DEM

续表

项目	内容
三维可视化系列动画产品制作	首先进行三维飞行的参数设置，如航高、时速、夸大系数、屏幕大小、视角设置及背景效果等；然后再根据布置的飞行路线完成三维动画制作
灾害信息提取	地震次生灾害（滑坡、堰塞湖等）、地质构造、岩溶地貌解译和影像判读等

影像三维可视化，是在高程表面模型（DEM）上覆盖影像、地理要素和文字符号标注等多种数据，从而生成的三维地形影像。不同类型数据的集成套合，是以地理坐标为组织的，因此在套合成三维影像时必须做到不同数据间的坐标配准，将同一地区不同来源的影像、地理要素和文字符号转换到同一坐标系中。

以地形图的地理坐标作为配准参考，进行数据坐标转换。其中 DEM 由地形图上数字化得来的等高线或高程点生成，因此已实现了与地形图的坐标配准。无人机影像在进行几何纠正时，已实现了与地形图间的配准。这样 DEM 和影像都是依据地形图内容而进行的特征数字化或文字符号注记，与地形图存在于同一坐标系中，无须进行再次配准（李玉霞等，2007）。考虑到模拟飞行观察效果、计算机处理能力，以及编辑操作简便易行等因素，叠合后生成的三维影像实现了三维地形影像模拟飞行的动态观测。

2）灾情地质信息评估

无人机航摄系统能提供完整影像，且分辨率较高，经过灾害区域校正、对象增强处理，结合部分地理信息，能满足对灾害信息的快速定量评估与解译要求，实现灾害特征及感兴趣目标点的解译与空间统计分析，提供灾后恢复与重建详细统计数据的信息支撑（易美华等，2003）。灾害定量信息评估与解译包括：

①滑坡。根据影像的比例尺和方向，判别滑坡的长度和宽度，以及滑动方向。由于无人机影像重叠度较大，通过立体像对可快速提取滑坡体高度和厚度，再通过地质图的资料对比，可准确得出滑体的主要岩性。

②崩塌。进行崩塌体长度、宽度信息的提取。与滑坡基本一样，灾害区崩塌体的平面规模与其厚度有相关性，可通过崩塌体的长度推算其高度。

③泥石流。泥石流沟的判读主要是通过对沟道内松散固体物质的辨识获得。一般通过专家知识库及相关经验，判断具备爆发泥石流所需要的地形条件。

④堰塞湖。堰塞湖是由于河道岸上滑坡（崩塌）阻塞河道所致，堰塞坝为阻塞河道的滑坡体。可判读出堰塞坝的平面规模，结合其高度，确定堰塞坝体积。在灾区三维动态影像上，可以根据堰塞体的回水位置，确定其高程，结合地形图数据，计算坝体位置水深。通过坝体前、后的有水和无水区位置，可以确定坝体的高度，

从而计算出堰塞坝的体积。堰塞湖的流域面积可通过地形图量算，再配合水文以及气象资料，计算出有关汇流以及水位上涨信息。坝体的稳定性评估，除了对堰塞体的组成物质进行判断外，还需要深入到现场考察。

（2）灾区道路损毁评估

灾害往往造成惨重的人员伤亡和财产损失（王文龙，2010）。道路损毁严重，不能正常通行，是影响救援人员和设备物资难以迅速抵达灾区的直接原因（王秀英等，2009）。交通线的快速抢通决定了救灾工作能否快速高效地开展，也是灾后救援工作的首要任务（常燕敏，2013）。被混有岩块的崩塌体所掩埋或者路面严重塌陷，严重阻碍了交通工具的通行及救援人员进入灾区进行救灾工作（秦军等，2010）。地质灾害发生后，救援人员无法及时进入灾区进行救援行动，会错过最佳救援时间，造成人员大量伤亡。如果震后可以对被损毁的道路快速评估，根据评估结果制定合理的打通通往灾区的生命救援线的措施，对抢险救灾的顺利开展是至关重要的。

以灾后无人机影像和震前的 DEM 为数据源，通过摄影测量软件对低空无人机影像快速处理得到震后高分辨率的 DEM 和 DOM；通过基于特征提取的 DEM 自适应匹配算法，将震前与震后的 DEM 无控制点匹配；根据地质灾害及次生地质灾害、道路的影像信息特征，通过对正射影像镶嵌图目视解译识别道路及灾害体的范围并勾绘；运用地理信息空间分析技术提取道路损毁区的 DEM 范围并对道路损毁区滑坡体的体积或道路塌方量进行计算；根据道路损毁区震前与震后高程差、损毁长度、掩埋体的组成成分、土方量及施工机械性能等因素，对道路损毁类型、损毁程度和抢险工期进行预测分析。

（3）灾区损失评估

无人机影像用于灾区经济损失评估技术路线如下：综合市政功能、道路和河流分布等情况，完成震区空间格网分区；制定受损评判等级，并使用高分辨率无人机影像数据，按照评判等级判别灾区受损情况，并结合现场评估组实地调查数据进行核准和修正；综合上报灾情、农业普查和国土资源调查等数据，通过空间统计分析，得到不同类型和等级的地物受损面积；根据地物受损等级和受损面积，结合经济数据信息，推算震区经济损失。

无人机影像是整个灾区经济损失监测评估的关键依据，直接影响监测评估中对地物受损等级的评判以及对各等级倒塌、损失房屋面积的计算。解译无人机影像直接决定灾情评估结果，相比其他统计、上报、抽样等固定计算数据，解译（综合分析）主要靠人工判读。由于解译过程中对地物破坏程度的定义和理解存在差别，可能造成对受损等级评判不同，容易产生偏差，影响最终监测评估结果的准确性（李云等，

2011)。所以，一方面要求尽可能获取高分辨率、高精度无人机影像，便于人工清晰识别地物；另一方面要求统一人工判读标准，提高人工判读经验，便于准确判定地物的受损等级和面积。

（4）灾场重建

近年，自然灾害多发、频发，对社会经济与安全的威胁十分严峻。人类尚难改变或控制自然灾害发生的时间、地点与规模，但快速、机动、可靠的应急测量可为灾情评估、灾害链分析、减灾救灾等提供灾情信息和决策支持（沈永林等，2011）。

无人机灾害应急测量系统以快速探查灾情、掌握受损地物空间信息为主，可为应急协同观测提供空间局部参照和联络服务。依据计算机视觉原理，利用无人机搭载可见光相机获取的高重叠度、高分辨率影像以及飞控系统提供的无人机位置信息实现灾场三维重建，技术流程包括数据预处理、特征提取、影像匹配、运动与结构重建、地理注册等。

基于无人机影像的灾场重建技术，可在不依赖相机校验或其他先验信息提供位置、姿态或几何关系前提下，从无序的无人机影像中自动恢复相机位置、内外方位元素及灾场特征点云信息，并可依据无人机飞控提供的位置信息实现点云数据的地理注册，为应急协同和一体化作业提供参考。该方法主要包括数据预处理、特征点提取、影像匹配、运动与结构重建、地理注册五步，具体内容见表 9-2。

表 9-2　基于无人机影像的灾场重建技术

步骤	内容
数据预处理	本步骤主要进行数据分析和影像质量检核。无人飞行器受偏向风干扰，使得影像重叠率不规则（旁向重叠率相差较大）、畸变较大，影像间明暗对比度不尽相同；飞控系统 GPS 采用动态绝对定位，定位精度较低。故需检查影像的清晰度、层次的丰富性、色彩反差、色调等，手动剔除明显模糊、重影和错位的影像
特征点提取	在目标识别和特征匹配领域，基于局部不变量描述子块的特征点提取方法成果丰富。针对高分辨率无人机影像进行特征点提取时，易出现计算机内存不足等问题，可以采取分块策略，即在每一子块上分别提取特征点，然后合并子块生成最终结果。此外，为避免各子块交界处特征信息丢失，需确保块与块之间有一定的重叠度
影像匹配	在确定各影像提取的特征点位置并建立相应局部特征描述算子后，选择相似度准则，建立各影像间的关联关系。具体过程包括：影像间的粗匹配，进一步剔除误匹配点，最终得到满足对极几何约束的匹配特征点对
运动与结构重建	计算机视觉中，运动与结构重建是指从二维图像对或视频序列中恢复出相应的三维信息（李德仁等，2006），包括成像摄像机运动参数、场景的结构信息等。可以采用通用稀疏光束法平差法解决目标函数的非线性最小二乘问题，通过逐步迭代不断最小化投影点与观测图像点之间的重投影误差，解算出最佳相机位置、姿态，进而得到测区三维点云坐标

步骤	内容
地理注册	地理注册是指实现从三维重建点云坐标到地理坐标间的映射变换过程，包括基于参考影像（如卫星影像、数字高程模型等）的配准方法和直接地理坐标（如相机的 GPS 位置信息）注册方法。运动与结构重建得到的点云坐标是任意空间直角坐标系下的，实际应用中需将其转换为 WGS-84 等坐标系下才能进行重建模型误差评估及灾损量测工作。针对灾害应急条件下地面控制点布置困难等问题，考虑在无地面控制点条件下，可尝试利用无人机飞控系统提供的辅助数据实现地物三维坐标的自动解算

　　已知拍照时刻飞控系统记录的相机 WGS-84 大地坐标（B，L，H），可将其转换为 WGS-84 空间直角坐标。此外，已知三维重建得到的相机在任意空间直角坐标系下的坐标，可将其与前者进行空间匹配与相互转换。当两坐标系下公共点数大于3 时，可采用布尔莎七参数模型及间接平差原理组成误差方程式，利用转换矩阵求得转换参数，并可排除飞控数据中 GPS 位置异常点。最后，利用求得的转换参数，将整个点云模型转换到 WGS-84 坐标系下。

　　低空无人机以其机动、快速、经济等优势，在灾害应急事件中逐渐发挥作用，而灾场三维重建也因其突破了常规无人机遥感无法快速提供三维空间信息的局限，在灾害测量中的地位日益凸显（沈永林等，2011）。

　　基于低空无人机影像的灾场三维重建是在无地面控制点条件下，利用无人机自身飞控系统记录的低精度位置信息实现重建模型地理注册。利用地面布设的标志点，进行灾场重建模型的误差评估与分析，虽然模型的绝对误差较大，但其相对误差较小，可满足灾害应急测量与灾情评估需求。此外，通过利用地面控制点约束模型重建，大幅降低了模型的绝对误差。基于无人机影像和飞控数据的灾场重建可实现低成本、较可靠的灾情应急测量，可为灾损目标精准识别、灾情快速评估提供强技术保障。

　　（5）灾后重建

　　针对灾后重建规划设计的需要，将重建规划设计模型直接引入三维地理信息系统环境。与卫星影像数据相比，无人机获取的影像在三维可视化中能提供更详细、更丰富的几何和语义信息。采用设计模型与三维地形景观相结合的技术，能实时再现设计成果，避免复杂环境下二维图形带来的思维局限性和片面性，提高设计效果的真实表现力（鲁恒等，2010b）。

　　对无人机影像进行几何纠正、影像拼接，利用摄影测量方法生成测区的 DEM，进而将影像制作成正射影像图；将无人机影像纹理映射到 DEM 上构建灾区的三维地形景观，并以正射影像图为底图对安置区的地物进行三维建模；最后根据规划和管理需要，编制三维景观系统，实现地震灾区三维景观的浏览、查询与分析。实践表明，采用无人机影像制作的三维景观图具有分辨率高、形象逼真等特点，可为灾区重建提供丰富翔实的信息（李军，2012）。

地震后灾情及灾后重建信息的实时性和准确性非常重要，相比于卫星影像和航空影像，无人机低空的影像空间分辨率更高，更适合作为精细三维建模的地形底图，且建立的地表纹理具有更逼真的效果。救灾中，无人机影像三维景观系统的建立，为决策者及时了解震后灾区的房屋、道路等损毁程度与空间分布，地震次生灾害如滑坡、崩塌，以及因此形成的堰塞湖的分布状况与动态变化等，提供了有效的数据来源和分析手段（周洁萍等，2008），将三维建模和空间分析结合起来，能够为有关规划、建设和管理部门提供基础信息及科学决策平台。

灾区三维景观系统具体制作流程如下（李军等，2012）：对获取的灾区无人机影像，进行畸变差改正、几何纠正、影像拼接等一系列处理，将生成的无人机影像地表纹理映射到已经建好的 DEM 模型上构建三维地表景观；从拼接好的无人机影像上提取地物的数字线划图（对影像上无法获得的数据和信息通过现场测量和调查方式获得），进行地物的三维精细建模；将建立的三维地表景观与三维地物等空间数据叠加生成灾区的三维景观；根据灾区情况，编制三维景观系统，实现三维查询和分析功能。

（6）应用价值

灾害往往带来重大的破坏和人员损失，而且造成灾害地区信息设备受到破坏，从而信息封闭，加之灾后的地区往往车辆人员不能及时到达，因此在灾害发生后，如何及时取得灾害信息及信息传输成为迫切的问题。使用无人机来完成灾情监测与评估工作，无论是在留空时间、使用成本、耗费人力资源上，还是在恶劣环境作业要求、长时间飞行作业要求、人员生命安全要求以及图像分辨率和工作效率上，都优于载人飞机和卫星。无人机系统具有一些独特的优势，它可在复杂地形、复杂天气下飞行，可以在许多特定的领域如高污染、高辐射、高风险领域执行飞行任务，因此，低成本、多用途的测绘型无人机系统技术在灾情监测与评估工作中具有必要性作用（蒋令，2011）。

在国家重大自然灾害监测方面：利用无人机飞行机动、快速、覆盖范围大、任何条件皆可以到达等特点，迅速对灾情做出监测，将灾情速报一直是无人机自然灾害监测中的重要特点。在地震、洪涝、特大泥石流、雪灾、森林大火等灾情监测工作中，利用无人机测量技术，能快速获取灾区影像，经过校正和灾害区域、对象增强处理，结合地理信息，能满足对灾害的快速定量评估与解译要求（蒋令，2011），可以在较快的时间内完成灾区的建筑物、公路、生态环境等几个大的灾情勘察监测报告，达到快速摸清灾情的目的，为灾害处理决策工作提供重要的依据。

减灾救灾科技支撑方面：在减灾救灾工作中最重要的便是完善灾害监测网络，加强地震、气象、水文、地质、森林草原火灾等各类灾害监测系统建设，建立灾害监测预警体系。无人机航测系统可以为灾害监测预警系统提供灾后影像图和灾后地形图，实现国家减灾救灾重大需求与现势性资源的有机结合，提高灾害预测预警系统的工作机能。

灾后重建工作方面：大灾后的灾区重建是一个庞大而复杂的系统工程，可以结合灾区的地形、地质、社会经济等数据，对灾区重建选址和移民搬迁做出决策。

在汶川地震灾害救助过程中，民政部门首次实战运用无人机航测技术。实践证明，该技术对灾害救助具有积极的推动作用。

①提高了灾情监测能力。在恶劣的灾害环境（如地震、雪灾、山洪等）和地理条件（如高山险要地区，人员无法抵达地区）下，遇到受灾地域广、救灾任务紧的时候，可以借助无人机快速飞抵受灾现场进行监测灾情，为灾害救助提供决策支持，提高灾害救助的时效性。

②提供了客观的灾情数据。根据无人机影像，可以排除现场人为灾情信息采集时表述不清、意见相左等主观因素影响，有利于对灾害损失程度做出正确判断和评估，制定科学、合理的救灾方案，避免灾害救助的盲目性。

③监督了灾后恢复重建进展。无人机影像不但可以作为灾区灾后恢复重建规划依据，也能作为恢复重建工作监测和督查、援建项目验收和评判的依据，实效明显。

④提升了预警监测水平。以无人机为载体，采用航拍手段进行灾害监测，利用航拍影像，建立相关的减灾救灾预警数据库，有利于提高灾害预警的准确性。

⑤健全了对地观测技术在减灾救灾中的应用。利用无人机航测技术进行灾害监测，很好地弥补了卫星、航空等对地观测精度、频度和时效上的不足。

2. 无人机移动测量在森林火灾应急测绘保障中的应用

在以卫星、航空巡航、瞭望塔、地面巡护为依托的森林立体防护体系中，无人机系统具有安全性高、受气象条件影响小、起降方便、维护使用成本低、可近距离观测、航测面积覆盖率大等特点，可以作为一线森林防火的监测平台，搭载专业的自动化火情预警系统，在实时数据采集、火情自动识别等方面建立和完善更加全面的立体防火信息化体系，从而为林场提供专业的防火解决方案，提升获取预警能力，降低森林火灾的损失（侯海龙，2013）。

（1）技术路线

基于无人机影像的森林火灾应急系统是利用无人机及时准确地获取森林火灾现场信息，利用林火蔓延模型实现对火灾现场火势的计算机推演，辅助指挥人员做出正确决策。它是建立在现有的森林资源数据库、防火信息数据库、林区大比例尺电子地图和无人机影像数据的基础上，利用 GIS 平台展现火灾现场场景，为救灾指挥提供各种资源信息。这些信息分为背景（静态）信息、气象动态信息、火场现势信息、扑救资源与人员位置信息、间接分析信息等。其中静态信息主要包括火场的地形地貌、森林资源类型及分布、河流水系、交通状况、防火力量、防火设施设备、居民地分布等；动态信息包括实时的气象信息（温度、湿度、风力、风向）等。火场现势信息主要是指无人机拍摄的火区高分辨率影像以及基于影像提取的过火区范围；预测信息主要指各时间段林火蔓延扩散信息；间接分析信息主要指通过 GIS 空间分析产生的中间数据。

通过对上述各类信息的集成与分析，实现对火灾蔓延趋势的预测分析。同时，结合应急预案，建立集防火资源的统筹组织与配置、基于"资源"的最佳路径分析，以及基于电子地图动态标绘于一体的应急服务系统。

（2）应用价值

弥补传统森林防火系统的不足，强化系统的模拟可视化和空间分析功能。将林火蔓延数学模型与 GIS 平台相结合，使理论成果在实践中的应用成为可能，实现复杂的林火蔓延过程的计算机模拟和推演，借助 GIS 平台以可视化的手段表现出来，为决策指挥者提供直观、准确的火场信息，辅助展开林火扑救工作。借助 GIS 平台，增加系统的空间分析功能，将地理信息系统的空间数据输入、管理。空间查询、空间分析、分析结果可视化输出等功能应用于火灾应急领域，更好地服务于森林防火工作。

将无人机技术与 GIS 的结合，推动着林火模拟研究向着系统化和集成化方向发展。将 GIS 技术与无人机实时数据采集结合起来，建立林火地理信息系统，利用 GIS 平台对林火的各类信息进行可视化显示；同时将无人机系统作为一线森林防火的现势数据获取平台，实时数据采集、监测不同时段的火灾变化情况，并将实时获取的火情数据、环境数据与林火蔓延的数学模型结合动态推演林火扩散范围，实现及时掌握火情态势辅助决策，为政府职能部门做出扑火方案提供科学依据。

实时监测数据与预测模型的有机结合，有助于提高林火扩散模拟、预测的准确度以及反馈火场行为指标的测量精度，更有力地辅助林火扑救指挥工作。

通过将实际火场动态监测数据与林火扩散模拟有机结合起来，将林火现场的动态环境数据和实际监测的火场数据实时输入至林火模型，并在此基础上对模型参数进行拟合修正，实现林火蔓延模拟与火灾现场之间的动态反馈，达到模型参数的自动修正，使模拟结果逐步趋于林火蔓延的实际情况。不仅可以从总体上有效提高林火扩散推演的模拟精度，而且能够相对准确地计算林火行为指标（火区周长面积、火线强度、火区温度、火焰长度）和掌握林火扩散态势，为林火扑救指挥提供客观的火场信息，辅助决策指挥。

总之，在现有的森林资源数据库、防火信息数据库和林区大比例尺电子地图的支持下，利用 GIS 平台模拟火灾现场场景，集成并展示指挥决策所需的森林火灾现场的各种信息。同时，利用无人机及时准确地获取森林火灾现场信息，对无人机原始影像进行快速拼接以及重要信息提取；利用 GIS 工具对不同时段林火行为进行计算机推演模拟、浏览、输出以及对灾情及其趋势进行分析评估，防火资源的统筹管理、扑火路径分析等业务操作，提出对当前森林火灾进行有效扑救的解决方案，变有灾为无灾，变大灾为小灾，具有重要的实践和应用价值（侯海龙，2013）。

3. 无人机移动测量在公共安全应急测绘保障中的应用

公共安全包括处置突发事件、反恐作战、抢险救灾、重要目标监测、边防、海防巡逻侦察等多样化任务。随着国内外恐怖主义活动的增多和自然灾害的频发，国家安全部门所负担的任务日益增多。执勤任务的完成受地理、天气等环境条件影响较大，如何保证国家安全防卫力量在各种复杂、危险环境下，快速有效地完成任务，成为急需解决的问题。无人机对任务现场状况进行实时跟踪，将视频影像实时传输至地面控制系统，为领导和指挥机关分析、判断和决策提供依据，同时可以利用微型机载武器，实现杀伤性攻击。

无人旋翼机对起飞场地的要求较低，具有低能耗、高功效、受环境因素影响小等优点，适合安保部队处理突发事件、反恐、维稳等多样化任务需要，可以完成宣传威慑、高空监控、杀伤性与非杀伤性攻击等任务，维护公共安全（徐慧等，2011）。

二、无人机移动测量在数字城市建设中的应用

无人机影像分辨率高、信息丰富，可满足大比例尺数字化成图的成像要求，相比卫星影像，更适于"数字城市"建设，广泛应用于城市三维建模、城镇规划、小城镇建设等领域。本节将以城市三维建模和城镇规划为例，介绍无人机移动测量在数字城市建设中的应用。

1. 无人机移动测量城市三维建模中的应用

利用无人机低空摄影测量可获取城市或重点区域多角度的高分辨率影像，解决了普通航摄和地面摄影无法拍摄到的"死角"。利用航摄影像可生成 DEM 和 DOM，从影像中提取建筑物纹理，进行三维建模，省去地面拍照人工采集建筑物纹理这一传统工序，完成用于三维建模的建筑物纹理采集，实现全摄影测量方式三维建模（王洛飞，2014）。

（1）应用背景

目前城市三维建模的方法大致可以归纳为以下 5 类（易柳城，2013）：①利用传统的城市规划图和建筑物地形图，依靠人力实地采集地物点及纹理数据，该方法工作强度大且其适用性受到较大局限；②通过获取地物平面二维坐标建立地理信息数据库，设定虚拟高程及纹理信息构建三维模型，虽然数据冗余度低，但是真实感不够；③结合影像数据和 DEM 数据，建立大规模城市立体模型，但是要实现对具体地物进行量化查询与分析还有一定难度，该模型在数字表达上存在一定的粗略性；④通过航空或近景测量方法制取立体像对来建立地物的数字化模型，但这种方法存在精度不高或者工作量大的问题；⑤应用集成的多源数据获取手段，构建真实三维模型，该方法在表达精度、真实感、应用分析等实际需求上具有一定的优势，但是目前技术还不够成熟。

如何利用高分辨率的无人机影像快速建立多视角的可视化立体模型，一直以来在遥感、摄影测量还有计算机视觉等相关领域都受到诸多学者浓厚的研究兴趣（易柳城，2013）。与其他数字图像相比较，由于无人机影像其自身的特殊性，它们在处理方法上也有很大不同。无人机影像在拼接、匹配技术上已经有着比较成熟的应用。尤其是对拼接算法的应用研究上，国内外很多学者在其文献中都做过大量的理论与实践分析。基于无人机影像获取高精度 DEM 数据具有一定的可行性，通过实例采用检查点法对生成的 DEM 分辨率尺度范围进行分析，通过设定 DKM 栅格大小，并以内插中误差的大小来衡量 DEM 数据的精度，可以得到无人机低空影像合适分辨率大小的数字高程模型（胡荣明等，2011）。

不同航带线上的无人机影像具有一定的重叠度，对于利用高重叠度的无人机影像进行三维应用，也有一些学者做出了尝试性的研究。通过引入约束条件，从而提高影像上同名点的识别与匹配精度，在未知无人机飞行姿态条件下采用直接法进行相对定向，从而解算出空间任意点的三维坐标。实验证明，通过结合适量地面特征点，搭载 GPS 装置的无人机获取的地物影像对无人机影像三维建模具有有效性。另外，在缺少地物特征的地方，如道路等，在构建三维模型时会出现较大的噪声，通过平滑处理或者提高同名像素点的匹配精度可以消除噪声。

利用无人机航摄系统进行建筑物三维建模，王继周等（2004）提出了从单幅无人机影像上提取建筑物的结构、纹理信息来建立三维数字化模型的方法。通过计算求取影像的内外方位元素，解算出无人机摄影姿态以及模型比例因子，进而计算得出建筑物的高度。针对建筑物不同方向上的纹理信息，通过计算求得原始图像上的像素点坐标，利用双线性内插算法将求得的 RGB 值传递给纠正后的像素点。

（2）技术路线

针对现有无人机影像在三维数字化建模方法上存在的建模速度慢、精度不高、空间分辨率达不到要求，以及在建立 DEM 过程中产生诸多误差等问题，通过提取无人机影像特征点制取不同范围分辨率的 DEM，并且选取中误差和地面粗糙度为评价指标对生成的 DEM 精度进行质量评价，通过分析得出合适大小分辨率的 DEM。在地形可视化模型显示效率上采取多分辨率模型的方式来表达不同地形环境，这种方法的提出有效地解决了计算机内存与模型显示速度上的矛盾，使得三维模型的显示速度更快、适应性更强、质量更高、三维可视化结果更加理想。

基于无人机影像进行三维建模，步骤如下：分析影像变形原因，根据相机检校文件和控制资料，对无人机影像进行纠正处理；利用纠正后的无人机影像，提取不同分辨率的数字高程模型 DEM；根据 DEM 分辨率的质量评价机制，结合数据误差来源，对生成的数字高程模型进行评价，分析数据源和模型精度对 DEM 的影响；利用 DEM 建立三维模型，在模型建立过程中根据地面起伏情况，可采用自适应分割、合并的方法，快速建立三维模型；根据不同地形区域间分辨率模型的变换关系，构建地面多分辨率三维模型。

无人机影像高分辨的特征使其更加适合构建小范围区域的精细的三维地表模型。但是，由于软硬件各方面条件的限制，快速建立大范围的三维可视化地形还比较困难。对于具有大重叠度的无人机低空影像，如何有效提高同名点之间的识别精度，加强影像三维信息的获取都值得进一步研究。在构建地形模型算法的过程中，有效地加入性线等条件约束，根据地表情况自动地实现约束线条件下的三维地形建模是今后研究的主要方向。

2. 无人机移动测量在城市规划中的应用

城市规划对城市的发展至关重要，城市规划需要大量的大地测量测绘信息。采用无人机技术获取大量精度高的测量信息，根据测量信息制作数字地形模型，绘制大比例地形图，同时可以从不同角度拍摄同一地区的地理状况，从多方位了解目标区域的实际情况，促进有关部门和人员做出科学的城市规划决策，推动城市健康发展（郑期兼，2014）。

近年来，随着经济建设的快速发展，地表形态发生着剧烈变化，迫切需要实现地理空间数据的快速获取与实时更新。无人机数字航摄系统是快速获取地理信息的重要技术手段，是测制和更新国家地形图及地理信息数据的重要资料源，在应急数据获取和小区域低空测绘方面有着广阔的应用前景，起着不可替代的作用（王太坤，2012）。

在小城镇规划方面，目前我国仍有数以万计的小城镇规划缺乏高精度空间信息源。特别是许多小城镇地处边远地区，面积小、分布散，采用常规航空摄影耗费高、采用人工测量困难多、采用超轻型飞机姿态难控制，而无人机遥感系统以其独特的优势，可为1∶2000、1∶5000、1∶1万规划制图提供经济快速的数据源（王太坤，2012）。

在城区区域规划方面，随着城市信息化建设的进一步深入，目前新规划以及实施改造的城区非常缺乏所在区域及影响范围内的现势性强的大比例尺、高分辨率、高精度格网的数字测绘产品。无人机低空摄影测量可为重点区域提供高分辨率航摄像片、正射影像DOM、高精度数字高程模型DEM、数字栅格图DRG和数字线划图DLG等测绘产品（王洛飞，2014）。

在城镇三维规划方面，近年来随着计算机技术、遥感技术、摄影测量技术及其相关信息技术的飞速发展，使得通过快速获取地表信息并重建三维地表形态成为现实。以三维数据和影像为基础的遥感图像三维可视化技术，能产生更加逼真的环境模拟。

无人机获取的影像在三维可视化中能提供更详细、更丰富的几何和语义信息；采用设计模型与三维地形景观相结合的技术，能实时再现设计成果，避免复杂环境下二维图形带来的思维局限性和片面性，提高设计效果的真实表现力（鲁恒等，2010a）。

目前，规划设计常常是根据经验在平面上进行，忽略了竖向环境的影响，与实际偏离很大，项目难以实施。即使制作了方案和工作模型，也只能获得区域景观的鸟瞰形象，无法用正常人的视觉感受其景观空间，难以进一步推敲、修改方案。无人机高分辨率影像保证了地面的资源、环境、社会和经济等主要内容都清晰可见，能为地表模型的建立提供详细、丰富的几何和语义信息。

（1）技术流程

影像三维可视化利用DEM表达地形起伏要素，影像纹理表示地表真实覆盖和土地利用状况，直接将实地的影像数据映射到DEM透视表面，并可叠加各种自然的、人文的特征信息等空间数据，对提高规划设计水平和保障工程质量有重要作用（张永军，2009）。

基于无人机影像的城镇三维规划，技术流程见表9-3：

表9-3　技术流程

步骤	内容
影像数据获取	以无人机为航摄平台，合理进行航线设计及无人机影像获取
影像数字处理	以无人机获取的影像为数据源，对其进行畸变差校正与匀色处理、空中三角测量、DEM采集与检查、正射影像生成等操作

续表

步骤	内容
三维可视化	将 DEM 与全区域正射影像图叠加，并调整显示分辨率，达到最佳显示效果
规划设计应用	将生成的三维地形景观与灾后重建规划设计的模型相结合，综合考虑规划设计的合理性

（2）应用分析

从目前的情况看，规划设计中图纸上的设计方案是零碎的，缺乏对设计效果的感性表达。如果将方案可视化就可以一目了然，而规划方案可视化的平台是三维地形（鲁恒等，2010a）。三维虚拟景观和规划设计相结合，具有非常重要的现实意义。对于规划师，可以真实、直观地体验规划设计效果，将利用三维虚拟景观创建的区域三维景观模拟空间作为决策支持的辅助手段；对于社会公众来说，利用三维虚拟景观和多媒体技术创建的区域三维模拟空间，避免了以往规划设计图纸专业知识的欠缺，可通俗、形象、直观地感受、理解规划设计效果，能更好地理解规划师的意图，从而有效地参与规划设计和决策过程；对于政府管理人员，可将基于三维虚拟景观的区域三维景观模拟空间作为公众参与、展望未来和区域宣传的手段（党安荣等，2003）。

将规划设计引入三维虚拟景观环境，在景观规划中可以进行视域观察、空间体验、环境分析和方案优化等，施工开始前就可以有效地发现景观规划设计的某些不合理处，以便及时修正（Muhar，2001）。基于无人机影像建立的三维地形景观具有很强的真实感和可读性，使地图的几何、语义信息更加丰富，可以广泛地应用于山地、丘陵和平原等不同坡度地区的规划和优化设计。将设计模型引入三维地形景观环境中，避免了复杂环境下二维图形带来的景观展示的局限性和片面性，提高了设计效果的表现力和真实设计的再现力。

第二节　无人机移动测量在地理国情监测和传统测量领域中的应用

一、无人机移动测量在地理国情监测中的应用

无人机移动测量能对土地、林地等资源的变化信息进行实时、快速地采集，提供区域现势性信息，实现对重点地区和热点地区滚动式循环监测，及时发现违规违

法用地、滥占耕地、非法开采矿山等现象，为土地、林地监察部门监察资源提供技术保障。本节将以国土资源调查为例，介绍无人机移动测量在地理国情监测中的应用；地理国情监测既是国家经济社会发展的必然需求，也是我国测绘和地理信息未来发展的重大战略之一。国家相关单位和技术人员针对无人机在服务于地理国情监测方面做了大量的研究和尝试，并将其广泛地应用到国情监测领域。主要包括农林、国土监测、环境监测、海洋监测、地质矿产勘查等。

1. 农林、国土、环境监测

农林、国土和环境监测是地理国情监测的基础内容，以往一般采用基于国外卫星数据影像长时间序列的动态监测方法，但是随着动态监测需求时间的缩短、分辨率的提高、常态化的发展，这种方法难以满足当前的需求（曾伟等，2013）。

国土资源监察工作的重要内容之一是对土地和资源的变化信息进行实时、快速地采集，对重点地区和热点地区要实现滚动式循环监测，对违规违法用地、滥占耕地、私自填湖、非法开采矿山、滥砍滥伐、破坏生态环境等现象要做到及早发现、及时制止。无人机航测系统在接到任务后，可以快速出动，及时到达监测区域附近，获取监测区域现势性高清影像，为国土、林业等监察部门查处违法行为提供技术保障（刘刚等，2011）。

通过无人机遥感监测成果，发现和查处被监测区域国土资源违法行为，建立国土资源动态巡查监管科技机制，做到对违法违规用地、滥占耕地、破坏生态环境等现象早发现、早制止、早查处。试验证明，无人机遥感监测系统具备高机动性、便捷性、低使用成本等特点，在土地利用、矿产资源及开发重点和热点地区的重复监测中具有独特的优势（王太坤，2012）。

目前城市建设日新月异，需要对城市核心地区及散落在城区内的多个建设区域进行动态管理，也需要不断地对这些大到几十平方千米，小到零点几平方千米的区域进行大比例尺、高分辨率、高精度格网测绘数据定期更新。利用无人机低空航摄系统可对重点目标进行动态监测，并可通过自动比较不同时期的DSM得到变化检测结果，通过DOM与变化检测的结果套合，得到直观的检测结果（王洛飞，2014）。

随着经济的快速发展，耕地、矿产资源等不断减少，生态环境面临严峻考验。全面、准确、及时地掌握国土资源的数量、质量、分布及其变化趋势，进行合理开发和利用，直接关系到国民经济的可持续发展。国土资源管理部门正在逐步建立"天上看、网上管、地上查"的立体跟踪监测体系，对土地和资源的利用情况进行动态监测，同时加大执法监察力度（韩杰等，2008）。

国土监察技术路线如下：选择一个重点区域，结合土地执法检查工作，接到任务后快速出动，及时到达监测区域附近；快速航摄获取监测区域高清晰度影像，制作土地利用现状图，并与进行比较、分析，圈出可疑违法用地影像图斑信息，作为违法用地行为查处的重要依据，由土地监察部门进行定性分析。也可以现场实现影像的预处理、空三平差、粗纠正、快速拼接，生成国土资源管理部门所需的标准化数据格式，通过影像匹配技术自动提取地物变化区域的信息，自动生成数据报表，快速发现土地和资源利用信息的变化情况。

2. 海洋监测

我国地处太平洋西岸，濒临渤海、黄海、东海和南海，海岸线绵长，岛屿众多，只有加强海洋测绘监测的能力才能更好地管理维护我们的海洋权益。我国正处于由一个陆地大国向海洋大国的迈进过程中，如何对周边海域进行常态测绘监测是一个非常关键的问题。海洋的地理环境与气象环境都比较特殊，主要面临以下困难：无起飞和降落场地；天气变化比较快，短时间内可能出现阴晴雨的交替；海风比较大等。无人机监测是海洋监测的重要手段之一，它主要针对海面目标或海岛礁进行常态监测（曾伟等，2013）。

随着国家海洋经济的提出，将无人机低空遥感运用于海洋监测，对海洋突发性事件、海洋灾害、海洋环境变化进行动态监测、实时追踪，为海洋预报人员快速预警提供实时的现场数据，为海洋管理部门提供科学的决策依据和解决方案。监测内容包括赤潮监测与分析、海面溢油的监测与响应，主要实现：定位赤潮发生区，定量赤潮面积；定位突发溢油事件，估算溢油面积及漂移路径；不管从海洋防灾减灾服务保障以及国家高新技术发展的需求，都迫切需要发展快速响应、精细化的海洋环境实时监测技术以及建立在新技术基础上的高效灾害预警报服务。无人机低空遥感海洋监测作为一个重要的、正在起步阶段的监测技术，一方面可以做到应急响应不受卫星过境时间限制；另一方面搭载多种任务载荷进行低空监测，可以克服南方多云和阴雨天气下传统的卫星光学遥感技术的缺陷，将极大提高海洋机动监测和防灾减灾应急监测能力，为海洋防灾减灾提供优质的服务（张永年，2013）。

3. 地质矿产勘查

矿产资源的开发、加工和利用在促进区域社会经济发展的同时，也引发了多种生态环境和社会负面影响。将多源多时相、高分辨率、高清晰度的无人机影像数据进行系统分析研究，综合考虑地下开采优化、地表沉陷控制，兼顾经济效益和环境效益，合理开发利用资源，实现资源的可持续利用（刘刚等，2011）；地质矿区开发引发生态环境的变化，矿产资源规划执行情况不清，缺乏客观有效的数据，由于缺乏实时监控使得违法行为频繁发生。无人机可以观测矿产资源开发引发的地质灾害，包括地面沉陷范围、地裂缝长度、塌陷坑位置、山体塌陷范围、崩塌位置、滑

坡位置等（曾伟等，2013）。

4. 气象、灾害应急监测

气象、灾害应急的监测往往伴随着气象或地理环境的急剧恶化。例如地震后，由于地震影响地球磁场，无线电与微波通信受到干扰，飞机仪表也受到了极大的影响，同时气象环境极差，重灾区不仅弥漫着厚厚的云层，而且含有大量的有毒气体，地震多发区往往地形复杂，所以常用的卫星与普通航摄无法及时获取地面情况（曾伟等，2013）。无人机航摄系统受天气影响小，在及时获取灾情信息、减灾救灾中发挥了独特的作用。

5. 土地执法检查

土地执法检查工作的特点是时间紧、任务急，使用最新的高分辨率影像数据是其开展工作的基础。这些地区虽然一般面积不是很大，但卫星遥感由于受其重返周期和天气等因素限制，往往不能及时获取到所需要的影像数据。而无人机系统所具备的快速反应和高分辨率数据获取能力，与其他数据获取方式相比具有明显优势（刘洋等，2014）。

二、无人机移动测量在传统测量领域的应用

随着无人机移动测量数据获取和处理技术的提高，其数据和产品精度越来越高，已经作为传统测量方式的重要辅助手段，逐步在传统工程测量如基础测绘、土地利用调查、矿山测量、海岸地形测量、管线测量、土地整治、大型工程建设、公路选线等领域得到广泛应用。

1. 无人机移动测量在大比例尺基础测绘中的应用

无人机航测不仅作业速度快，而且将大量的野外数据采集工作移到室内进行，减轻了野外工作量，大幅降低了作业成本。传统测绘方法只能提供数字线划图，无人机航测不仅能提供数字线划图，而且能提供 DOM、DEM 等成果，各种成果结合使用，成果丰富，方便直观。对于无植被覆盖，地形破碎以及地形复杂、地势险要的地方，很多地方人工难以到达，如采用传统测绘方法进行，许多地形变换点无法采集，就会形成图面精度不均匀、图面地形表示失真等问题。无人机移动测量成果不受地形条件限制，精度均匀，对微地貌表示逼真，从而整体提高了地形图的精度，在高原、矿区、戈壁滩、荒漠、草原等边远、复杂地区的大比例尺基础测绘中具有十分明显的优势。

基于无人机航摄系统的大比例尺测图作业流程，见表 9-4：

表 9–4　基于无人机航摄系统的大比例尺测图作业流程

步骤	内容
影像控制	在测区内，按照规范要求布设地标控制点，覆盖整个研究区，其平面、高程精度均符合规范要求。根据《低空数字航空摄影测量外业规范》的要求，逐行带布设像控点。由于测区内明显地形地物稀少，像控点布设主要以航前布设地标点为主，航摄后电子选刺为辅，像控点可以在原有控制点的基础上采用 RTK 方法进行测量。同时，在平缓地区较明显的便道拐弯处等布设高程检查点（郑永虎等，2013）
内业加密	在进行区域网空中三角测量平差前，影像进行畸变差改正后，进行无控制自由网平差。在作业过程中，精确设计空三处理航线，经过自动挑粗差点以后，在确保每个点均为同名点的同时，检查测区内是否有漏点，然后手动增加一些连接点，保证模型间有足够的连接强度，最后利用空三加密软件进行无人机航空影像区域网平差。并对平差结果进行检查，区域网平差结果应符合《数字航空摄影测量空中三角测量规范》精度要求
立体测图	模型定向采用空三自动恢复模型进行立体测图，在立体测图的基础上，将控制点展绘到数字线划图（DLG）上，以等高线内插的方法检查 DLG 的精度，精度应满足《低空数字航空摄影测量外业规范》要求
DEM、DOM 制作	对采集数据进行编辑，删除无用数据后直接内插生成 DEM，并在 DEM 的基础上制作 DOM
成果编辑、输出	在 DEM、DOM 的基础上制作大比例尺测绘产品，对其精度、质量检查，满足要求后，提交产品

2. 无人机移动测量在土地利用现状调查中的应用

对于土地利用现状的准确掌握是政府科学决策的重要依据之一，但是在目前情况下，许多地方政府、特别是不发达地区的政府部门，由于各种原因往往难以掌握当地的实际土地利用情况。近年来我国经济建设飞速发展，城乡土地利用状况变化很强烈，个别地区的地图甚至半年就需要更新一次，对目前土地利用调查技术手段的时效性、准确性、经济性提出了更高的要求（马瑞升等，2006）。

利用高分辨率卫星数据监测土地利用的变化，虽然较之传统的人工野外调查和测量更加高效，但仍然存在以下问题：大多数卫星影像的空间分辨率还达不到要求，尤其是对城乡结合处等地类复杂且破碎的地区；卫星影像的现势性通常难以达到要求。通过商业途径购买的卫星影像一般为历史存档数据，即使通过编程订购，由于受卫星重访周期与天气条件等因素的制约，也往往难以获得理想的卫星影像，这一点在我国南方多云地区尤其明显；国外高分辨率商业卫星影像价格昂贵，一般地区的经济能力难以承受。

利用无人机影像资料进行土地利用三维地形建模，具有更清晰、逼真的虚拟现

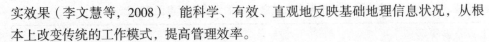

实效果（李文慧等，2008），能科学、有效、直观地反映基础地理信息状况，从根本上改变传统的工作模式，提高管理效率。

（1）无人机影像预处理

因无人机平台的自身特点，其所获取的影像必须对由传感器本身引起的系统变形和其他因素（如飞行姿态等）引起的外部几何变形纠正。影像的精纠正可采用大比例尺地形图数据为参照或实地测量控制点坐标对影像进行纠正，然后，进行镶嵌拼接得到目标区高分辨率影像数据。

（2）生成标准分幅正射影像图

取得影像数据之后，还必须进行投影变换等步骤生成标准分幅的正射影像图才能在三维系统中顺利使用。根据影像的内外方位参数和数字高程模型，对影像进行重采样，纠正其因地面起伏、飞机倾斜等因素引起的失真，并把中心投影转换为垂直投影，从而得到相应的正射影像。然后，所得的正射影像经调色、镶嵌、裁切、图廓整饰等步骤，生成标准分幅的正射影像图。

（3）三维建模

三维地形数据库平台的建立是整个三维 GIS 系统的基础，其质量将直接影响到所建立模塑的效果。三维地形数据库的具体操作步骤如下：获取 DOM、DEM、无人机影像数据及其他矢量数据等；对影像数据进行拼接、坐标转换等预处理，对矢量数据进行预处理；建立影像金字塔文件；对数据进行裁减、羽化、调色等处理；对不同数据来源的影像数据、DEM 数据和矢量数据进行数据集成，生成三维地理数据库；调入所生成的三维地理数据库，导入土地利用专题数据及其他矢量数据，并根据需要对其进行属性编辑等操作，形成虚拟地理环境。

采用高分辨率的无人机影像、卫星影像等，利用多数据源、多尺度、多时相的数字高程模型（DEM）构建三维地理数据库，并进行地名标注，构建一个真实感强的三维虚拟现实系统。在此基础上，叠加土地调查数据，建立基于三维基础地理数据库的土地利用现状数据库，对数据进行集成管理，在选定的三维 GIS 平台基础上进行二次开发，进行查询、分析、修改等操作，建设满足国土资源部门业务化运行的国土资源信息集成平台（李文慧等，2008）。

将无人机影像进行纠正及投影变换，建立三维模型，效果比使用卫星影像建立的三维模型效果更加清晰逼真，具有很高的应用价值。不仅可以满足综合基础信息的获取与收集的要求，而且便于相关部门对区域内进行核查、纠错、变更、决策和管理，极大地提高了测绘成果的现势性和通用性，为后期的三维景观模型与三维地表模型等三维可视化数据的制作，以及旅游景区项目的可开发利用、可行性研究、空间布局规划、产品开发、形象策划、营销管理提供全方位的测绘保障（罗先权等，2013）。

3．无人机移动测量在其他传统测量领域中的应用

（1）矿山测量

矿山测量测绘是安全开采的基本保证，可以为矿山开采和管理提供有益的信息依据，可以为煤炭资源和矿山周边的生态环境的保护提供决策支持（郑期兼，2014）。无人机移动测量在矿山建设中的应用如下：

在数字矿山建设方面，数字矿山的建设需要大量的影像、地形图件和数字高程模型等基础数据，而无人机技术采用低空飞行方法获取地理信息，能克服矿山处于偏远山区、地理环境复杂的劣势，为数字矿山建设提供大量数据。

在矿山环境整治方面，矿山开采破坏了周边的自然环境，如果不注重环境保护，最终将会影响到矿山开采的顺利进行。然而，矿山所处的地理环境使得环境整治较困难，获取基本的环境信息难是一直困扰相关职能部门的问题。而采用低空飞行的无人机技术能快速获取大量目标区域的微波、可见光、红外、多光谱影像数据，经过数据处理，得到更多定量、定性分析数据，为矿山的环境整治提供依据。

在矿山资源保护和利用方面，矿产资源属于不可再生能源，必须合理利用和保护，严禁肆意开采。虽然有行政部门监管，但仍存在不少乱采、乱挖现象。采用无人机技术恰好可以实现在无人到达目标区域的情况下即刻取证、空中监测的效果，实现资源保护和利用的动态检测，保证矿山开采的合理性和科学性。

（2）海岸地形测量

港口建设、水产养殖、围海造田、敷设电缆管道、海岸资源开发、登陆作战训练和海岸军事工程等都需要海岸地形信息，因此海岸地形测量也是社会经济生活中的一项重要内容。在海岸地形测量中，利用无人机影像，结合分析获得的地理信息数据，再综合各方面信息绘制海岸地形图，能满足海岸地形成图的要求，有效地提高测量效率（郑期兼，2014）。

（3）长距离输油（气）管道测量

长距离输油（气）管道测量，主要涉及线路测量、穿跨越工程测量和站址测量。传统的地形测量采用全野外数字成图的方法，测量成果单一，且耗费了大量的时间、金钱、人员和技术设备。无人机航摄系统具有灵活机动、高效快速、精细准确、作业成本低等特点，在小区域和飞行困难地区高分辨率影像快速获取方面具有明显优势，可广泛应用于国家重大工程、新农村建设和应急救灾等方面的测绘保障服务（赵永明，2011）。长距离输油（气）管道进行无人机航摄，属于线状地带航空摄影，航段沿着指定的走向敷设，测量成果丰富，成图速度快、精度高，大大缩短了测量作业工期，提高了测量效率。

（4）公路选线

对于山区公路选线，由于测区高差比较大，带状地形且面积比较小，利用普通大飞机获取影像数据很不方便并且成本比较高。而无人机具有独特优势，可以很好地应用于这种小面积的带状地形，并可以在保证成图精度的情况下缩短作业周期，降低作业成本，提高作业效率。利用无人机航摄系统获取航摄影像数据，通过数据处理与采集带状公路选线提供大比例尺地形区和数字正射影像，方便设计部门根据地形图并结合正射影像图科学、合理、高效地确定公路的走向（吴磊等，2012）。

（5）水利工程建设

基于无人机数字正射影像和数字高程模型，不仅能为大型水利工程（桥梁、堤坝、水库、闸门等）提供选址服务，还能监测施工进程（王春生等，2012）；水电工程环境大都十分险峻，难以人工测制，利用无人机系统获取水电项目设计和施工中必不可少的大比例尺地形图，既安全、经济，又准确、可靠（王太坤，2012）。

（6）土地整治

以往土地整治工作中，无论是整治前的勘测设计还是整治项目完成后的竣工验收，都必须进行外业勘测和竣工测绘；实施过程中的监督检查也只能采取到项目区实地踏勘，不仅外业工作量很大，还由于检查不能面面俱到而存在争议，整个过程缺乏有效的监督监控手段。利用无人机移动测量的优点，改善土地整治工作中传统测量方式，不仅可以清楚直观地查看分析施工与设计的一致性及最终成效，更有利于监控施工进度和成果验收；在土地整治重大工程项目中引进无人机航空摄影测量技术，拍摄各项目区整理前、中、后期的航片，对获取的影像加工处理，制作大比例尺正射影像图，经过对项目区各阶段影像对比，以及对影像和规划图、竣工图比对，能够及时、全面、准确掌握项目的工程质量和进度情况。首先，分析整治前各项目区现状，根据无人机特点制定航空摄影技术方案，利用无人机拍摄项目区整治前的航片，经过野外布控、空三加密，利用全数字摄影测量工作站制作整治前项目区无人机正射影像图，不仅保留了项目区在整治前的原始状况，而且可以将其与实测现状图加以比较，能够发现前期期勘测设计中的差、错、漏。其次，在项目实施过程中，对项目区进行航拍、制作正射影像图，以了解掌握各个项目区的施工进度及变化情况，检测施工是否与规划设计相一致，发现偏差加以纠正。最后，在项目实施完成后，再对整个项目区进行航拍，制作整治后的项目区正射影像图。通过前、中、后影像图的比对，可以一目了然地看到项目的实施及完工情况，掌握项目的实施进展（任向红，2013）。

（7）地籍测量

地籍测量是土地管理工作的重要基础。它以地籍调查为依据、以测量技术为手段，从控制到碎部，精确测出各类土地的位置与大小、境界、权属界址点的坐标与宗地面积以及地籍图，以满足土地管理部门以及其他国民经济建设部门的需要（刘洋等，2014）。要稳定和完善农村土地政策，加快推进地籍调查和地籍信息化建设，必须推进包括农户宅基地在内的农村集体建设用地使用权确权登记颁证工作。要发证就必须进行地籍测量，传统的全野外数据采集方法成图，作业量大、成本也高，且不宜大面积开展。相比野外实测，无人机航测具有周期短、效率高和成本低等特点，可以将大量的野外工作转入内业，既能减轻劳动强度，又能提高作业的技术水平和精度；对于农村地籍调查，急需大比例尺航空影像作为底图。由于村级行政单位分布广、每个村的成图面积小，采用卫片制作正射影像分辨率难以达到要求，采用传统航空摄影方法成本又过高，采用地面测量的方式周期又过长。采用无人机影像，航摄成果完全满足大比例尺影像图的精度要求，在以村落为单位的测量中具有明显的技术优势。

（8）土地利用变更调查与核查

每年开展的全国土地变更调查监测与核查项目中对影像数据的需求量非常大，且对数据的时效性要求非常强，卫星影像数据往往难以满足需求，特别是在一些重点地区，如35个国家审批监管城市，要求在1～2个月的时间采用高分辨率的影像数据完成变更监测。由于受天气、过境时间等因素的制约，高分辨率遥感卫星很难在这么短的时间内及时获取全部的影像数据。采用无人机移动测量系统配合高分卫星，对于高分卫星未获取到合格数据的地区，在一定的时间点启用无人机系统进行作业，确保监测地区内高分影像数据全覆盖，保证变更调查和监测有图可依，有据可查（刘洋等，2014）。

第十章　无人机移动测量数据快速获取、传输与管理研究

第一节　无人机移动测量数据

随着控制技术、计算机技术、通信技术的发展，质量轻、体积小、存储量大、稳定性好的传感器开始出现，飞行器性能显著提高，无人机移动测量成为可能。数据信息丰富、获取方便，受到测量行业用户青睐。利用低空无人机平台获取高分辨率影像数据，成为测量数据获取的重要途径。本节介绍了无人机移动测量数据的特点及种类。

一、数据特点

无人机移动测量是卫星数据获取、载人航测和常规人工测量的有效补充手段，与卫星和载人航测相比，其飞行的高度低、成像范围小、分辨率高，有其自身特点。测量数据的特点见表 10-1。

表 10-1　测量数据的特点

特点	内容
数据变形大，后续处理难度高	无人机移动测量系统通常搭载的为非量测型相机，影像变形大，镜头畸变大，地形起伏对影像的影响很大，不同影像之间的辐射差异大，为后期的影像处理提出了新的要求，传统的影像处理系统已经不能满足其要求，需要专业的处理系统进行后期处理
分辨率高，信息丰富	分辨率高是无人机移动测量数据的最大特点。无人机移动测量数据系统获取的影像数据分辨率可以高达厘米级，细节清晰，含有丰富的地物信息。同时由于影像的像幅小、数量多，增加了后期拼接处理工作量
数据应用广泛	由于其数据种类多样、空间分辨率高和信息丰富等特点，无人机移动测量数据广泛用于基础地理信息测绘、应急测绘保障、动态变化检测、数字城市建设和文化遗产保护等领域，大大拓宽了传统测绘的应用范围

194

特点	内容
数据种类多样	无人机移动测量系统根据不同的任务，搭载不同的任务载荷。除了广泛使用的光学相机、倾斜摄影相机外，还有视频摄像机、红外传感器、机载激光雷达等。不仅包括光学影像数据，还包括视频数据、激光雷达数据、红外影像数据等

二、数据种类

无人机移动测量系统根据不同的任务需求，搭载不同的任务载荷，获取的数据包括影像数据、视频数据、激光雷达数据等。

1. 影像数据

影像数据主要是指利用量测型相机和非量测型相机（单反相机、微单相机等）等光学传感器获取的成像数据。影像分辨率高，获取方式简单灵活，按照获取的光学波段不同，可以分为可见光数据和红外数据。

（1）可见光数据

可见光数据是最常见的无人机移动测量数据。影像细节清晰、信息丰富，可以直接判读，尤其在突发应急事件中，可以直接为决策提供依据。无人机搭载的倾斜摄影相机可以从不同的角度获取地物信息，不但能竖直拍摄平面影像，还可以多角度拍摄建筑物的倾斜影像，获取的影像分辨率可以达到厘米级，能让用户从多个角度观察地物，更加真实地反映地物的实际情况，极大地弥补了基于正射影像应用的不足。针对各种三维数字城市应用，利用航空摄影大规模成图的特点，可以从倾斜影像批量提取并在建筑物模型上粘贴纹理，能够有效降低城市三维建模成本。

（2）红外数据

无人机移动测量获取的红外数据主要包括红外相机获取的数据和热成像仪获取的红外数据。红外相机可以在恶劣环境和夜间进行作业，提高了无人机移动测量系统的工作能力。热成像仪利用热红外遥感技术，能快速检测地表温度，能在短时间内获取大面积地表温度场信息，具有信息量大、检测精度高、速度快、成本低等特点，在森林火灾火源探测、火场蔓延分析、救援预警等方面应用广泛。

2. 视频数据

无人机移动测量视频数据是测量数据的重要组成部分，是无人机移动测量系统提供重大活动应急保障的关键。虽然视频数据空间分辨率不高，但可以实现实时下传，提供地理信息现场直播服务，实现作业区内实时监控。

3. 激光雷达数据

激光雷达是一种以激光为测量介质，基于计时测距机制的立体成像手段，属主动成像范畴；是一种新型快速测量系统，可以直接联测地面物体的三维坐标，系统作业不依赖自然光，不受航高、阴影遮挡等限制，在地形测绘、气象测量、武器制导、飞行器着陆避障、林下伪装识别、森林资源测绘、浅滩测绘等领域有广泛应用。它的出现为航空光学装备领域注入了新的活力，大大拓展了航空光学测绘的适用范围和信息获取能力，目前已成为测绘相机的有力补充，在航空光学多传感器测绘系统中扮演重要角色。

此外，无人机移动测量系统中获取的数据还包括定位定向数据，即 POS 数据，其目的是进行数据地理定位。

第二节　数据的快速获取、传输与接收

一、数据快速获取

数据获取包含技术准备与航线设计、设备检查与安装调试、飞行作业与飞行器回收等环节，是移动测量的重要步骤，其实施情况直接关系到作业效率和作业质量。无人机移动测摄系统为复杂的专业系统，受环境影响较大，飞行过程中会遇到一些紧急故障，本节列出了常见的故障，并提出了相应的解决方法。此外，作业人员要做好飞行记录、飞行资料的整理及作业小结等飞行任务总结工作，以备后续工作使用。要掌控作业区环境条件、有序管理现场，编制详细的飞行检查记录、制定应急预案、做好设备使用时间统计等保障工作，确保作业安全。设备使用过程中轻拿轻放，严格遵循操作规范，并做好设备维护保养，以备随时作业使用。

1. 技术准备与航线设计

（1）技术准备

收到移动测量作业任务后，应充分收集与社区有关的地形图、影像等资料或数据，了解作业区地形、地貌、气候条件以及机场、重要设施等情况，并进行分析研究，确定飞行区域的空域条件、设备对任务的适应性，制定详细的项目实施方案。根据测量作业任务性质和工作内容，选择所需的设备器材，其规格型号、数量和性能指标应满足作业任务的要求，并对选用的设备进行检查调试，使其处于正常状态。

进入飞行场地前，完成对飞行场地的目视观察工作，保证飞行场地有适宜无人机起降的开阔视野、良好的净空条件。工作人员需对作业区及作业区周围进行实地踏勘，采集地形地貌、地表植被以及周边的机场、重要设施、城镇布局、道路交通、人口密度等信息，为起降场地的选取、航线规划、应急预案制定等提供资料；实地踏勘时，应携带手持或车载 GPS 设备，记录起降场地和重要目标的坐标位置；结合已有的地图或影像资料,计算起降场地的高程,确定相对于起降场地的航摄飞行高度。在飞行区边缘和飞行区内踏勘必须在两遍以上，在反复寻找和比较后，确定最佳的起降场地、备降场地、遥控点和飞行器存放地点，预先制定应急迫降方案；通视条件较差地区，工作人员要徒步行走观察和确定遥控点，并确定遥控点之间快速移动的路线；踏勘现场时，打开测频仪监测有无干扰信号；注意观察飞行区内大多数房屋的朝向、主要街道和河流的走向；对于固定翼无人机执行作业时，有必要时架设好拦截网。

根据无人机的起降方式，寻找并选取适合的起降场地。非应急性质的航摄作业，起降场地应满足以下要求：距离军用、商用机场须在 10km 以上；起降场地相对平坦、通视良好；远离人口密集区，半径 200m 范围内不能有高压线、高大建筑物、重要设施等；起降场地地面应无明显凸起的岩石块、土坎、树桩，也无水塘、大沟渠等；附近应无正在使用的雷达站、微波中继、无限通信等干扰源，在不能确定的情况下，应测试信号的频率和强度，如对系统设备有干扰，须改变起降场地；无人机采用滑跑起飞、滑行降落的，滑跑路面条件应满足其性能指标要求。

对于灾害调查与监测等应急性质的航摄作业，在保证飞行安全的前提下，起降场地要求可适当放宽。起降场地选好、作业范围确定后，就要进行任务航线设计工作。

（2）航线设计

航线设计就是根据航摄相机参数、航高、航摄比例尺、航摄区域等信息，按照航向重叠 53% ~ 75%，旁向重叠 15% ~ 60% 的原则设计的飞机飞行线路（高云飞等，2014）。航线设计需要确定有重叠度、航摄比例尺、测区基准面等基本参数，以及由基本参数推算出的航高、像移量控制、曝光时间间隔等参数（郭忠嘉等，2013）。

航线规划应注意以下事项：航摄区域应略大于摄影区域，一般情况要多飞 1 ~ 2 条航路；在航向方向要充分考虑飞机的转弯半径等因素，尽量避免锐角转弯；根据风向、风速等气象条件及时调整飞行计划，确保航向重叠 53% ~ 75%，旁向重叠 15% ~ 60%，且保证航线弯曲度小于 3%，影像旋转角小于 6°；制式时间要设置充足，以确保在无人机返航后地面操作人员未发现无人机时无人机保持无限制式盘旋，给操作人员足够的调整时间；各航点的高度设计上应充分考虑到无人机的爬升和降高能力，给无人机留足爬升和降高距离。

（3）航线规划系统

航线设计由无人机配套的航线规划系统完成。航线规划系统采用 DKM 数据完成航摄区域的划分、航线的自动敷设与编辑，航线敷设结果可直接导入无人机飞控系统进行航空测量作业。系统特点如下：通过应急地理信息数据库系统提供全国范围的 DOM 数据、DEM 数据和摄区范围拐点坐标文件，很好地解决了航摄设计所需数据源，大大加快了设计速度；航线自动敷设时引入了 DEM 数据，可以自动根据地形起伏调整曝光点之间的基线长，从而在航摄设计阶段杜绝了航摄漏洞的发生；开发了 DKM 分层设色图、DEM 晕渲图和区域高程统计等多种功能，使航摄分区的划分更加准确、合理；提供了基于 DEM 计算航带地面真实覆盖范围和航带间重叠区域并对其进行半透明显示，方便航线设计结果的质量检查；结合航线设计作业流程开发了多种简便的编辑工具、直观的数据统计工具和实用的数据报表，使航线设计工作更加简单、易操作。

典型的航线任务规划系统由工程管理、航摄分区建立、分区航线设计、成图图幅划分、航线数据导出、信息统计查询和其他辅助功能等模块组成（见表 10-2）。

表 10-2　航线任务规划系统的组成

项目	内容
工程管理	实现工程新建、打开、保存、另存为等功能
航摄分区建立	航摄分区建立模块可以通过不同方式,如合并图幅构造、鼠标构造面状分区等方式。建立好航摄分区后进行属性编辑、航线参数设置等操作
成图图幅划分	系统根据调用的 DEM 范围划分该范围内的成图图幅,给出图幅名称。当采用国家基本比例尺时,图幅名称为标准比例尺图幅号;当为非标准比例尺时,图幅名为从上至下、从左至右的顺序编号,起始号码为"1"。同时,系统自动计算每个图幅范围内的最高点高程、最低点高程和平均高程
分区航线自动敷设	已完成当前选中的航摄分区的航线自动批量敷设,系统可以自动判断当前的航摄分区是面状航摄分区或是带状航摄分区。对于需要特殊敷设的,如沿图幅中心线敷设、沿图廓线敷设等,系统会根据已经设置的传感器参数和敷设参数提示用户
航线编辑	完成航线构造、航线反向、平行航线敷设、航线删除、局部重叠度设计、航线平移、航线延长等操作
航线数据导出	根据飞控系统格式,导出航线数据。导出的内容包括工作空间参考、目标坐标系的坐标格式、整个工程的航线、导出数据的空间参考、整个工程中的曝光点等
信息统计查询	画多义线进行距离量算、测区面积量算、区域高程信息统计、分区航线和曝光点统计等
其他辅助功能	包括传感器参数设置,选择传感器面板中已有的传感器或者新建传感器,进行相应参数如像素尺寸、影像的长度、宽度等参数设置。对要素符号设置、坐标编辑等

2. 设备检查与安装调试

每次飞行前须仔细检查设备的状态是否正常。检查工作应按照检查内容逐项进行，对直接影响飞行安全的无人机的动力系统、电气系统、执行机构以及航路点数据等应重点检查。对于有摔碰的设备尤其要重点检测。检查各个设备有无损坏，并进行遥控拉距离、GPS 接收拉距离、系统间干扰测试，对地面站系统参数检测。

（1）任务设备检查

任务设备检查按顺序可以分为组装前检查和组装后检查两部分。按照检查内容，可以分为地面监控站设备检查、任务载荷装备检查、飞行平台检查、燃油和电池检查、弹射架项目检查、通电项目检查、发动机着车状态检查、附属设备检查、关联性检查等。

（2）设备安装调试

①飞行平台组装与检查。无人机机体采用快装快卸对接方式进行安装，主要包括机翼对接安装、尾翼对接安装、整机对接安装、螺旋桨安装、动力电池安装、回收伞安装等。安装时严格按照标贴一一对应连接；插头连接要求必须紧固，避免发生连接松动或连接未充分现象；在连接插头过程中，应将插头与插座按照安装卡孔凹凸位置正确对应连接，禁止使用蛮力；连接过程中导线严禁承受应力，禁止拉拽导线；保证尾撑杆的前后方向；装拆尾翼时注意两侧动作要同步等。回收伞安装后，可将飞机放正，手托住伞盖下方，测试开舱操作时伞能否自由落下（不用完全落下，经测试有下落趋势即可，以免引起再次叠伞的麻烦），同时应确保回收伞伞盖开关关好，避免飞行过程中自己打开。

②任务载荷设备检查。装入飞机前，应对任务载荷设备进行检查，并记录检查结果，注明存在的问题。

③燃油电池检查。对于燃油动力的无人机，在燃油注入发动机前，对燃油的型号、混合比进行检查，确保无杂质。对各种设备电池确认电池电量、连接正确。

④弹射架架设及检查。弹射装置采用快装快卸对接方式进行安装。架体对接安装完成后，再进行其他件的安装。让架体后轮着地，提住架体上的拉手，将架体沿折叠方向垂直展开，待前、中、后三段架体上平面处于同一平面后，用架体两侧的锁紧扳手将架体锁紧固定。将架体前端抬起，将前支撑脚安装到架体前部的安装座上，并用固定片固定。前支撑柱安装完成后，调整伸缩杆伸缩长度，保证发射角度正确。最后调整架体左右水平，锁紧伸缩杆，并用钢钎将后支撑柱固定在地面上。

⑤检查各个连接件是否有松动，将主轨道滑车在轨道上试运行一次，检查是否有碰撞干涉。加电、加力（钢丝绳滑车的滑动距离约 0.2m）空弹主轨道滑车，主要是检查电瓶电源是否满足发射需要、检查整个弹射架固定是否牢固、检查整个机构运行是否正常。检查弹射装置固定是否有松动情况，发现问题及时处理；检查弹射装置各个连接处的螺钉、螺母是否有松动或脱落，并适当更换；检查解锁保险是否有安全隐患，发现问题及时处理。

⑥地面监控站检查调试。地面站硬件包括数传电台、地面站软件以及便携式计算机。使用前，将数传电台串口与计算机串口相连，电台天线接口与天线连接，确保无误。依次按下计算机和电台启动开关，设备可以正常工作。电台供电前必须连接天线，计算机使用前充满电。通电前，确保机上主电源开关和设备开关处于 OFF 位置，确保输入、输出时连接正确，确保主电池组电量已充满，确保设备开关连接正常。检查稳压电源是否固定完全。检查机载电台数据线、电源线、天线及馈线是否可靠连接，检查连接地面站计算机、数据线、电源线、天线是否可靠连接；打开机载和地面站电台电源开关，观察电台指示灯，确认电台工作状态。电台发送数据前确认天线、馈线及接头可靠连接，通电时禁止进行数据线、天线的插拔或更换操作，电台调试时无人机与地面站应保持一定距离。检查地面监控站设备并记录检查结果，注明存在的问题。

⑦通电检查调试。地面监测站检查无误后，打开地面监控站、遥控器以及所有机载设备的电源，运行地面站监控软件；检查设计数据，向机翼飞控系统发送设计数据，并检查上传数据的正确性；检查地面监控站、机载设备的工作状态，检查飞控系统的设置参数。

⑧动力系统安装调试。发动机运转前检查各部位的螺钉、螺母有无松弛现象，确认一下各部位有无脱落、损伤、切割裂纹、弯曲等现象；确认螺旋桨附近有无布条、小树枝、草等容易卷入的东西；燃料用过滤网过滤后使用，添加燃料时先停止发动机，冷却后再进行操作，把漏下的燃料擦拭干净，要多放一些但不要加满。在发动机的正面位置用手沿逆时针方向转动螺旋桨几圈，使燃料沿导管进入化油器并排净燃料箱和汽化器导管之间的空气。为防止受伤，请务必戴手套；准备启动时，将机上开关拨到 ON 位置；节流阀打开在比怠速稍高一些的位置，从正面把启动器对准在发动机上，启动启动器，逆时针方向旋转带动螺旋桨启动发动机。

⑨联机调试。打开地面站电源，连接好地面计算机，启动地面站软件进入接收状态；打开遥控器，即启动飞控计算机和电台，接收测控数据；检查各传感器状态，检查遥控器和各舵面：操作遥控器，看动作和"手控舵位"表格里显示是否一致，以及正反向与实际舵面是否一致；检查开伞是否有效；检查手动、自动切换是否有效，检查"接收""电台"模式切换是否有效，检查 F/S 设置是否有效；检查切到自动模式下，开伞通道、油门通道是否有效，以确定是否有效捕获了开关伞位、油门最大最小和停车位；检查并上传任务航线：检查航点数、各航点的设定高度、制式航线设置是否合适；上传航线，检查各航点是否上传成功，并检查"航点/像片"表格里显示的总航点数是否与上传的航点数一致，如果不一致则需要重新上传；设定高度为航线设定的高度，如果需要手动调整高度，确认后再检查"设定高度"是

否设置成功；检查"参数调整"，尽量不要调整任何参数；检查手动拍照是否可控制相机拍照；发动机着车，检查姿态角的变化情况，应该不会有太大变化，表明减震效果良好；在开机后地面准备的整个过程中，当 GPS 定位超过 5 颗星后，地面站软件会自动启动姿态解算，直到姿态角显示出飞机的实际角度；调试无误，待飞。

3．飞行作业与飞行器回收

（1）飞行作业

以固定翼无人机为例，飞行作业包括无人机上架、上传任务规划航线、发射起飞、控制飞行等步骤。

1）无人机上架

固定翼无人机的起飞方式主要有弹射起飞和滑跑起飞两种方式。滑跑起飞要求有一定距离较为平整的滑跑场地；弹射起飞对场地要求较小，尤其是在野外以及应急救灾时，使用较多。在完成各项检查后飞机上架，安装飞机上架时，不要磕碰飞机，并检查飞机左右机翼安装钩是否干涩，如干涩需添加润滑油，等待加力指令。接通飞机各系统电源，启动飞机发动机。启动时，在飞机前端扶住飞机，使飞机不向前滑出。检查飞机副翼、尾翼、发动机接收遥控信号是否正常工作。

2）上传任务航线

上传任务航线，并确认所上传航线为本次飞行任务航线，在完成上传任务航线后同时完成自驾参数的设定，具体设置如下：设定拍照方式、拍照间隔；对于当前气压对应高度，将数值设置为 GPS 测量高度，则航线各航点高度及气压高度显示为实际海拔高度；如将数值设置为零，则航点高度及气压高度显示为相对自前点的相对高度；如果发现仪表显示空速在无风影响下有较大的空速跳动，则遮挡空速管，在空速管无风影响的情况下进行空速计清零。

3）发射起飞

接到加力指令后，按下加力按钮，加力使钢丝绳滑车后端面至正确位置处。发射装置加力过程中，要保证钢丝绳滑车运动的平行性，一旦发现滑车运动不平行，应立即停止加力，关闭飞机发动机，卸下飞机，空弹主轨道滑车，卸去橡筋拉力；等待发射指令，发射飞机。发射完毕后，将主轨道滑车拉回发射起点，检查各个系统的安全性，准备下次进行发射。

起飞阶段操控应注意的事项：起飞前，根据地形、风向决定起飞航线，无人机需迎风起飞；飞行操作员须询问机务、监控、地勤等岗位操作员能否起飞，在得到肯定答复后，方能操控无人机起飞；机务、监控操作员应同时记录起飞时间；监控操作员应每隔 5～10s 向飞行操作员通报飞行高度、速度等数据。

4）控制飞行

无人机飞行过程就是在自控状态下完成预设航路点的飞行，如有需要可以在飞行过程中更改航路点，改变设定飞行，直到完成任务返回。

视距内飞行操控：在自主飞行模式下，无人机应在视距范围内按照预先设置的检查航线（或制式航线）飞行 2 ~ 5min，以观察无人机及机载设备的工作状态；飞行操作员需手持遥控器，密切观察无人机的工作状态，做好应急干预的准备；操纵手应在每次起飞前检查所有遥控器的通道是否完全受发射机控制。

手动驾驶飞行检查的第一步是简单确定那些预计的数据是否与飞行情况相符合。此时，操作手应该用尽量小的舵量来平稳的操纵飞机完成直线、转弯、爬升、下降和矩形航线飞行，并核实以下传感器参数：

①GPS：应该关注整个飞行过程中 GPS 锁定的卫星的个数，特别是在飞行器转弯的时候；一般情况下这个数值应该一直不小于 6。

②空速：此数据应该与由 GPS 得到的地速相近（考虑风速影响）。

③气压高度：可能会有一些误差（最多会有 10m 的误差）。

④陀螺：自动驾驶仪在开机后陀螺会有初始化过程，并且会随时间不断漂移。在实际飞行中陀螺漂移造成的姿态误差却一直处于不停的校准中，其姿态误差会随时得到修正。用户应通过观察姿态数据来判断陀螺是否正常工作。

⑤姿态数据：当操作手操纵飞行器在视距内时做各种姿态飞行时，用户应该注意评估地面控制软件显示的飞行器姿态是否与观察到的实际姿态相符合。

⑥开关伞：伞的开关在飞机回收过程中具有举足轻重的地位，首先在手动飞行过程中，为防止信号干扰，导致伞位的错误动作，遥控器打到开伞位后，经过短暂时间间隔，舱机才开始工作，如果在此时间段内进行开关伞的操作，属无效操作。如果需要测试并捕获开伞位与关伞位，须在"进入设置"后进行操作。自动飞行状态下开伞操作点击"开伞"功能键即可。

在手动驾驶飞行中找出各个舵面的中立位置，即保证飞行器在无风状态下维持直线平飞的配平舵量。操纵人员应将这些舵量记录下来，为自动驾驶仪中舵面中位的设置提供参考。同时，操纵手应该通过操纵飞行器感知各个舵面在进行一般飞行操纵所需要的最大舵量，为自动驾驶仪中舵量的设置提供参考。

监控操作员应密切监视无人机是否按照预设的航线和高度飞行，观察飞行姿态、传感器数据是否正常；监控操作员在判断无人机及机载设备工作正常情况下，还应用口语或手语询问飞行、机务、地勤等岗位操作员，在得到肯定答复后，方能引导无人机飞往航摄作业区。

⑦飞行模式切换：在开始自主飞行之前，应首先进行一次完整的遥控距离内的

手动驾驶飞行，以检查自动驾驶仪是否在飞行的全过程中工作良好。遥控模式何时切换到自主飞行模式，由监控操作员向飞行操作员下达指令。

⑧视距外飞行操控：视距外飞行阶段，监控操作员须密切监视无人机的飞行高度、发动机转速、机载电源电压、飞行姿态等，一旦出现异常，应及时发送指令进行干预；其他岗位操作员须密切监视地面设备的工作状态，如发现异常，应及时通报监控操作员并采取措施。

（2）飞行器回收

1）降落回收

在无人机完成任务返航后，根据地面监控数据在无人机到达起飞点上空后，在遥控人员能清楚看到无人机姿态的情况下，切换至遥控飞行状态，引导无人机安全着陆。回收方式有伞降和滑跑降落、撞网回收等。滑降时由于飞机起落架没有刹车装置，导致降落滑跑距离长，在狭窄空间着陆的时候，由于尾轮转向效率较低，或是受到不利风向风力或低品质跑道的影响，滑跑过程中飞机容易跑偏，发生剐蹭事故，损伤机体甚至损伤机体内航点设备（刘潘等，2013）。伞降的时候容易受到风速影响，场地要平坦、开阔降落方向一定距离内，无凸突出障碍物、空中管线、高大树木以及无线电设施，以避免与无人机相撞（胡开全等，2011）。撞网回收适合小型固定翼无人机，对控制系统要求较高，使用较少。实际使用中以伞降方式较为常见。

降落阶段操控应注意事项：无人机完成预定任务返航时，监控操作员须及时通知其他岗位操作人员，做好降落前的准备工作；机务、地勤操作员应协助判断风向、风速，并随时提醒遥控飞行操作员；自主飞行何时切换到遥控飞行，由监控操作员向飞行操作员下达指令；在遥控飞行模式下，监控操作员根据具体情况，每隔数秒向飞行操作员通报飞行高度；无人机落地后，机务、监控两名操作员应同时记录降落时间。

2）飞行后检查

无人机回收后应进行检查，包括飞行平台检查、油量电量检查、机载设备检查、测量数据检查等，具体内容见表10-3。

表 10-3　无人机回收后应进行检查

检查项目	内容
油量、电量检查	检查所剩的油量、电量，评估当时天气条件和地形地貌情况下油量和电量的消耗情况，为后续飞行提供参考依据
飞行平台检查	无人机落地后，应对无人机飞行平台进行飞行后检查并记录，如果无人机以非正常姿态着陆并导致无人机损伤时，应优先检查受损部位

检查项目	内容
机载设备检查	机载设备检查项目主要包括为机载天线、飞行控制设备、任务设备等
测量数据检查	机载设备中导出测量数据及其位置和姿态数据，并进行检查，看数据是否符合设计要求，是否需要二次飞行

3）二次飞行

根据任务需要，如果需要紧接着进行二次飞行，则在重新上传任务规划路线、加注燃油后，重复执行一次飞行内容即可。

4）撤收

在完成整个飞行任务后，将飞行设备及地面设备回收至任务执行前的状态。地面设备的撤收应保证在各设备断电后进行。飞机撤收应按以下顺序执行：清除飞机机体油污，将余油抽出；拆卸飞机；装箱；拆除弹射装置，弹射架拆除应按以下步骤进行：断开绞线机电源，保护电瓶的正负极，保证运输时不损伤电瓶；除去弹射装置末端的钢钎，保护架体不受损伤；将弹射装置平放，打开两侧的锁紧扳手，将弹射装置折叠固定；将弹射装置抬到运输车上；入库保管。

4. 故障处理与任务总结

（1）紧急故障处理

无人机移动测量系统为专业系统，结构复杂，设备较多，受环境影响大，飞行过程中可能遇到发动机停车、高度急剧下降、电压不足、GPS丢星、风速过高、接收电台无法接收数据等情况。

（2）飞行任务总结

飞行任务总结主要包括飞行记录整理、飞行资料整理、航摄作业小结等（见表10-4）。

表10-4 飞行任务总结

项目	主要内容
飞行记录整理	对飞行检查记录与飞行监控记录进行整理，文字和数字应正确、清楚、格式统一，原始记录填写在规定的载体上，禁止转抄。整理内容包括飞行前检查记录、飞行监控记录、飞行后检查记录
飞行资料整理	对航摄飞行资料进行整理，填写相关的航摄飞行报表，主要内容包括：云高、云量、能见度；风向、风速；航摄飞行设计底图；航路点数据；飞行航迹数据；曝光点数据；影像位置与姿态数据

项目	主要内容
航摄作业小结	对当天航摄作业情况进行总结，主要内容包括：人员工作情况，设备工作情况，航摄任务完成情况，后续工作计划及注意事项

5．作业保障与使用维护

（1）作业保障

飞行任务的圆满完成，离不开完善的保障措施，除了作业人员要操作娴熟、技能专业、职责分工明确以外，还要掌控作业区环境条件，现场管理有序，确保作业安全，要编制详细的飞行检查记录、制定应急预案、做好设备使用时间统计等。具体保障内容如下所述。

①操作人员。参与无人机移动测量作业的系统操作人员需经过专业培训，并通过有关技术部门的岗位技能考核。作业人员分工合理，职责明确。设备的检查、使用、维护按照岗位分工负责，并相互配合，由具备相应资格、有实践经验、能力较强的操作人员承担。

②环境条件。根据掌握的环境数据资料和设备的性能指标，判断环境条件是否适合无人机的飞行，如不合适，应暂停或取消飞行。环境条件主要包括：海拔高度，地形地貌条件，地面和空中的风向、风速，环境温度，环境湿度，空气含尘量，电磁环境和雷电，起降场地地面尘土情况，气象条件（云高、云量、光照）等。

③飞行现场管理。飞行现场的管理关系到人员安全、设备安全以及工作效率，须认真组织，规范操作；现场工作人员应注意检查安全隐患。现场管理主要包括：规定一名负责人，负责飞行现场的统一协调和指挥；设备应集中、整齐摆放，设备周围 30m×30m 范围设置明显的警戒标志，飞行前的检查和调试工作在警戒范围内进行，非工作人员不允许进入；发动机在地面着车时，人员不能站立在发动机正侧方和正前方 5m 以内；现场噪声过大或操作员之间相距较远时，应采用对讲机、手势方式联络，应答要及时，用语和手势要简练、规范；滑行起飞和降落时，与起降方向相交叉的路口须派专人把守，禁止车、人通过，应确保起降场地上没有非工作人员；弹射起飞时，发射架前方 200m、90° 夹角扇形区域内不能有人站立；无人机伞降时，应确保无人机预定着陆点半径 50m 范围内没有非工作人员。

④飞行检查记录编制。根据设备的配置、性能指标以及使用说明，结合本标准的飞行检查内容、航摄作业环境等，设备操作人员应逐条编制详细的飞行前检查记录、飞行后检查记录，并严格执行。

⑤应急预案的制定。无人机移动测量作业前，应制定应急预案，应急预案的主

要内容包括：无人机出现故障后的人工应急干预返航，安全迫降的地点和迫降方式；根据地形地貌，制定事故发生后无人机的搜寻方案，并配备相应的便携地面导航设备、快捷的交通工具以及通信设备；协调地方政府，调动行政区域内的社会力量参与应急救援；开展事故调查与处理工作，填写《事故调查表》。

⑥设备使用时间统计。编制设备和主要部件使用时间统计表，做好统计工作，防止因累计使用时间超过使用寿命而造成飞行事故，使用时间统计表主要包括：飞行平台使用时间统计表；飞控使用时间统计表；发动机使用时间统计表；相机使用时间统计表；接收机使用时间统计表；舵机使用时间统计表；电池使用时间统计表。

（2）设备使用与维护

无人机移动测量任务设备为专业设备，使用时要轻拿轻放，严格遵循使用规范。为了保证设备处于良好状态，要做到定期保养、维护，以满足随时作业需要。

1）设备使用

设备使用中应注意事项：设备应轻拿轻放，避免损坏无人机的舵面、舵机连杆、尾翼等易损部件；拆装时，应使用专用工具，避免过分用力造成设备和系统部件的损坏；通电前先将接插件、线路正确连接，禁止通电状态下拔接插件；接插件应防止进水、进尘土，小心插拔，勿将插针折弯；室内外温度、湿度相差较大时，电子、光学设备应在工作环境下放置 10min 以上，待设备内外温度基本一致、无水雾、无霜情况下，再通电使用；在阴雨天气下使用时，设备须有防水、防雨淋措施；在太阳直射且温度较高的环境下使用，应采取遮阳措施；选用洁净、高质量的汽油和机油。

2）定期保养

设备定期保养应注意事项：按照设备生产厂商提供的《设备使用说明》或《用户手册》做定期保养；在设备生产厂商有关规定不全面时，可根据当地的地理、气候特点以及设备的使用情况，由设备操作人员制订定期保养计划并严格执行。

3）设备装箱

设备装箱时应注意事项：无人机装箱前，须将油箱内的汽油抽空；装有汽油的油桶、油箱不能放入密封的箱子内，并远离火源，避开高温环境；设备、部件应擦拭干净，设备如果受潮，应晾干后再装箱；运输包装箱内应有减震、隔离措施，设备和部件应使用扎带或填充物固定在箱内防止震动和相互碰撞。

4）设备运输

设备运输中应注意事项：易损设备或系统部件，应装入专用的运输包装箱内；运输中，设备应固定在车内，并采取减震、防冲击、防水、防尘措施；运输包装箱顶面应贴"小心轻放""防潮""防晒"等标签，箱体侧面应贴上箭头朝上的标志。

5）设备储放

设备储放应注意事项：设备储放中应注意防潮、防雨、防尘、防日晒；易受温度影响的设备，根据其性能指标，采取防高温和防低温措施；数码相机、电池、电脑等易受潮湿影响的设备，其包装箱内应放置防潮剂；设备长期不使用，应定期（最长不超过一个月）通电、驱潮、维护、保养，并检测设备工作。是否正常。

二、数据传输与接收

无人机移动测量数据应按照适当的协议，经过一条或多条链路，在数据源和数据宿之间进行传递。数据链的基本作用是通过通信手段保证无人机之间、无人机与地面之间迅速交换、共享信息，提高协同能力。无人机数据传输系统又称为无人机测控与信息传输系统，是无人机移动测量系统的重要组成部分，由数据链和地面控制站组成，用于完成对无人机的遥控、遥测跟踪定位和信息传输，实现对无人机的远距离操纵和载荷测量信息的实时获取（周祥生，2008），其性能和规模在很大程度上决定了整个无人机系统的性能和规模（韩玉辉，2008）。

无人机的遥控是指地面控制站将飞行任务控制命令打包成指令形式，通过无线电上行信道发送至无人机自动驾驶仪，自动驾驶仪进行指令解码并把这些信号送到任务执行机构，由任务执行机构控制飞机飞行状态及任务设备工作状态。无人机的遥测是指利用无人机自动驾驶仪上的各种传感器或变换器，将采集到的多路信号包括无人机自身的运动和变化参数、任务设备的状态参数等，按某种多路复用方式集合起来去调制射频载波，最后经无线电下行信道传递到地面测控终端设备，用于显示、读取飞机的状态参数及测量信息数据，从而完成遥测的全过程（吴益明等，2006）。无人机搭载的任务载荷设备对地观测，将获取的地表信息以数字形式记录存储，机载测量平台控制主板通过输入输出设备读取数据，利用数字信号处理模块进行数据压缩处理，通过数据接口将压缩后的数据传至机载无线数据传输设备。在地面移动接收系统视距内，数据通过无线方式传给地面；若在视距外，采用中继方式，将数据转发给地面移动接收系统。接收系统将获取的数据实时解压，传送至计算机，就可以进行显示以及后续处理等（秦其明等，2005）。

目前世界上研制生产无人机系统的国家至少有20多个，其中美国和以色列处于领先地位。以美国和以色列为代表的国外无人机测控技术的现状可以归纳成以下几方面：

（1）在数据链的工作频段方面，为了适应数据传输能力和系统兼容能力增高的需求，除少数低成本、近距离或备用系统仍采用较低的 VHF、UHF、L、S 波段外，已大都采用较高的 C、X、Ku 波段。

（2）在数据链信道综合程度方面，已普遍采用"四合一"综合信道体制，但少数低频段的简单系统及某些特殊系统仍采用"三合一"综合信道体制；在无人机任务传感器信息传输方面，从20世纪90年代起已开始应用图像数字传输技术，目前已在大部分无人机测控系统中使用。无人机动态图像经压缩编码后，图像和遥测复合数据速率已减到最小为1～2Mbit/s。

（3）在数据链抗干扰技术方面，已普遍采用卷积、RS和交织等抗干扰编码，以及直接序列扩频技术。

（4）在无人机超视距中继技术方面，已实现了空中中继和卫星中继；在一站多机数据链技术方面，采用了先进的相控阵天线和扩频技术，能同时对多架无人机进行跟踪定位、遥测、遥控和信息传输。

（5）美国和以色列等国家已普遍重视无人机测控系统的标准化，逐步实现通用化、系列化和模块化。

我国的无人机测控与信息传输技术经过20多年的发展，已突破了综合信道、图像数字化压缩、宽带信号跟踪、上行扩频、低仰角抗多径传输、多信道电磁兼容、空中中继、卫星中继、组合定位、综合显示和机载设备小型化等一系列关键技术，已研制生产多种型号的数据链和地面控制站，采用视距数据链、空中中继数据链或卫星中继数据链，分别实现对近程、短程、中程和远程无人机的遥控、遥测、跟踪定位和视频信息传输，产品已与多种无人机型号配套，实现批域生产和装备使用；近年来，随着无人机系统应用范围和应用深度的发展，无人机单机系统在任务实施中出现各种弊端，世界各国相继开展了对多无人机系统的研究。而针对单机系统中的系统兼容性、通用性、有效性等方面的缺点，现在多无人机系统的研究主要集中在通用地面控制站系统及技术标准、多无人机系统的互操作能力、抗干扰一站多机数据链、多链路中继数据链及技术标准、机载共形相控阵天线技术等方面（吴潜等，2008）。

1. 传输系统组成

无人机数据传输系统主要由地面车载终端和机载终端两部分构成，机载终端由飞控系统（包括飞控计算机、机载传感器和执行机构等部分）和任务载荷等组成。终端之间的通信通过无线通信链路实现，无线通信链路负责接收由地面终端发送的控制命令、数据、机载传感器有关的无人机运动参数及GPS等信号，送给机载飞控计算机处理；飞控计算机输出控制指令到各个执行机构及有关设备，以实现对无人机的各种飞行模态的控制和任务设备的管理（何苏勤等，2012）。同时，飞控系统也把无人机的飞行状态数据及发动机、机载电源系统、任务设备等工作状态参数通过下行链路实时传回地面控制终端，为地面控制人员提供无人机及任务设备的有关状态信息，引导无人机完成飞行计划任务。

无人机移动测量数据传输系统的基本原理如下：任务传感器输出其捕捉到的目标图像信息。由于图像数据量巨大，需要进行图像压缩编码以实现图像信息的完整、实时传输；对压缩后的信息码流进行传输。为了避免在恶劣的电磁环境传输中产生误码和码间干扰，需对压缩后的码流进行纠错编码，对编码后的信息采用数字调制方式，以便信号发射；通过基于扩频技术的高频信号发射电路，将处理后的图像信息实时传回地面控制站，进行图像信息处理；将处理后的有用控制信息远程无线传回机载设备，实现机载设备、地面控制中心不间断的信息交流和通信。

（1）机载终端

机载系统主要由电台和机载数据控制板（包括上行数据控制部分和下行数据控制部分）组成，并通过串口和接口实现无人机飞控装置和传感器装置的连接。

机载数据控制板与地面数据控制板在硬件结构上基本相同。上行数据控制部分用来接收电台送来的上行数据，并解析出遥控信息、任务信息和管理信息，并通过串口和输入输出口送至飞控装置和传感器装置；下行数据控制部分用来接收飞控装置和传感器装置返回的遥测信息和任务下行信息，合并编码后，与图像数据一起送至电台发送。电台将合码后的上行数据送至上行数据控制部分的上行串口，并接收下行数据控制部分的下行串口的数据，向地面发送图像及飞控遥测信息、传感器装置任务下行信息等。机载部分各功能模块通过与通用微处理器的接口实现信息的交换，在微处理器的协调和调度下统一工作。这样一方面使得系统具有良好的扩展性和可维护性；另一方面适应有限的机载空间。图像采集与处理子系统实时采集影像数据，并将采集生成的数据进行编码压缩处理，通过无线通信模块向地面监控站传送。

图像编码发射部分应包括控制芯片、存储模块、图像采集模块、编解码模块、传输模块，以上模块在机载部分可实现图像拍摄、编码和发射功能；图像接收解码部分应包括控制芯片、编解码模块、显示模块、存储模块、传输模块，以上模块在地面站部分可实现视频图像的接收、解码功能。

1）图像处理模块

由于数字图像数据量很大，将给存储器的存储容量、通信主干信道的带宽以及计算机的处理速度带来极大的压力，图像编码压缩技术是解决大量数据存储和传输的有效方法，既节省空间，又提高了传输速率，使计算机实时处理、传输图像成为可能。目前图像编码压缩可分为有损压缩和无损压缩两种。无损压缩的数据解压后得到的数据质量最好，但压缩比低；有损压缩解压后数据质量较差，但压缩比高。静态图像压缩技术主要是对空间信息进行压缩，而对动态图像来说，除对空间信息进行压缩外，还要对时间信息进行压缩（侯海周，2007）。

图像采集及处理系统是一种高速数据采集及处理系统，通常包括图像的采集、图像的分析处理、图像数据的存储、图像的显示输出、各种同步逻辑控制等部分。对于图像的采集和输出，根据不同的制式选用不同的采样频率和数据格式；对于逻辑控制，通常选用各种逻辑控制电路，保证采集的实时性；对于图像的分析和处理，可以运用运行于微处理器上的处理程序，也可以通过图像专用处理芯片来完成。

对于图像采集及处理模块，无人机移动测量系统要求提供实时、高质量的图像。对于分辨率较高的数字图像，其数据量巨大，且无人机与地面只能通过无线方式通信，信道带宽有限，难以保证图像的实时传输，因此需要对数字图像进行编码压缩，在保证一定画质的前提下尽可能减少数据量。压缩工作可以通过软件或专用硬件完成。从技术上看，电子器件的集成度越来越高；从应用角度看，综合处理多媒体功能的需求越来越普遍，"集成到芯片中，设计在主板上"将会是新一代图像采集及处理系统的发展趋势（侯海周，2007）。

图像采集及处理模块包含图像信号采集与编码子模块、图像模-数采样子模块和压缩编码子模块，完成现场图像采集、采样、编码的过程，具体模块见表10-5。

表 10-5 具体模块

名称	内容
图像模—数采样子模块	该模块把从传感器输入的模拟图像信号以一定的采样频率离散化转化为数字图像信号，然后进行编码预处理转化为编码器可以处理的格式，然后送至压缩编码模块进行压缩编码
图像信号采集与编码子模块	该模块由云台和任务传感器组成。传感器采集模拟图像信号，为随后的模数采样模块提供信号源，整个模块通过 RS-232 与中心控制模块相连，用户可以通过控制信号实现云台远程控制，并通过水平方向和垂直方向的位置的改变来满足用户不同的需求
压缩编码子模块	该模块把输入信号通过高效的编码和压缩算法转换为可以无线传输的数字图像编码流。压缩编码的工作效率在很大程度上决定了整个系统的性能

2）无线传输模块

采用无线通信芯片构建，可实现数据收发功能。机载端接收地面无线发送的控制指令，向地面发送实时图像；地面端向无人机发送控制指令，并接收无人机发送的实时图像。

（2）地面终端

地面数据终端和地面控制站总称为地面测控站。地面数据终端可以与地面控制站部署在一起，也可以相隔一段距离，用电缆或光缆连接起来。将地面数据终端安装在地面控制站内时，可以认为地面控制站包含了地面数据终端，而且地面控制站就是地面测控站。地面终端主要由电台、数据控制板（包括上行数据控制部分和下行数据控制部分）组成，与控制主机（包括通信主机、飞控主机和任务主机）通过串行接口相接。

数据控制部分将从不同串口接收到的多路数据合并为一路上行数据送出，下行数据控制部分接收一路下行数据并解析出遥测信息和任务下行信息等送至各主机。地面控制主机中通信主机主要通过上行数据控制部分的串口来设置飞机的航路点、拍照点，检验通信链路，通过下行数据控制部分的串口接收遥测信息分析数据并监控飞机飞行状态等；数据控制的上行数据接收传感器航拍的视频图像，飞控主机通过上行数据控制部分的串口发送遥控指令以控制飞机飞行，通过下行控制部分的串口监测飞机飞行状态；任务主机通过上行数据控制部分的串 U 发送任务指令，传感器装置进行摄像或拍照等动作，并通过下行数据控制部分的串口接收任务下行信息；电台发送多路数据合码后的下行数据，并将图像实时显示在显示屏，将下行数据送至数据控制板的下行串口处理。

（3）中继站

中继站为地面终端和机载终端双向转发信息，以便延长无人机的作业距离。需要进行无线电视距外远距离作业时，采用中继装置。中继通信技术服务于远距离通信，通过采用中继方式对信号接收和放大，并以此实现信号间的相互传递。中继通信技术应用已较为广泛且成熟，常见的无人机数据传输系统中继方式有无线电中继、数传电台中继、卫星中继、移动通信中继、无人机中继等。

①无线电中继。无线中继模式，即无线接入点在网络连接中起到中继的作用，能实现信号的中继和放大，从而延伸无线网络的覆盖范围。无线分布式系统（WDS）的无线中继模式，就是可以让无线接人点之间通过无线信号进行桥接中继，同时并不影响其无线接入点覆盖的功能，是一种全新的无线组网模式。无线分布式系统通过无线电接口在两个接入点设备之间创建一个链路，此链路可以将来自一个不具有以太网连接的接入点的通信量中继至另一具有以太网连接的接入点无线中继模式。虽然使无线覆盖变得更容易和灵活，但是却需要高档接入点支持。如果中心接入点出了问题，则整个网络将瘫痪，冗余性无法保障，所以在应用中最常见的是"无线漫游模式"，而这种中继模式则只用在没法进行网络布线的特殊情况下，如使用于那些场地开阔、不便于铺设以太网线的场所。

②数传电台中继。数传电台，又称为"无线数传电台""无线数传模块"，是指借助数字信号处理技术和无线电技术实现的高性能专业数据传输电台。无线数传电台是采用数字信号处理、数字调制解调技术，具有前向纠错、均衡软判决等功能。

与模拟调频电台加调制解调器的模拟式数传电台不同，数字电台提供透明 RS232 接口，传输速率高、收发转换时间小，具有场强、温度、电压等指示，具有误码统计、状态告警、网络管理等功能。数字电台可以提供某些特殊条件下专网中监控信号数据的实时、可靠传输，具有成本低、安装维护方便、绕射能力强、组网结构灵活、覆盖范围远的特点，适合点多而分散、地理环境复杂等场合。

③卫星中继。按照卫星轨道不同，卫星中继可以分为低轨道卫星中继和同步通信卫星中继。低轨道卫星中继。建立基于低轨道卫星通信中继的无人机数据链有两个关键制约因素：一是目前卫星通信技术；二是通信传输体制的适用性。低轨道卫星中继的主要优点是轨道高度低，使得通信传输延时短、路径损耗小。执行任务的无人机与中继卫星在数字信号的编码上统一，并采用共同协议，建立标准通信链路实现无人机数字传输通信系统与中继卫星数字通信相接轨。同步通信卫星中继。国外近期研制的中远程无人机系统，普遍采用同步通信卫星作为空中中继平台，构成卫星中继数据链，转发无人机的遥控指令和图像或遥测信息，充分利用卫星波束的有效覆盖范围，实现无人机的超视距测控和信息传输；要实现远程无人机的超视距测控和信息传输，以采用卫星中继链路为最佳方案。利用地球同步轨道的通信卫星进行中继传输，只要在卫星天线的波束覆盖范围内，通信不受距离和地理条件的限制。而通信卫星的天线波束覆盖范围很大，如国内波束可覆盖整个中国大陆、周边和东南沿海地区。因此，利用卫星中继实现地面测控站与无人机之间的双向信息传送最为方便，这也是目前国际上远程无人机系统信息传输的首选方案。

a.移动通信中继：在无人机上可以将编码压缩处理后的监控信息通过电信网络（主要是指 3G、4G）接入模块和无线网络汇集到监控管理中心，监控人员可通过监控中心局域网或互联网远程实时浏览视频图像、遥控无人机。该方案具有传输距离远、设备成本低的特点，可以提供高效和经济的视频传输解决方案，并且不受复杂地形限制，特别适合远程监控的通信需求。但是，由于网络还不成熟，信号还不能全部覆盖，并且信号质量也有待提高，应用受到一定的限制。

b.无人机中继：无人机作为一个空中通信节点能够提供有效的通信带宽，增大系统容量和通信覆盖范围，弥补卫星的覆盖盲区，增强接收信号功率，能满足通信需求。与卫星通信和陆地移动通信相比，利用无人机作为通信中继平台进行通信支持具有巨大的优势。卫星通信覆盖区域广，但传输延迟大、造价昂贵、易受干扰；陆地移动通信部署周期长、成本高；而无人机通信平台部署方便，控制灵活，且通信设备容易升级换代（王鹏等，2011）。

无人机自组网属于无线局域网 wireless local area network 的范畴，具有组网方便、扩容便利和多种网络标准兼容的特性，这使得无人机网络能利用简单的架构，就可以达到移动终端的自由移动而保持与网络联系的目的（李俊萍，2010）。无人机自组网的基本思想就是将无人机网络中的每一架无人机所获得的信息通过无线网络达到实时的共享，从而极大地提高无人机系统对信息的处理速度和响应能力。这样无人机就可以更加有效、更大程度地利用获得的信息资源，大大地提高无人机在实际应用中的工作效率，扩大了无人机的应用领域和作用深度；多个无人机基于自身的传感器信息，可以在一定程度上实现相互间的协调与协作。作为一种特殊结构的无线通信网络，无线自组网的通信依靠节点之间的相互协作以无线多跳的方式完成，因此网络不依赖于任何固定的设施，具有自组织和自管理的特性。与传统通信网络相比，无线自组网具有无集中控制、自组织性、动态变化的拓扑结构、多跳路由、特殊的无线信道特征、移动终端的有限性和安全性不足等显著特点。

（4）天线

天线是用来将高频电能与电磁场能量进行转换的装置，是通信系统的重要组成部分，其性能的好坏直接影响通信系统的指标。所选天线要符合系统设计中电波覆盖的要求，要求天线的频率带宽、增益、额定功率等电气指标符合系统设计要求。无人机在空中飞行方向和位置都不固定，在机载系统的数据传输设备天线一般采用全向天线，而由于无人机对载荷质量的限制，天线的体积也不能过大。地面站对于远距离应用，采用定向天线对无人机的跟踪数据传输效果会更好。

（5）数据链

数据链实现地面控制站与无人机之间的数据收发和跟踪定位。数据链包括安装在无人机上的机载数据终端（ADT）和设置在地面的地面数据终端（GDT）。作用距离、数据传输速率和抗干扰能力是数据链最主要的技术指标。无人机数据链的上、下行信道数据传输能力不对称，传输任务传感器信息和测量数据的下行信道的数据速率远高于传输遥控指令的上行信道。作用距离决定了无人机的活动半径，是影响无人机移动测量系统规模的主要因素。

小型无人机机动灵活、操作简便，可完成针对目标的区域监测、小范围航拍等任务（何一等，2009），在移动测量中得到广泛应用。由于其载荷有限，作业环境复杂，对数据链系统的性能、体积和重量要求很高。

按照作用距离可以分为近程、短程、中程和远程无人机数据链。机载数据终端和地面数据终端之间必须满足无线电通视条件，不具备无线电通视条件时则要采用中继方式。因此，有视距数据链、地面中继数据链、空中中继数据链和卫星中继数据链等不同类型的数据链。数据链使用环境复杂多变，需要满足电磁兼容性好、截获概率低、安全性能高和抗干扰能力强的要求，保证在复杂环境下可靠工作。

整体的无人机通信硬件应满足需求见表10-6。

表 10-6　整体的无人机通信硬件应满足需求

名称	内容
重量和体积	考虑到无人机本身的负载能力，设备重量、体积不能过大
通信覆盖范围	飞控数据链在作业区域范围内稳定、安全传输
接口要求	通用方便扩展，一般串口和网口为较合适的选择，对其进行接口编程都较成熟
能够实现多点通信	小型无人机的覆盖范围相对来讲还是比较有限，如果需要执行远距离飞行任务，需要中继辅助来实现远距离飞行。在执行某些特殊任务时，单机无法满足作业需要，需要多机飞行，涉及多机通信，需要硬件层面上设备有能实现多机通信的能力
通信载荷要求	满足飞控数据链和任务载荷数据传输速率要求

2. 系统功能特点

无人机测控与信息传输系统主要功能可以概括为以下几点（吉彩妮等，2014）：完成对无人机载设备的遥控功能；完成对无人机载设备的遥测参数传输、记录、显示、回放等功能；完成对机载任务设备获取数据的传输、处理、显示和上报功能。

无人机移动测量测控与信息传输系统具有以下特点（刘荣科等，2002）：待传图像数据量大，数据相关性低；图像压缩算法简单、延时小、易实现；不同作业任务对数据的使用要求不同，通常要求对机载图像进行无损或近无损压缩；无人机作业环境复杂多变，尤其在执行应急任务时，环境条件恶劣，要求对通信通道稳定；在起飞降落过程中，容易出现飞行问题，要有可靠的控制手段，确保飞机的安全；系统要设计简单、性能可靠、体积较小，尤其是机载部分。

无人机携带的传感器多种多样，采集来的数据大小和格式也多种多样。虽然在传输数据之前对数据进行了压缩、过滤和融合等预处理，但是采集的数据一般为图像、视频等大数据量多媒体信息，并且随着无人机采集性能的提高，数据量迅速增加（石祥滨等，2012）。同时由于无人机速度较快，造成通信链路极不稳定。因此，如何提高无人机通信能力已经是无人机数据传输中急需解决的问题（Medinaetal，2010）。

3. 数据传输原理

（1）通信信道

无线信道按照频段的不同，可分为超长波、长波、中波、短波、超短波和微波。通信经常使用短波、超短波和微波。短波及超短波利用地球表面传播时，其传输距离近，适用于近距离通信，此外短波通信硬件的造价低、体积小、机动性好；无人机通信波段的选择一般集中在超短波的波段，传播方式以直接波传播为主。直接波传播方式的优点是通信稳定，由于频率很高，受天电及工业干扰很小，且超短波波段范围较宽，可容纳大量电台工作；缺点是受地形、地物影响大，通信距离一般都限制在视距内，一般会通过采用中继通信的方式提高通信距离。

在民用领域无人机通信系统，受相关法律法规限制，是不能够像军事领域那样占有专用的通信信道，占用相应信道要进行特殊申请。但是 ISM 频段则为无人机系统提供了丰富的频段资源，主要是开放给工业（902 ~ 928MHz）、科学（2.420 ~ 2.4835GHz）、医学（1.725 ~ 5.850GHz）3 个主要机构使用。该频段是依据美国联邦通信委员会 FCC 所定义出来，属于免费授权，并没有所谓使用授权的限制，无须许可证，在中国只需要遵守一定的发射功率（一般低于 1W），并且不要对其他频段造成干扰即可。

430MHz、900MHz、2.4GHz、5.8GHz 是各小型无人机系统数据链一般选用的频段。在 900MHz ISM 操作频段，采用商用无线射频数字电台可实现远距离无线通信。2.4GHz 频段的频率范围为 2400 ~ 2483.5MHz，该频段下无线局域网现在已经得到普及应用，借助于 Wi-Fi 设备，可实现低成本通用的无人机通信系统，同时也有着较大数据载荷的优势，但传输距离一般在 1km 之内。

移动信道作为通信信道中最复杂的一种动态信道（金石等，2004），主要有以下特点：传播的开放性。一切无线信道都是基于电磁波在空间的传播来实现开放式信息传输的；接收环境的复杂性。主要指接收地点地理环境的复杂性与多样性；通信用户状态随机。用户可以是准静态，也可能是慢速移动及高速移动。

无人机局域网是建立在无线信道上的网络，其通信系统是一个典型的数字通信系统，具有数字通信系统的基本结构。但是，由于无人机网络的工作环境特点，无人机网络通信的信道除了具典型的移动通信信道的 3 个特点外，还具有表 10-7 中的特点（李俊萍，2010）。

表 10-7　无人机网络通信的信道特点

特点	内容
信号衰落速度快	无人机工作速度快，作为一个无线终端来说具有很大的机动性，这必定会引起信号的衰落，甚至是深度信号衰落
信号强度变化大	无人机网络工作时，在同一区域可能有许多的无人机在同时工作，且无人机通常是以运动的状态工作的，所以无人机工作的距离会变化很大，这就直接导致了信号在发送和接收时的强度变化大

特点	内容
网络存在异质节点	无人机机群构成的局域网络一般是同质的，但随着无人机机群规模增大，有可能因为任务需要而构成异质网络，导致各个节点的通信能力和信息处理能力有较大的差异；在与外部的网络之间通信时，也会出现这样的情况
噪声和多径干扰强	无人机的工作距离是变化的，工作环境更加复杂，再加上无线电波的开放传播特性，这都会使通信的过程中有更多的噪声干扰引入系统；同时由于不同路径信号的反射和吸收等因素，多径干扰也会很强
动态变化的网络拓扑	无人机网络中终端能以任意可能的速度和形式移动，受发射功率变化、无线信号干扰、气象条件不同等因素影响，移动终端间的无线信道形成的网络拓扑随时可能发生变化，而且变化的方式和速度都是难以预测的

（2）调制方式

对于无线数据传输系统，数字调制方式的选择很多，选择无人机通信系统的调制方式时，考虑的主要因素有频谱利用率、抗干扰能力、对传输失真的适应能力、抗衰落能力、信号的传输方式、设备的复杂程度等。

COFDM，即编码正交频分复用，是目前世界最先进和最具发展潜力的调制技术，在大功率、远距离、高速率的无线设备中广泛使用。其基本原理就是将高速数据流通过串并转换，分配到传输速率较低的若干子信道中进行传输；COFDM 的特点是各子载波相互正交，使扩频调制后的频谱可以相互重叠，从而减小子载波间的相互干扰。COFDM 每个载波所使用的调制方法可以不同，各个载波能够根据信道状况的不同选择不同的调制方式，合成后的信道速率一般均大于 4Mbit/s，可以胜任大数据量的传输任务。编解码以频谱利用率和误码率之间的最佳平衡为原则。COFDM 技术使用了自适应调制，根据信道条件的好坏来选择不同的调制方式。COFDM 还采用了功率控制和自适应调制相协调的工作方式，信道好的时候发射功率不变，可以增强调制方式，或者在低调制方式时降低发射功率，满足了当前民用数据链对于大数据量数据链的需求。

（3）干扰分析

无人机无线通信系统有可能工作在干扰较强的环境，包括自然干扰噪声、工业电波干扰等。自然干扰来自于信道传输衰落、多径衰落、大气或雨雪带来的干扰噪声以及接收机内部的热噪声等。工业电波干扰则包括电网传输电缆的电磁影响、GSM 通信系统的干扰、同频段电台的相互影响等。

（4）通信距离分析

通用无人机通信系统一般在超短波范围进行无线通信。在该频段，无线电波的传播特点是直线传播，不像长波和中波那样可绕过障碍物贴地传播，也不能像短波那样穿过电离层通过反射传播，所以无人机通信系统用超短波的传播首先遇到就是视距问题，即通信节点必须是中间无障碍的可视距离下进行传输，而通信所能达到的距离也就是超短波所能达到的距离。因为地球为椭圆形的，凸起的地表弧面会挡住视线，导致地表曲率对超短波的传播有较大距离传输的影响。

（5）通信协议

通信协议定义了数据传输的载体及编码方式、传输接收与发送如何实现等具体细节。根据无人机系统的要求，除了满足一般协议的指标之外，还需要满足性能可靠、容易配置、可扩展、多机通信等指标。

GCS 协议，是由麦克普特公开发的一种空地通信协议，是按位编码的空地通信协议规范，针对固定翼飞机的应用，该通信方式主要是针对单机与地面站通信。（Koller 等，2005）在无人机通信方面做了相应的研究，在原来单无人机与地面站的通信架构的基础上改进，实现了无人机多机通信，通过表来管理数据链信息实现多机系统通信。

1）飞控数据链协议

飞控数据链内容主要由上行的无人机控制器参数信息、轨迹规划信息及下行的飞机状态信息组成。飞控数据链是保证无人机安全、稳定、自主飞行的必备数据链，必须保证其安全性和可靠性。飞机控制器参数及轨迹规划信息，一般根据无人机飞行需要随机非周期性发送，数据量较小；下行的飞机状态信息，一般周期性发送，数据量相对较大。飞控数据链是一个典型的非对称数据链，上行信息是数据量较小且随机的，而下行数据则是周期性的大数据量数据（孙雨，2011）。

①下行协议结构与内容。现在民用无人机数据链系统实现下行数据传输有两种方式：一种是对于各种不同类型的数据予以分别传输，根据需要按照不同传输频率进行下传；另一种是将所用信息合成个数据串下传。不同类型数据分别传的优点是可以按需以不同的发送周期发送各种数据，节省带宽资源，在保证紧急信息的高频传输外，对某些不必要的信息以较慢的速度传输即可；缺点是在软件处理上会更加复杂。合成传输则是快慢信息的传递都是按照同样的频率传输，在快慢信息中实现折中权衡，但代价是某些慢信息对资源的浪费和对较快的信息不能即时反映；通常情况下，将所有的周期性下行数据按照传输速率不同分成快慢两种信息，这样既能保证带宽相对充分利用，又可以实现对不同数据速度协调的需求。

②上行数据协议。上行数据方面，操作者输入控制参数数据，形成了参数数据报文，在轨迹规划方面同样在轨迹规划地图上设定的轨迹规划目标点形成了任务数据报文，并将控制器参数和轨迹规划数据上传至机载计算机。

③机间数据协议。机间数据为多机飞行条件下各飞机以恒定周期向机群广播自己的位置及速度信息，用来实现避障规划及中继位置规划。

④报文打包及解析。数据报文的编码可以采用三种数据编码形式：第一种是采用二进制编码方式，如 GCS，该种数据报文编码在数据传输率比较受限的条件下比较有效，但是数据编码和程序处理都更复杂，现在能买到的通信设备在数据传输速率方面都不存在较大限制；第二种采用字符串编码，这种方式会增加数据报文的长度，对通信硬件的数据传输速率和容量提出了更高的要求，现在一般的通信设备也可以满足这样的数据容量需求，但是会造成一定通信容量的浪费，其程序处理也较为复杂而且数据精度也受到限制；第三种是数据，根据其不同的数据类型长度直接以字节为单位进行逐位压包，形成字节流，在解析包时自行解析、提取各不同类型的数据段，给数据效率和数据通用处理都提供了方便，在信息报文打包及解析过程中使用广泛。报文的正确性在无人机系统收发中尤其重要，解析函数根据数据协议定义来保证接收报文的准确性。

2）任务数据链协议

任务数据链一般为下行的应用信息，如图像、视频或其他测量数据。数据量一般会非常大，需达到 Mbit/s 级别的数据传输率。硬件任务数据链有两种选择：一是采用以图传设备为主的数据传输链路，辅以简单的串口低速下行通道，可得到处理好的图像、视频资料；二是选择采用无线网桥，用通用的 TCP/IP 协议即可以实现各种类型遥感数据的组织传输。

3）机间协调协议

多机应用主要考虑到中继远距离任务执行、多机协调执行等应用，还有在多机条件下的相互避障交通管理。协议主要通过两个方面实现：一是在基于安全避障及轨迹规划应用下，无人机定期向所有其他编队飞机发布自己的位置、速度、航向等信息，飞机接收到相应的信息与自己的位置进行比较，实施避障规划，在中继任务时对中继机的位置规划；二是在多机地面站上可以根据任务需求管理无人机之间的通信，如要求某飞机传送特定信息给另一架指定飞机，实现部分飞机向地面站传送特定信息等。

4）无线通信协议

TCP/IP 协议能够适应不同的网络体系结构和不同的链路传输，在无线通信中的应用也日益增加。为了增强系统与外部通信网络和设备的兼容性，非对称链路的传输协议应广泛使用，并已成为互联网络标准的 TCP/IP 协议，并且这样可以使用许多现成的工业标准的网络产品和现有比较成熟的技术，大大缩短了研制周期，在获得较高效费比的同时，还具有更好的兼容性。无线信道的特点是延时大、链路误码率高、易受外界干扰、主机计算能力和带宽资源的不对称性等。信道通信特性会随时间和地理位置而变化，链路层差错控制对服务质量的影响也是随时间变化的，缺乏网络自适应性。因此，为固定网络开发的 TCP 无法很好地应用于移动通信和卫星等无线链路中。在无线网中，大多数的数据丢失是由于以下原因造成：数据包在高误码率的无线链路（存在突发性错误和信道的时变性）上传输发生的错误；链路层时延和带宽不对称。无线网络尤其是卫星网络链路层时延要比有线网络的时延大得多，标准 TCP 设定的定时器超时间隔有时候不够大，导致发送端超时并启动拥塞控制；同时蜂窝网络、卫星网络、军用数据链网络等，上行链路的带宽均小于下行链路的带宽，容易造成确认消息丢包，降低 TCP 性能；连接临时断开（由信号衰落、其他的链路错误或移动主机的移动和频繁切换引起）。

Balakrishnan 等（2001）总结了一些解决这些问题的方法：在每一个连接的上行流管理一个包队列，使得各响应有平等的机会被传输而不被多个大的数据包延迟；慢启动后延迟响应。即在慢启动后缩减确认符的数量，对几个包发送一个确认符；响应过滤。这也是一种延迟响应的方法，但它取决于发送方发送的速度。发送得快，返回的响应就少；发送得慢，返回的响应就多。而且响应是预先产生，在发送方发送速度快时就把原生成的响应修改为对现在的数据段的响应，因而称其为过滤；依赖于拥塞窗口响应，即接收方跟踪发送方的拥塞窗口，然后根据拥塞窗口决定响应的速度；头压缩。因为发送的多数包都有很多相同的字段值，因而可以对两边的协议进行修改，使得接收端发送的响应只有少量不相同的数据，然后在发送端自动恢复，这样就可以节省带宽。

（6）网络传输性能

研究无人机通信网络的传输性能首先需要分析各个节点之间直达链路的传输性能，然后根据"木桶的短板原则"，即链路的整体传输性能受限于性能最差的直达链路，同时考虑中继节点对链路性能的影响，得出通信链路的整体性能。链路的连通性是直达链路的性能分析的关键问题，对于满足连通性要求的链路，采用信息速率表征其有效性，用误码率表征其可靠性（梁永玲等，2006）。

①直达链路的性能。对于通信链路"连通性"的判别，首先是根据节点高度信息计算通信终端之间的最大通视距离，如果小于节点的实际距离，则说明两个节点之间的距离超出了视距通信范围，认为直达链路中断；然后，根据系统对所传输数据规定的基本误码率（BER）要求以及信息的调制编码方式，可以计算出链路的收信门限电平，如果节点实际的收信电平小于门限电平，链路不能提供要求的通信质量，认为链路中断，反之链路连通。

当收信电平满足条件时，根据香农定理可以估算信道容量，从而确定发射机的当前最大的信息发送速率。当所估算出的信息传输速率低于所要求的数据速率的下限值时，信道发生快衰落，导致不能通过提高载噪比来改善的恶化，认为链路中断。若当前通信链路连通，可由实际接收电平和接收机入口处的噪声功率得到当前实际的载噪比，进而估算归一化比特能量信噪比，根据系统所采用的调制编码方式，可以获得当前系统的误码性能。

②多级链路的性能。在无人机数据传输网络中，为了实现远距离作业，许多节点并不是直接与地面站连通的，而是通过一级中继甚至多级中继实现的。中继节点在通信过程中所起的作用主要是对信息的转发，而中继节点两边链路的速率可能不一致。因此，链路整体的信息发送速率必定受到较低速链路的限制。而且，即使中继节点对数据的转发处理过程中无误码产生，多级链路的误码性能仍不可能优于最差的单级链路。另外，由于中继节点对数据进行转发的处理过程需要一定的时间，这必然增大链路的时延。指令处理的时延开销在中继节点也是一个不可忽视的方面，尤其在发送大量的短消息时，控制开销和真正用于发送信息的开销成正比例增长。

4. 系统设计原则

针对不同种类的无人机系统，在设计中主要考虑影响测控与信息传输系统规模和复杂度的体制要素。飞机类型不同，传输体制可以不同。数据传输系统主要体制要素包括频段、测控与通信的复合方式、传输速率、信道编码、调制方式、抗干扰抗多径措施、中继方式和多址体制等。无人机测控系统的资源主要包括频率、带宽等要素，需要考虑以下原则：根据无人机系统特点，不同种类的无人机系统对信息量的需求不同，分别使用不同的频段；拓展可用频带宽度，减小频道步进间隔，增加频道数量，为频率管理和调配创造条件；大型无人机的传输系统用频尽量向高频靠拢，以便获得较宽的可用带宽和相对较好的电磁环境。

（1）多数据链的综合管理设计

随着中、远程无人机的发展，单一的数据链已不能够满足要求，需配备多条链路同时保证无人机的安全及作业能力。根据无人机性能需求，一般同时配置多条数据链，用于无人机与地面控制站视距范围内及超视距的测控与信息传输。多数据链的配置一方面增加了系统的冗余度，提高了系统的可靠性，扩展系统的作用距离；另一方面也带来了多数据链综合管理问题；目前大多无人机系统都相应配备多套无线电数据链，当多数据链同时工作时，需要实现数据链之间的相互管理和监控。当前国内外无人机测控与信息传输系统，大多采用在基带配置数据管理单元或通信管理器的方法实现设备管理和监控。数据管理单元完成机载各数据链设备及其他设备的状态采集和控制信号分发、图像的压缩、各链路遥测信息与图像数据的复合等工作，数据管理单元输出的遥测与图像复合数据或遥测数据经过各链路的调制、放大等处理后发送至地面或卫星。由于数据管理单元或通信管理器的任务较多、实现复杂，必然带来设备可靠性的降低，成为整个无人机数据链的瓶颈。一旦出现故障，整个测控与信息传输系统处于瘫痪状态，致使无人机不能正常完成作业任务。

（2）故障检测设计

由于无人机测控与信息传输系统比较复杂，外界存在许多不可控制的干扰因素，致使链路出现故障概率增加，而且在系统出现问题或故障时没有故障告警信息，也没有预留故障检测点，不管机载设备还是地面设备故障，都只有一个故障现象，那就是链路中断。此时，很难判断是地面故障还是机载故障，只有通过更换地面站或是更换机载设备初步判断。即使故障锁定在机载或地面站后，由于没有预留故障检测点，没法对设备进行检查，给排除故障带来了很大的困难，因此设计时必须做好故障检测设计。

（3）人机界面友好设计

由于无人机工作的特殊性，大多通过长时间的作业获取有用信息，且各种信息都是通过地面控制软件来传递给飞行控制员。飞行控制员根据地面站软件显示的无人机工作状态信息实时去调整无人机飞行姿态，去控制任务载荷获取图像。友好的人机界面设计及无人机操作智能化水平，有助于飞行控制员减少误操作概率，提高无人机安全及任务完成效率。

地面控制软件在设计时应满足基本的人机工效要求，主要体现在以下几点：①重要、关键参数显示方法；②故障告警提示方法；③友好的操作界面显示方法；④信息标准化显示方法。

目前无人机地面站在软件界面设计中增加平显软件，飞行控制员不仅能有身临飞机座舱的感觉，又能通过平显软件观察各种飞行参数信息，通过实时前视视景图像观察，引导无人机安全着陆。

（4）电磁兼容设计

无人机由于装载各种电子设备，本身就是一个复杂的电磁辐射体。无人机测控与信息传输系统要想在这样的一个复杂电磁环境中正常工作，就必须具有一定的电磁兼容措施和方法，与其他系统能够兼容工作。测控与信息传输系统在电磁兼容设计方面应充分考虑，完善设计，避免由于内部机载设备的干扰而引起链路工作的不稳定，影响无人机作业任务的完成。

无人机数据链有上、下行信道，还要考虑多机、多系统、多任务载荷同时工作时的电磁兼容，在频段选择和频道设计上进行周密考虑，并采取必要的滤波和隔离措施。

（5）抗干扰设计

抗干扰能力是无人机测控系统性能的重要指标。抗干扰、抗多径方法要进行综合考虑，根据系统应用的信道特点，选择合适的抗干扰、抗多径方法。无人机测控系统常用的抗干扰方法有功率储备、高增益天线、抗干扰编码、直接序列扩频、调频和扩频调频相结合等。既要不断提高上行窄带遥控信道的抗干扰能力，也要逐步解决下行宽带图像和遥测信道的抗干扰问题。

（6）地面控制站通用化设计

无人机系统必须具备网络化通信能力，从而达到通信容量、稳定性和可靠性及频繁的互操作的要求，提高多型无人机协同作业能力，实现信息共享。为提高无人机作业能力、实现信息共享，必须解决地面控制站通用化问题。要做到这一点，须在用户界面、操作系统、数据链路、传输协议等方面建立统一的无人机标准，这也是无人机测控与信息传输系统研究的新发展方向。

5. 系统关键技术

要实现无人机通信组网及通信中继的应用方案，需要传感器网络及通信网络对大量的信息进行实时处理和传输。一方面要通过数据融合技术，增加信息的可信度并减少冗余信息的传数，充分发挥各信息系统自身的信息优势；另一方面要建立高效的数据链系统，提供信息处理、交换和分发的功能，实现信息高速可靠的传输和交换。无人机数据无线传输方案涉及以下关键技术。

（1）信息融合技术

信息融合是对多源信息进行综合处理的技术，它把来自多传感器和多信息源的数据及信息加以联合、相关和组合，以获得精确的信息估计。多传感器信息融合的基本原理就是充分利用多个传感器的资源，通过对这些传感器及其观测信息的合理支配和使用，把多个传感器在空间和时间上的冗余或互补信息依据某种准则进行结合，使得所集成的系统由此获得比其他各组成部分的子集所构成的系统更优越的性能。

信息融合技术提高了系统的性能，准确、迅速、可靠及全面地获取并反映系统状况，具有许多优势：基于传感器的冗余配置和多个传感器采集信息的冗余性，可以提供稳定的工作性能并增强系统的容错性；由于信息的冗余性和互补性，经过信息融合后，可以更全面、更准确地描述环境特征，提高信息的可信度；使用了多种传感器，增加测量空间的维数，显著提高系统性能。

（2）数据压缩编码技术

图像信号是任务传感器视频信息的主要形式，传感器输出的数据量很大，而无线信道的带宽较窄、误码率高，故必须对其进行数据压缩。将图像信号进行数字压缩编码有利于减小传输带宽，也有利于采用加密和抗干扰措施。针对不同类型数据，采用适合机载条件、实时性强、失真小的数字压缩技术，可减少运算量，降低硬件资源，节省大量存储空间，提高运算速度。

（3）无线信道纠错编码技术

无人机系统中，无人机网络的传输信道属于时变信道，信道传输中环境噪声、自然干扰、人为干扰及频率选择性衰落等都可能造成误码传输，压缩算法产生的码流在该信道下对差错也特别敏感，故很有必要对图像压缩信息进行纠错编码，降低其误码率，减小系统传输时延，以实现可靠传输。

错误包括随机错误和突发错误。因此，在纠错编码方法的选择中，应根据错码的特点来设计编码方案。实际上，两种差错类型在信道中往往是并存的，这时就应该用能同时克服这两种错误类型的纠错编码，或者同时使用两种纠错编码方法。为了在已知信噪比情况下达到一定的比特误码率指标，首先应该合理设计基带信号，选择调制解调方式，采用时域、频域均衡，使比特误码率尽可能降低。但实际上，许多通信系统的比特误码率并不能满足实际的需求，如果引入差错控制技术，增加系统的冗余度，则会在很大程度上增强系统的抗干扰能力。目前常用的差错控制技术有 3 类，即前向纠错（FEC）、检错加自动重发（ARQ）和混合纠错（HEC）。

Turbo 码适合宽带图像信息的远距离无线传输，满足纠错编码的要求，且具有删余特性，适合对压缩后的信息进行非平等纠错保护。因此，在微型无人机的数字图像无线传输中，利用删余 Turbo 码对图像压缩信息进行纠错编码，不仅能实现较高的峰值信噪比，且能在变化的噪声干扰信道环境中更稳健、更可靠地传输。

（4）信号扩频调制技术

欲提高图像传输距离，需提高发射信号功率、提高接收灵敏度及采用高增益天线，因此图像数字信号调制与高频信号发射电路设计非常关键。采用扩频技术降低信号功率谱密度，可以增强抗干扰能力，提高信息传输可靠性。扩频通信系统（李俊萍，2010）是指将待传输信息的频谱用某个特定的伪随机序列调制，实现频谱扩展，然后再送入信道中进行传输，在接收端再采用相同的伪随机序列进行相关解调，恢复出原来待传输信号的数据。按照通信系统扩展频谱的方式不同，现有的扩频通信系统大体可以分为直接序列扩频、频谱跳变扩频、时间跳变扩频、线性脉冲调频、混合扩频 5 种。

近年来，在传统扩频方式的基础上出现了一种混合扩频方式——二维扩频。Samad 等（2007）提出了时间域扩频与频域扩频串联方式的二维扩频概念，它既有时域扩频的优点，又有频域扩频的优点，充分利用了时域、频域的特性，使系统具有更高的处理增益，从而大大提高了系统的抗干扰性能和抗衰落性能，使其具有信号发射功率小、抗干扰能力强、抗多径多址能力强、抗跟踪干扰及抑制远近效应等一系列优点。直扩或跳频混合扩频是一种较为流行的时间域扩频和频率域扩频串联的二维扩频方式（Jinetal，2001）。它将直接序列扩频与跳频技术相结合，集中了两者的优点，具有极强的抗干扰能力。但这是以增加设备复杂性为代价取得的，不利于硬件实现；而且为了获得足够大的处理增益，系统占用带宽太大，这就减少了可供跳频的信道数。

随着扩频技术的发展，产生了一种新的在时域的混合扩频技术二次扩频（陈惠珍等，2004）。所谓二次扩频，就是在时域用一组扩频码的基础上，用另一组扩频码再扩频一次。两组扩频的码字在长度上可以相同，也可以不同。它是在传统时域直接序列扩频的基础上使用了两组扩频码，基本工作方式仍然是直接序列扩频，是对传统时域直接序列扩频的推广，是移动通信领域中一种新兴的扩频技术。

由于二次扩频系统采用了两组扩频码，其处理增益为两组扩频处理增益的乘积，这样就增强了系统的抗干扰能力。另外，二次扩频相当于增加了一次分组码式纠错编码，提高了信道的纠错能力。

无人机自组网对信道编码技术的要求相比单机高很多，它不仅是简单地增加了系统的无线终端，更增加了对系统控制、抗干扰能力、隐蔽信号等要求，而扩频通信本身的优点正好可以满足无人机网络对信号高速和安全传输的要求，它在无人机组网中的突出作用主要体现在以下几个方面：提高了频谱利用率，保证了无人机网络的信道容量；加强了无人机网络的抗干扰能力；提高了无人机系统的扩容能力和兼容性。

扩频通信利用扩频码序列进行调制，可以充分利用不同码型的扩频码序列之间优良的自相关特性和互相关特性，以不同的扩频码来区分不同用户的信号。无人机系统可以在同一频带上让更多的终端同时通信而互不干扰，还可以与其他通信系统进行连接，提升了无人机网络和其他系统的兼容性。

（5）抗干扰传输技术

抗干扰能力是无人机传输系统性能的重要指标，既要不断提高上行窄带遥控信道的抗干扰能力，也要解决好下行宽带图像与遥测信道的抗干扰，以及山区等恶劣环境条件下的抗多径干扰问题；由于无人机通信链路的各个环节都由大量的电子设备组成，这些设备将产生大量的电磁辐射。对无人机来说，要求它必须实时地传输图像、遥测数据及定位信息，故无人机向地面站或中继机的电磁辐射也是不可避免的。鉴于此，无人机不可避免地面临着各种强电磁干扰，而这些干扰主要包括遥测遥控信号干扰和导航定位系统干扰两个方面（徐靖涛等，2007）。

（6）超视距中继传输技术

当无人机超出地面测控站的无线电视距范围时，数据链必须要采用中继方式。根据中继设备所处的空间位置不同，可以分为地面中继、空中中继和卫星中继等。地面中继方式的中继转发设备置于地面上，一般架设在地面测控站与无人机之间的制高点上，主要用于克服地形阻挡，适用于近程无人机系统；空中中继方式的中继转发设备置于合适的空中中继平台上。空中中继平台和任务无人机间采用定向天线，并通过数字引导或自跟踪方式确保天线波束彼此对准。作用距离受中继航空器高度的限制，适用于中程无人机系统；卫星中继方式的中继转发设备是通信卫星上的转发器。无人机上要安装一定尺寸的跟踪天线，机载天线采用数字引导指向卫星，采用自跟踪方式实现对卫星的跟踪。这种中继方式可以实现远距离的中继测控，适用于大型的中程和远程无人机系统，其作用距离受卫星天线波束范围限制。

（7）一站多机数据链技术

一站多机数据链是指一个测控站与多架无人机之间的数据链。测控站一般采用时分多址方式向各无人机发送控制指令，采用频分、时分或码分多址方式区分来自不同无人机的遥测参数和任务传感器信息。如果作用距离较远，测控站需要采用增益较高的定向跟踪天线，在天线波束不能同时覆盖多架无人机时，则要采用多个天线或多波束天线。在不需要任务传感器信息传输时，测控站一般采用全向天线或宽波束天线，当多架无人机超出视距范围以外时，需要采用中继方式。

（8）通信网络跨空域切换技术

如何满足无人机业务通信的灵活性、适应性、带宽可控性和信息/数据流服务实时性，对指挥与控制通信网络提出了更高的要求。为满足栅格化网络发展需求，需要建立以网络为中心的无人机通信网络，实现足够的稳定性、可靠性、强大的互联互通和互操作性。单基站地空数据链通信覆盖距离有限，为了实现大区域任务调度，必然需要跨越多个地—空数据链子网，而不同的切换方式直接影响系统数据传输的延时和数据丢包性能，关系到无人机系统性能。构建适用于大区域任务调度的地—空数据链通信网络，给出多种跨空域切换的判决准则，并提出多种有效的跨空域网络切换方法，是重要的研究方向（范贤学等，2012）。

（9）数据包调度技术

无线网络介质的特殊局限性使网络提供的服务质量成为瓶颈。在诸多影响因素中，数据包调度是最细致、能直接影响数据流上行、下行的因素，也是无线网络系统兑现服务质量承诺的核心构件。数据包调度的目标是在保证信道带宽资源的公平性的同时，满足带宽资源最大限度的分配。目前，研究适合于信道出错、通道容量可变的无线网络理想流调度系统及其数据包调度算法是无线领域研究的一个热点问题。

（10）拥塞控制技术

拥塞控制是确保因特网稳定和通信流畅的关键因素，也是其他管理控制机制和应用的基础。拥塞问题存在的根本原因是网络带宽和缓存等资源不够。一方面要继续改进已有的端到端拥塞控制，将其作为网络中的主要拥塞控制机制；另一方面可以在路由节点中采用包调度算法和缓存管理技术，在网络层实现拥塞控制的策略，同时在效率和性能之间，注意处理好权衡问题。目前，网络层在处理拥塞方面采用的方法有先进先出法、反馈自适应调整法和随机早期检测法等（余昀，2008）。

6. 未来发展趋势

无人机系统已成为当今高新技术装备发展的热点之一，随着各种新型无人机的不断出现和广泛应用，对无人机数据传输技术提出了新的、更高的要求，无人机数据传输技术的主要发展趋势主要包括以下几个方面：

（1）随着无人机载荷能力的提高，机上任务传感器的数据量将越来越大，要求数据链下行数据传输速率进一步提高。因此，要研究更高性能的无人机图像数据压缩技术、更高数据速率的高速数据调制解调技术、更高频段的宽带收发信机技术。

（2）随着无人机技术的发展，无人机在恶劣环境下的使用也越来越广泛，要求数据链进步提高抗干扰能力。因此，要研究更高性能的抗干扰数据链技术，特别是宽带数据的抗干扰技术及适应山区等恶劣环境条件的抗多径干扰技术。

（3）根据无人机多机编队执行任务的需要，对一站多机数据链和多链路中继数据链的需求日益迫切。因此，将加快一站多机数据链技术的研究，提高多无人机导航定位精度和数据传输能力，还要研究多机和多链路无人机测控与信息传输网络技术，特别是采用空中中继和卫星中继多链路方式的远程无人机测控与信息传输网络技术；随着无人机系统的大量应用，为了实现多机多系统兼容与协同工作，实现互通互联互操作和资源共享，提高无人机测控系统使用效率，对无人机测控系统通用化和标准化的要求越来越迫切。因此，要研究通用数据链技术和通用地面控制站技术，制定合理的无人机测控系统标准，进一步提高无人机测控系统通用化、系列化和模块化的程度。

第三节　数据压缩编码、储存与管理

一、数据压缩编码

无人机移动测量数据分辨率高、重叠度大，在短时间内会大量获取，在数据实时传输过程中受到通信条件限制。在保证实时传输的前提下，需要采用高性能图像压缩编码技术，以减小或者消除图像压缩损耗，提高重构影像质量。本节主要介绍了无人机移动测量数据常用的压缩技术、压缩标准、压缩方案及压缩质量评价等。

无人机测量数据压缩与解压系统是无人机数据传输链路中的重要组成部分，与多模态传感器、任务载荷传感器平台控制系统以及飞行器平台的数据实时传输链路都有密切关系（秦其明等，2006）；无人机利用各种成像传感器获取影像，并通过数据链将影像数据实时传输给地面系统。随着无人机数量的增多以及任务数据量的增大，给通信带宽带来了很大的压力，有效的解决方法是利用压缩算法压缩数据信息的容量。同时，无人机一般在高空、高速飞行的情况下对地面景物进行摄像，所得到的图像与一般的图像有很大的区别：图像内目标像素小且目标数量大，帧内相关性差；图像是满屏运动，帧间相关性差。因此，图像的压缩编码必须采用高分辨率且具有运动补偿的算法，以满足较低比特率下高质量的图像压缩和传输（毛伟勇，2009）。

图像压缩编码的核心问题是如何对数字化的图像进行压缩，以获得最小的数据，同时尽可能保持图像的恢复质量（谢清鹏，2005）；图像压缩可分为无损压缩编码和有损压缩编码两大类。无损压缩编码仅仅删除图像数据中的冗余信息，在解码时能精确地恢复原图像，是可逆过程；否则，就是有损压缩编码。

无损压缩编码可分为基于统计概率和基于字典的方法两大类。基于统计概率的方法是依据信息论的变长编码定理和信息熵有关知识，用较短代码代表出概率大的符号，用较长代码代表出概率小的符号，从而实现数据压缩。受信息源本身的熵的限制，它不能取得高压缩比，因而无损压缩编码又称为熵编码。

有损压缩编码是利用图像中像素之间的相关性，以及人的视觉对灰度灵敏度的差异进行编码，进一步提高图像编码的压缩比，是图像压缩编码的重要研究方向。常用的方法有变换编码、预测编码、矢量编码等。由于允许有一定的失真，因而有损压缩编码较无损压缩编码在压缩比倍数上高许多，具有更大的压缩潜力，因此当前图像压缩编码的研究主要集中在有损压缩编码。

①编码流程。在实际的图像压缩系统中，为了提高编码效率，都是将无损压缩编码和有损压缩编码结合在一起使用。图像压缩解压缩系统由预处理功能模块、压缩编码功能模块、传输编码功能模块和解压缩功能模块四大功能模块组成。其中，预处理模块一般采用软硬件结合的方法来实现，当输入图像信息为压缩系统规定的标准格式时，直接进入降噪等处理；否则，先进行格式变换，得到标准格式的图像，再进入降噪处理器进行降噪等处理，具有实用、灵活和快速等特点。

②方法原则。无人机一般在高空、高速飞行的情况下对地面景物进行拍摄，所得到的图像与一般的图像有很大的区别，图像压缩编码必须采用高分辨率且具有运动补偿的算法，以满足较低比特率下高质量的图像压缩和传输的要求（崔麦会等，2007）。为了满足无人机载图像信息实时传输的要求，图像压缩解压缩编码算法应考虑以下因素（郭丽艳，2005）：压缩编码算法复杂度要适中，包括算法复杂性、运行时间，以及可否并行处理等；压缩编码算法应具有自适性，能根据感兴趣区域的不同，采用不同的压缩比；应具有一定的抗误码性，即抵抗误码在图像解码过程中的扩散影响；编码和解码应大致对称；方案应具有适应性，能按照使用用途的不同而灵活修改；具有较强的安全性，在编码和解码中应采取加密措施，增强传输的安全性。

③实现方式。图像压缩系统的实现方式一般分为三种：纯软件压缩系统、纯硬件压缩系统以及软硬件结合的压缩系统。纯软件压缩系统的特点是灵活性强、软件资源丰富、开发周期短，但高实时性要求带来的高性能计算机和使用性价比都有一定的限制；纯硬件压缩系统是采用专用芯片或可编程器件实现高速实时压缩技术，其特点是实时性好、可靠性高，但灵活性差、开发周期长；软硬件结合压缩系统，则集成了软硬件两种压缩系统的优点。无人机系统图像压缩编码系统通常采用软硬件结合的压缩方式，既能保证压缩解压缩系统的高实时性，又提高了系统的灵活性和适用性。

1. 数据压缩原理

图像数据包含大量数据，但这些数据往往是高度相关的，为进行数据压缩提供了充分的可能性。冗余包括空间冗余、时间冗余、统计冗余及视觉冗余等，见表10-8。

表10-8　冗余包括内容

名称	内容
时间冗余	该冗余在图像流中表现为，相继各帧对应像素点的值往往相近或相同，连续图像间的内容变化不大，有很大的相关性。因此，不传送像素点本身的值而传送其与前一帧对应像素点的差值，也能有效地缩码率。预测编码就能有效消除图像时间上冗余度以达到压缩的目的
空间冗余	一幅图像相邻各点的取值往往相近或相同，在空间上存在着很大的相关性，这就是空间冗余度。从频域的观点看，意味着图像信号的能量主要集中在低频附近，高频信号的能量随频率的增加而迅速衰减。通过频域变换，可以将原图像信号用直流分量及少数低频直流分量的系数来表示，这就是变换编码能消除图像冗余信息达到数据压缩的依据

续表

名称	内容
视觉冗余	视觉冗余是相对于人眼的视觉特性而言的，主要指人眼视觉系统对图像的对比度、色彩、空间、时间以及频率等特性的分辨能力有一定的限度。因此，包含在色度信号、图像高频信号和运动图像中的一些数据，并不能对增加图像相对于人眼的清晰度做出贡献，而被认为是多余的，这就是视觉冗余。视觉冗余主要包括对比度敏感性、色彩敏感性、纹理敏感性、空间频率敏感性等几个方面。视觉冗余压缩的核心思想是去掉那些相对人眼而言是看不到的或可有可无的图像数据。在帧间预测编码中，大码率压缩的预测帧及双向预测帧的采用也是利用了人眼对运动图像细节不敏感的特性
统计冗余	对于一串由许多数值构成的数据来说，如果其中某些经常出现，而另外一些值很少出现，则这种由取值上的统计不均匀性就构成了统计冗余度，可以对其进行压缩。消除此类图像冗余的数据压缩方法有霍夫曼编码等

除了上述提到的几种冗余外，图像冗余度还包括构造冗余、知识冗余等。

各种不同的压缩方法都是利用了上述各种信息冗余的部分或全部，从而实现图像的压缩。图像数据压缩的复杂性在于图像的相关性质较为复杂，不具备理想的平稳性质，单一的相关模型不可能刻画所有的情况。解决海量遥感数据存储和传输的关键在于研制使用高性能、适合网络传输的图像数据压缩算法（罗睿，2001）。在长期的探索中，图像压缩不仅在压缩理论、算法中不断进步，而且在算法的硬件化、标准化和商业化的道路上也取得了同样显著的成就。

传统的数字图像压缩技术主要有预测（PMC、DPMC）、向量量化、层次化、子波和变换编码等方法。近年来，神经网络法、基于模型基、分形与小波变换及适宜于噪声信道的编码技术是研究的热点。各种压缩标准一般都成功地采用了一种或多种以上的压缩技术。

2. 压缩编码技术

根据编码理论，图像压缩又可分为概率统计编码、预测编码、变换编码等。常用的霍夫曼编码、算术编码、游程编码和 LZW 编码都属于概率统计编码，由于这些编码都是基于图像的统计特性，因此压缩比与图像冗余度呈正相关。预测编码则首先预测目标值，然后根据预测值与实际值的差进行量化和编码，最后在接收端解码，根据预测值和解码值重建图像。DPCM 作为最重要的预测编码方法，易于硬件实现，在许多领域得到了广泛的应用，其最大的弱点是降低了抗误码能力，容易造成误码扩散现象（严俊雄等，2008）；随着近年来数学方法与工具的发展，变换编码获得了长足的发展，成为最有效的压缩方法之一。变换编码的基本思想是从频域（变换域）的角度减小数据相关性，通过正交变换将数据从相关性很强的空间域变换到相关性较弱的变换域，并通过保留方差较大的变换系数，舍弃方差较小的变换系数来实现压缩。常用的变换有 KI 变换、DCT 变换、DST 变换、DFT 变换及 DWT 变换等。离散余弦变换作为最成熟的技术，在很多领域得到了广泛应用，而离散小波变换也因其显著的特点引起了越来越多学者的关注（严俊雄等，2008）。

基于提升方案的 IWT（小波变换）和改进 SPIHT 的图像压缩算法，压缩率明显高于基于 DCT 的压缩算法，而且比第一代小波变换运算效率高、压缩率可调，对信道噪声具有很强的鲁棒性（Saidetal，1996）。基于自相似性和尺度变化无限性的分形图像压缩方法能获得相当高的压缩比和很好的压缩效果，虽然目前还不够成熟，但是具有很大的潜力。

无人机处于高速运动状态，压缩中需采用运动补偿技术，其关键在于：首先需要检测前后帧之间局部哪个位置有运动和运动到哪里，也就是要对图像子块的运动向量进行计算和估值，简称运动估值。运动估值不仅是计算机视觉领域中的一项重要技术，而且也是视频图像通信和压缩编码的关键技术，它的精度对编码效率具有极其重要的影响。

（1）熵编码

对于一串许多数值构成的数据来说，如果其中某些值经常出现，而另外一些值很少出现，则这种由取值上的统计不均匀性就构成了统计冗余度，可以对其进行压缩。熵编码的思想是对那些经常出现的值用短的码组来表示，对不经常出现的值用长的码组来表示，因而最终用于表示这一串数据的总的码位，相对于用定长码组来表示的码位而言得到降低。

熵编码定理表明：对非均匀概率分布的信源使用等长编码时存在表示上的冗余。因此，熵编码的作用就是从数据描述意义上去消除数据的冗余，压缩系统一般都会最后利用熵编码技术来提高数据压缩的效率。

熵编码代表性的技术有赫夫曼编码、算术编码、LZW 编码、位平面编码、分层记数编码 HNC（Oktemetal，1999）等。赫夫曼编码的原理是对出现频率高的符号分配较短的码字，对出现频率较低的符号分配较长的码字，从而达到数据压缩的目的，是一种最优码。在图像压缩领域，以赫夫曼编码和算术编码最为常用，JPEG 就推荐使用这两种方法，它们都是基于概率统计特性的变字长编码方法。

（2）预测编码

预测编码是指根据一定的规则先预测出下一个像素点或图像子块的值，然后把此预测值与实际值的差值传送给接收端。具体方法是：当前帧在过去帧的窗口中寻找匹配部分，从中找到运动矢量；根据运动矢量，将过去帧位移，求得对当前帧的估计；将这个估计与当前帧相减，求得估计的误差值；将运动矢量和估计的误差值送到接收端去；接收端根据收到的运动矢量将过去帧做位移，再加上接收的误差值，即为当前帧。

由于运动矢量及差值的数据低于原图像的数据量，因而也能达到图像数据压缩的目的。

实际应用中根据参考帧选取的不同，具有运动补偿的帧间预测可以分为前向预测、后向预测和双向预测，双向预测的压缩效果最为明显。

预测编码是利用图像信号在局部空间和时间范围内的高度相关性，用已经传出的近邻像素值作为参考，预测当前像素值，然后量化、编码预测误差，最常用的是差分脉冲编码调制法（DPCM）。DPCM 所传输的是预测误差，即经过再次量化的实际像素值与其预测值之间的差值。预测值是借助待传像素值附近的已经传出的若干像素值估算（预测）出来的，由于图像信号临近像素间的强相关性，临近像素的取值一定很接近，因此预测具有较高的准确性。预测误差所需要的量化层数要比直接传送像素值本身减少很多，DPCM 就是通过去除临近像素间的相关性和减少对传送符号的量化层数来实现码率压缩的，"预测"这种映射本身并不引入误差，实际应用中为提高压缩比经常使用量化器，使得最终恢复的图像产生失真。

在视频信号中，图像在相邻帧间存在很强的相关特性。帧间预测是利用帧间的时间相关性来消除图像信号的冗余度，提高压缩比，是一个有利于运动序列图像压缩的重要方法。通常采用 DPCM，用已经编码传送的像素来预测实际要传送的像素，即从实际像素值中减去作为预测参考对象的像素值，而只传送它们的差值，从而降低图像编码的比特数。由于画面上运动部分在帧与帧之间有连续性，也就是说当前的图像的某些局部画面可看作前面某时刻图像的局部画面的位移。运动补偿法是跟踪画面内的运动情况，对其加以补偿之后再帧间预测，即利用反应运动的位移信息和前面某时刻的图像，来预测出当前的图像，运动补偿后所得的预测差值更小，从而提高了压缩效率。

由于线性预测较简单，易于硬件实现，因此在图像压缩编码中得到广泛运用，但预测编码也有其自身的缺点：依赖于图像相邻像素间的相关性，但很多航测图像的相关性较弱；对信道误码的敏感性，由于被传送的预测误差要在解码器中与预测值叠加重建原始信号，而预测值是由先前接收到并重建的像素值预测出来的，因此，传输误码在解码器中有累积效应，一个传输误码会引起一系列错误的解码重建值，即形成差错扩散。

在经典的图像编码技术中，预测编码和变换编码是两类主要编码方法。但随着成像技术的发展，以及对于大压缩比下的图像质量要求，单独的预测编码已不能适应遥感图像数据压缩的需要。

（3）量化技术

量化处理的作用是在一定的主观保真度图像质量前提下，丢掉那些对视觉效果影响不大的信息，即把动态范围大的输入映射为一个动态范围小的输出集合，其根本目的是缩减数据量。量化是造成图像编解码信息损失的根源之一。由于对不同的频率分量的视觉感受不同，所以在量化器设计时，可以根据不同频率分量的视觉响应效果和动态量化要求选择亮度、色度的量化步长，可以分为标量量化和矢量量化两种。

标量量化有均匀的标量量化和非均匀的标量量化两类，均匀的标量量化使用均匀的量化区间量化连续数据，而非均匀量化则相反。在基于小波的压缩研究中，对标量量化最有意义的发展是零树编码中的渐进量化思想。渐进量化使用不断改变的量化步长对小波系数进行量化，从而形成了嵌入式的编码数据流，极大地推动了小波压缩算法的研究。

矢量量化利用了系数之间的相关性，一般能够取得比标量量化更好的性能。矢量量化的一般过程是，先确定输入矢量的构成方式，然后根据样本的统计特性将矢量空间划分为不同的子区域，其区域中心形成码本。量化时，找到输入矢量的最临近子区，输出其编号，完成矢量量化；解码时直接以标号代表的码本作为输出矢量即可，码本的设计和搜索算法是矢量量化的关键。矢量量化不仅可以作为图像编码系统中的量化环节使用，而且可以成为一种独立的图像编码方法，利用被量化图像数据之间的相关性进行压缩，具有较高的数据压缩性能。

矢量量化步骤如下：先把图像的每 K 个样值分为一组，每个样值可以看成是 K 维空间的一个矢量；对每个矢量进行量化。

由信息熵定理可知，当数据相关的时候，采用多维编码将比一维编码有更小的平均编码熵；在数据的相关阶数不小于编码维数的条件下，高维编码总会比低维编码有更高的编码效率。另外，当数据为 K 阶相关时，任何高于 K 维的高维编码也仅能以 K 维编码的平均编码熵为下限，即矢量编码的矢量维数 K 最高不应高于数据的相应阶数。

矢量量化编码的突出优点是解码器非常简单，主要是一个存有码矢量的码书，通过查找表很容易实现。矢量量化编码的主要缺点是编码过程计算复杂，码矢量搜索的计算负担大；矢化编码所能达到的图像质量取决于很多因素，包括像素矢量块的大小、像素间的相关性、码书对编码图像的适应性等，主要适合于低码率图像编码。对于高码率、随地貌不同变化很大的图像而言，矢量量化方法的复杂度过高，并且很难建立有充分代表性的训练集，不利于压缩；量化通常都还要涉及一个很重要的问题，即如何进行字节分配。字节分配的含义是在一定的比特率条件下，如何确定不同波段的量化步长以使信噪比最大。

（4）变换编码

变换编码是指将给定的图像变换到另一个数据域（如频域）上，使得大量的信息能用较少的数据来表示，从而达到压缩的目的。图像变换利用了图像的相关性，其目的是使图像在变换域有更好的统计分布特性，以有利于量化的实施和提升数据摘编码的效率。数据压缩的核心是量化和逼近，一旦选定了量化的具体方法，在有误差的情况下，数据逼近的性能就完全取决于所采用的图像变换的性质。

常用的图像变换有 KL、离散傅里叶变换（DFT）、离散余弦变换（DCT）、小波变换（WT）、离散阿达马变换（DHT）、子波变换等。各种变换的根本区别在于选择不同的正交向量，得到不同的正交变换。正交变换在不同程度上减少随机向量的相关性，而且信号经过大多数正交变换后，能量会相对集中在少数变换系数上，删去对信号贡献小（方差小）的系数，利用保留下来的系数恢复信号时不会引起明显的失真。KL 在均方误差准则下，理论上是一种最佳的变换，但由于基向量的选取与信号的统计特性有关，不具有普遍适用性，同时缺少快速算法导致不能被普遍应用，只有理论价值。DCT 在信号的统计特性符合一阶平稳马尔可夫过程时，十分接近 KLT，变化后能量集中程度较高；即使信号的统计特性偏离这一模型，DCT 的性能下降也不显著。由于 DCT 的这一特性，再加上其基向量是固定的，并具有快速算法等原因，在图像数据压缩中得到广泛的应用。目前许多国际标准如 JPEG、MPEG、H26X 等都采用了 DCT，但是编码过程会使物体在景象中的位置略有移动，即发生几何畸变。另外，在高压缩比场合，重建图像可能出现晕圈、幻影，产生"方块"效应。近年来，在高比率图像压缩应用，关于小波变换图像压缩算法的研究和应用十分活跃。小波变换由于其整体变换和时频局部化分析的特点，突破了傅里叶变换的局限。与 DFT、DCT 不同，它在时域和频域上同时具有良好的局部化性质，对高频成分采用逐步精细的时域（空间域）取样步长，可以聚焦到对象的任意细节，方便产生各种分辨率的图像，适应于不同分辨率的图像输入输出设备和不同传输速率的通信系统，新的视频和静止图像压缩国际标准都将以小波变换为基础。

1）离散余弦变换编码

离散余弦变换是一种时域到频域的正交变换，图像数据经其变换后可以得到频谱分布，广泛用于图像数据压缩，被认为是视频图像压缩中最有效的变换编码。目前静止图像处理方法绝大多数是基于离散余弦变换，虽然已经取得了相当广泛的应用，但是利用编码的核心是将图像分块后再量化编码，因而存在方块效应和蚊式噪声，即使在编码系统中采用后滤波处理和自适应量化等处理手段，效果仍然不佳（刘荣科等，2002）。

离散余弦变换是将图像子块从空间域转换到频率域，然后按低频到高频的顺序重排。由于图像频谱从低到高逐渐衰减，可以在一定量化等级下进行舍弃，从而达到压缩的目的。DCT 变换在信息压缩能力和计算复杂性之间提供了一种很好的平衡，最主要的两个优点是低复杂度和能量集中性好，成为很多国际图像压缩标准的基础，如 JPEG 和 MPEG 等。DCT 压缩的前提是表征图像信息的能量集中在变换域内，它才能分离出图像的高频和低频信息，然后对图像的高频部分进行压缩达到压缩图像数据的目的。而高频信息恰恰表征的就是纹理等细节信息，因此 DCT 处理过程很容易造成图像纹理信息的丢失，易产生"方块"效应，压缩效果不是很理想。

由于 DCT 的低复杂度和能量集中性好，将其应用于影像数据压缩的研究仍在进行中，目前的研究主要有以下几个方面。

DCT 块效应的去除。DCT 的块效应导致块边界的隔绝，进一步造成重建图像边界处的配合不好。针对块效应问题，重叠技术被引入图像压缩技术中，其原理是实现信号的部分重叠处理。基于 DCT，以消除块效应为目的的重叠变换具有两类典型的变换流程：一类是在 DCT 变换后的频域进行重叠变换（Malvar，1998）；另一类是在 DCT 前直接在时域进行重叠变换（Tranetal，2003），常称为后处理和预处理，一般统称为双正交重叠变换。

EDCT 算法（Pen-Shuetal，2000）输入的原始图像数据要求是 8X8 的数据块，算法先对数据块进行去除相关性的变换，包括二维 DCT 变换、横向 DCT 加纵向 MLT 的混合变换和二维 MLT 变换三种。一维 MLT 变换用到 16 个输入系数，其中 8 个系数是当前块内的，另外 8 个系数分属水平方向左右两端的两个块，因而在编码时同处于水平位置的子块是相互联系的，可利用水平位置相同的数据块间的混叠消除 DCT 所固有的方块效应。目前也有采用直接在 DCT 域中进行检测和消除块虚像技术的趋向，其特点是当一个 DCT 系数由拉普拉斯概率函数模型化时，减小块虚像可以对 DC 系数和 AC 系数进行修正或重新计算。（Triamafyllidis 等 2002）提出，在由每个 DCT 块所形成的大小为原图像 1/64DC 图像中，采用 Sobel 梯度算子把原图像所有边缘块划分成 3 类，然后用不同的类处理方法进行处理，能在尽可能多地保留原图像完整性的同时减小块虚像；目前基于块 DCT 编码的方法还有改进变换手段和对变换信号的修正，如形状自适应 SA（shapeadaptive）-DCT。除了上述改进变换手段外，还有一种修正信号适应于 DCT，如 DCT 块内的外像素用外插值（特殊时用块内平均值）的填充 RF（regionfilling）-DCT 等。最近提出的注重区域编码的区域支撑 RS-DCT（Minetal，2006）综合了自适应变换和外插法的优点，进一步拓展了新的研究与应用空间。同样，将小波变换和 DCT 相结合去除 DCT 的块效应（Liewetal，2004），综合两者的优点，取得了良好效果。

基于 DCT 方法的整数实现。对 DCT 研究的另一个方向是其整数实现。在图像压缩中，图像的像素值为整数，对其实施整数到整数的变换可以保证信息的无损表示；整数变换的另一个重要特点是计算复杂度低，适合硬件实现。借助于提升方法的数学思想，人们开始研究基于提升结构的整数 DCT，如 Tran（2000）提出了 8 点整数 DC，利用提升方法将 Malvar 的双正交重叠变换部分整数实现，并将之应用到图像压缩，得到与目前 JPEG2000 推荐使用的 CDF9-7 小波几乎相同的压缩效果；Fong（2002）等对各种重叠变换的整数实现进行了研究，提出了：ILT。

2）小波变换编码

小波变换是 20 世纪 80 年代后期发展起来的一种新的信息处理方法，它是继傅里叶变换之后又一里程碑式的发展，解决了很多傅里叶变换不能解决的困难问题，是空间（时间）和频率的局域变换，能更加有效地提取信号和分析局部信号。用于图像编码时，多尺度分解提供了不同尺度下图像的信息，并且变换后能量大部分集中在低频部分，方便对不同尺度下的小波系数分别设计量化编码方案，在提高图像压缩比的情况下能保持好的视觉效果和较高的峰值信噪比。因此，在新的国际静态图像压缩标准 JPEG2000 中，9-7 与 5-3 双正交小波被分别推荐为有损压缩与无损压缩的标准变换编码方法。目前由多尺度、时频分析、金字塔算法等发展起来的小波分析理论成为遥感图像压缩、处理和分析最有用的工具（Servettoetal，1999）。小波变换用于图像编码的基本思想就是对图像进行多分辨率分解，分解成不同空间、不同频率的子图像，然后再对子图像进行系数编码。系数编码是小波变换压缩的核心，实质是对系数的量化压缩。DWT 能够实现能量的集中，大大改善了压缩质量；选择适合人类视觉系统的小波基函数，能改善压缩图像的主观效果。

基于小波变换的图像压缩步骤是：把纹理复杂性作为区域重要性的衡量标准进行图像分解；为重要区域进行标码确保重建的图像质量；对非重要区域进行矢量编码，达到压缩的目的。

基于小波变换的图像压缩的主要优点如下：具有较高的压缩比；可以压缩数据量非常大的图像；可以多种分辨率显示影像数据；可以进行选择性解压，仅对影像部分区域进行解压，解压速度快；可实现即时、无缝、多分辨率的大量图像浏览，无须等待、无须分块处理；小波分解和重构算法是循环使用的，易于硬件实现。

目前，在遥感图像压缩应用领域，基于二维离散小波变换的算法比较常用，如 JPEG2000、ECW 和 MRSID 等。

（5）分形编码

分形图像编码突破了以往熵压缩编码的界限，在编码过程中采用类似描述的方法，通过迭代完成解码，且具有分辨率无关的解码特性，是目前较有发展前途的图像编码方法之一。编码特点是：压缩比高，压缩后的文件容量与图像像素数无关，压缩时间长，解压缩速度快。分形图像编码的思想最早由 Barnsley 和 Sloan 引入，随着几十种新算法和改进方案的问世，目前分形图像编码已形成了三个主要发展方向：加快分形的编解码速度，提高分形编码质量，分形序列图像编码；分形是通过图像处理技术将原始图像分成一些子图像，然后在分形集中查找这样的子图像。分形集存储许多迭代函数，通过迭代函数的反复迭代，可以恢复原来的子图像。

分形编码压缩步骤：把图像划分为互不重叠的、任意大小的 D 个分区；划定一些可以相互重叠的、比 D 分区大的尺分区；为每个 D 分区选定仿射变换表。

分形编码解压步骤：从文件中读取 D 分区划分方式的信息和仿射变换系数等数据；给 D 图像和 R 图像划定两个同样大小的缓冲区，并把 R 初始化到任一初始阶段；根据仿射变换系数对其相应的 R 分区做仿射变换，并用变换后的数据取代该 D 分区的原有数据；对所有的 D 分区都进行上述操作，全部完成后就形成一个新的 D 图像；再把新 D 图像的内容拷贝到 R 中，把新 R 当作 D，D 当作尺，重复迭代。

（6）模型基编码

模型基编码把图像看作三维物体经摄像机在二维图像平面上的投影，利用图像的轮廓、区域等二维特征，或者物体本身的三维形状、运动参数等三维特征，甚至三维物体模型等，通过对输人图像和模型的分析得出模型的各种参数（几何、色彩、运动等），再对参数进行编码传输，由图像综合恢复图像，这是一种利用图像内容的先验知识来进行编码的方法。不同于传统的波形编码，它充分利用了图像中景物的内容和知识，可实现高达 $10^4:1$ 和 $10^5:1$ 的图像压缩比，恢复后的图像类似于动画，只有几何失真而无经典编码中出现的颗粒量化噪声，使图像质量人大提高。模型基编码的核心是对模型本身或模型参数进行编码传输，如果模型足够好，对模型的描述又足够成熟，那么模型基编码就有很强的利用性。根据信源模型和编码方法的不同，模型基图像编码分为区域基编码、分割基编码、物体基编码、知识基编码和语义基编码等。在经典编码中，DPCM/DCT 混合编码效率高、时延短、技术成熟，目前已被多种视频编码标准所采纳；由于计算复杂度和技术成熟程度等原因，分形编码、神经网络编码、模型基编码等新的压缩编码方法短时间内很难应用于影像数据实时压缩领域。

3. 压缩编码标准

随着图像压缩技术的发展，图像编码方法繁多，发展也相当迅速，根据不同应用目的而匍定的图像压缩编码的国际标准相继被推出，再加上数学、工程技术以及计算机本身体系结构对硬件性能的深入发展和提高，使得图像编码的理论和技术得到了前所未有的发展和应用。目前制定静态图像编码标准的主要是 JPEG 组织，先后提出了 JPEG 和 JPEG2000 两套静态图像压缩标准。JPEG 标准是基于离散余弦变换（DCT）的变换编码，JPEG2000 采用了以离散小波变换为核心的压缩技术。小波变换是一种同时具有时—频分辨能力的变换，优于传统余弦变换之处在于它具有时域和频域"变焦距"特性，十分有利于信号的精细分析。与 JPEG 相比，JPEG2000 在静态图像压缩和数据的访问上面提供了更高的效率和更大的灵活性（马社祥等，2001）。

视频压缩的历史开始于 20 世纪 50 年代，经过 50 多年的深入研究与应用，已经形成了一套比较系统、成熟的视频编码技术（陈坤，2012）。运动图像专家组专门负责制定多媒体领域内的相关标准，主要应用于存储、广播电视、因特网或无线网上的流媒体等；国际电信联盟（ITU）则主要制定面向实时图像通信领域的图像编码标准，如图像电话、图像会议等应用。国际电信联盟视频编码专家组（ITU-TVCEG）和国际标准化组织运动图像专家组（ISOMPEG）于 2001 年合作形成了联合视频组（JoimVideoTeam，JVT），共同开发新一代的低比特率视频标准 H.264（胡伟军等，2003）。

（1）JPEG 系列标准

1）JPEG 标准

JPEG 是国际标准化组织（ISO）和 CCITT 联合图像专家组的英文缩写，代表静态图像压缩编码标准。与相同图像质量的 GIF、TIFF 等其他常用文件格式相比，JPEG 是静态图像压缩比最高的一种编码方法。正是由于其高压缩比，使得 JPEG 被广泛地应用于网络带宽非常宝贵的多媒体和网络程序中。JPEG 标准很好地利用了人眼对图像不同视觉信息敏感度不同的特性，其核心算法为离散余弦变换。离散余弦变换算法是将空间域的图像变换为频率域的图像，然后对不同频率域的图像采用不同的量化步长，从而达到保留视觉敏感信息、丢弃视觉不敏感信息的效果。在压缩过程中，图像被细分为 8X8 的像素块，对这些像素块进行从左到右、从上到下的 DCT 计算、量化和变长编码分配等处理。作为一种对称的压缩，JPKG 压缩与解压的时间基本相同。JPEG 压缩编码易于硬件实现，因此在图像压缩领域使用最为普遍；最大的问题是在大压缩比的情况下出现的严重"方块"效应和"边缘"效应。

JPEG 算法适用于灰度和颜色连续变化的静止图像，分为有损压缩和无损压缩两种，具有顺序编码、累进编码、无失真编码和分层编码 4 种操作方式。JPEG 有损压缩方法是以 DCT 为基础的压缩方法。JPEG 无损压缩方法又称预测压缩方法。但最常用的是基于 DCT 变换的顺序型模式有损压缩，又称为 JPEG 基本系统（Baseline），具有先进、有效、简单、易于交流的特点。

JPEG 标准采用的是一种高压缩比的有损压缩算法，其压缩过程主要包括表

10-9 中的 3 个基本步骤。

表 10-9 压缩过程基本步骤

步骤	内容
使用量化表对 DCT 系数进行量化	量化表是一个量化系数矩阵，通过量化可以降低整数的精度，减少整数存储所需的位数。量化过程除掉了一些高频分量，损失了高频分量上的细节。由于人类视觉系统对高空间频率远没有低频敏感，经过量化处理的图像从视觉效果来看损失很小。由于低空间频率中包含大量的影像信息，经过量化处理后，在高空间频率段出现大量连续的零，有利于通过编码减小数据量
对量化后的 DCT 系数进行编码使其熵达到最小	遥感图像数据经过 DCT 和量化之后，在高频率段会出现大量连续的零，采用赫夫曼可变字长编码，可使冗余量达到最小
通过离散余弦变换（DCT）去除数据冗余	DCT 是影像压缩的重要步骤，是压缩过程中量化和编码的基础，它通过正交变换将图像由空间域转换为频率域，对于 NXN 维的数据，经变换以后仍然得到 NXN 的数据。虽然 DCT 变换本身并不对影像进行压缩，但变换消除了数据之间的冗余性

由于 JPEG 优良的品质，目前网站上 80% 的图像都是采用 JPEG 标准。然而，随着信息技术的发展，传统 JPEG 压缩技术已经无法满足人们的要求。因此，1997 年国际标准化组织（ISO）和 JPKG 小组，联合开始了 JPEG2000 国际标准的制定工作。

2）JPEG2000 标准

JPKG2000 标准具有极低码率下的高压缩性能，对于有限带宽的遥感图像传输系统有很大意义，在无人机图像传输系统中具有很好的应用前景；JPEG2000 标准提供无损和有损压缩两种模式，允许通过累进增加像素精度和空间分辨率来重建图像，不用牺牲图像质量和增加比特流就能从比特流中有效抽取低比特率的图像。当对有重要意义的遥感图像压缩码流解码时，可以通过累进方式逐步恢复图像精度；而对于那些不太重要的图像数据，可以通过解出前面的码流就能浏览全图，从而节省时间。JPEG2000 标准提供了固定码率、固定大小，而且允许在比特流中定义特殊区域（ROI），并对该区域进行任意的访问和处理。当遥感图像中某些目标区域有重要意义时，就可以使用比图像其他部分小得多的失真度对该区域解压缩，从而实现压缩率与高信息保真的较好结合。最重要的是 JPKG2000 标准提供了有效的抑制比特误码措施，能保证当错误发生时解码器依然能解码，而且具有良好的鲁棒性，能较好地恢复图像（张晓林等，2008）。

相对于 JPEG 标准，JPEG2000 放弃了以离散余弦变换（DCT）为主的区块编码方式，改用以离散小波变换为主的多解析编码方式。此外，JPEG2000 还将彩色静态画面采用的 JPEG 编码方式与二值图像采用的 JBIG 编码方式统一起来，成为对应各种图像的通用编码方式。不仅在压缩性能方面明显优于 JPEG，它还具有很多 JPEG 无法提供或无法有效提供的新功能。它把 JPKG 的 4 种模式（顺序式、渐进模式、无损模式和分层模式）集成在一个标准之中，在编码端以最大的压缩质量（包括无失真压缩）和最大的图像分辨率压缩图像，在解码端可以从码流中以任意的图像质量和分辨率解压图像，最大可达到编码时的图像质量和分辨率，主要特征（马社祥等，2001）如下：

①高压缩率。由于离散小波变换将图像转换成一系列可更加有效存储像素模块的"子波"，JPKG2000 格式的图片压缩比可在现在的 JPEG 基础上再提高 10% ~ 30%，而且压缩后的图像显得更加细腻平滑。

提供无损和有损两种压缩方式，同时 JPEG2000 提供的是嵌入式码流，允许从有损到无损的渐进解压。

②渐进传输。JPEG 图像下载是按"块"传输的，因此只能逐行显示，而采用 JPEG2000 格式的图像支持渐进传输，即先传输图像轮廓数据，再逐步传输图像细节数据，图像的显示就由模糊到清晰逐渐变化。

③感兴趣区域压缩。小波在空间和频率域上具有局域性，要完全恢复某个局部图像信息，只需要相对应的一部分编码系数精确，不要求整幅图像都保存。因此，可以指定图片上感兴趣区域，然后在压缩时对这些区域指定压缩质量，或在回复时指定某些区域的解压缩要求。

④码流的随机访问和处理。允许用户在图像中随机地定义感兴趣区域，使得这一区域的图像质量高于其他图像区域，也允许用户进行旋转、移动、滤波和特征提取等操作。

⑤容错性。在压缩后数据的传输过程中，很有可能会在码流中出现位级别错误，这常发生在无线传输过程中，码流的容错性就可以使得解码过程顺利进行。

⑥开放的框架结构。开放式架构中编码器只需要实现核心的工具算法和码流的解析，使得在不同的图像类型和应用领域可以优化编码系统。

⑦基于内容的描述。图像文档的索引和搜索是图像处理中的一个重要领域，基于内容的描述，针对此种应用提供了一个快捷的解决手段，是 JPEG2000 压缩系统的重要特性之一。

JPEG2000 的编码步骤如下：对源图像数据进行预处理；进行小波变换将空域图像信息转换为具有空域和频域双重特征的小波系数；对小波系数进行量化；采用 EBCOT 算法和 MQ 算数编码器进行熵编码，最终形成 JPEG2000 编码流。

相比 JPEG，JPEG2000 使用了许多新的压缩技术，如用离散小波变换（DWT）

代替了基于 DCT 编码算法。离散小波不仅提供了多分辨率特性，还使图像能量集中而能达到更好的压缩比，整型小波滤波器还可以在一个压缩码流中同时提供失真和不失真效果。传统的内嵌编码算法，如 EZW 和 SPIHT 只有 SNR 渐进性。JPEG2000 在 EBCOT 算法的基础上，将各小波子带划分为更小的码块，以编码块为单位独立作编码，并采用了内嵌块部分比特平面编码和率失真后压缩技术，对内嵌比特平面编码产生的码流按贡献分层，以获得同一编码流具有分辨率渐进特性和 SNR 渐进特性。在比特平面编码时，不同的码块产生的比特流长度是不相同的，它们对恢复图像质量的贡献也是不同的，利用率失真最优原则对每一码块产生的码流按照对恢复图像质量的贡献进行分层截取，最后按逐层、逐块的顺序输出码流（刘方敏等，2002）。

（2）MPEG 系列标准

1）MPEG-2 标准

MPEG-2 是 1991 年 5 月被提出并于 1993 年 7 月得到确认的国际标准，支持基于内容的操作和码流编辑，自然与合成数据混合编码，增强的时间域随即存取；具有多个并发流编码能力，实现对景物的多视角编码，具有通用存储性；提供一种抗误码的鲁棒性，可以实现基于内容的尺度可变性；对重要的对象用较高的时间或空间分辨率表示，具有自适应使用可用资源的能力。作为第一个面向对象的图像编码标准，MPEG-2 的出现具有很重要的历史意义。

MPKG-2 视频标准是活动图像信息的通用编码标准，基本算法同 MPEG-1，但增加了帧间预测，更适用于活动图像编码。MPEG-2 视频标准用于视频图像编码，码速率稍高，但具有较高的分辨率，而且图像质量很高。

编码步骤如下：压缩编码前对视频处理，进行杂波消除并根据应用需要降低分解力，减少色分量或进行隔行连续扫描变换等；进行运动估值以指导消除图像中的时间冗余等成分的运动补偿；消除图像中空间冗余成分；量化和变字长编码；通过缓冲器输出压缩编码后的比特流，以供信道编码传输。

MPEG-2 为了对不同的应用需要提供不同的编码方式，提出了型（profile）和级（level）的概念。型是 MPEG-2 的子集，共分 5 个，它们是 High、Mam、Simple、SNRScalable、SpatialScalable，分别针对了不同的压缩比和可分级情况。在同一种型中，又可以根据图像的参数（如图像的格式大小）分成不同的级（level）：High、Highl440、Mairi 和 Low。对于同一型中的不同级遵守同一子集的语法，仅是参数不同，也就是说型规定了基本的语法元素以及怎么用，而级则规定了这些语法元素的取值范围，不同的型和级组合构成了多种编码方式。但是由于有些型和级的组合在应用中是不大可能出现的，所以没有定义。MPEG-2 视频编码的应用前景非常广阔，它在常规电视的数字化、高清晰电视 HDTV、视频点播 VOD、交互式电视等各个领域中都是核心的技术之一（毛伟勇，2009）。

MPEG-2 核心部分与 MPEG-1 基本相同，是在 MPEG-1 基础上的进一步扩展和改进，克服并解决了 MPEG-1 不能满足日益增长的多媒体技术、数字电视技术对分辨率和传输率等方面的技术要求的缺陷；是主要针对数字视频广播、高清晰度电视和数字视盘等制定的编码标准，可以支持固定比特率传送、可变比特率传送、随机访问、信道跨越、分级编码、比特流编辑等功能。

从本质上讲，MPEG-2 可视为一组 MPEG-1 的最高级编码标准，它保留了 MPEG1 所提供的所有功能，并设计成与 MPEG-1 兼容，但又增加了基于帧和场的运动补偿、空间可伸缩编码、时间可伸缩编码、质量可伸缩编码以及容错编码等新的编码技术。

MPEG-2 有不可分级和可分级两种编码方式。它还定义了 5 个框架和 4 个级别，框架是标准中定义的语法子集，级别是一个特定框架中参数取值的集合。框架和级别限定以后，解码器的设计和校验就可以针对限定的框架在限定的级别中进行，同时也为不同的应用领域之间的数据交换提供了方便和可行性，其中主框架是应用最广、最为重要的一个。

用 MPEG-2 算法对数字视频信息进行的有损压缩编码可以大大减小存储信息所需的容量以及传输信息所需的带宽，压缩比可以达到 30∶1，而不会大幅降低视频质量。美军大部分无人机捕获的视频情报都以 GBS（全球广播系统）卫星单向广播方式传输给各战场作战中心。由于 MPEG-2 适用于广播级数字电视的编码和传送，压缩后再显示的图像可满足 CCIR601 的视频质量的要求，而现代无人机普遍装载高性能的光电和红外传感器，受发射功率和天线尺寸的限制，光电和红外传感器输出的电视图像必须数字压缩传输。MPEG-2 作为高性能数字化压缩算法，可以增大数据传输速率，并保证侦察信息在高压缩条件下失真较小，无疑具有良好的应用前景。

2）MPEG4 标准

MPKG-4 主要是基于对象编码标准，其运动补偿算法仍是基于 DCT，其基本视频编码器还是属于与 H.263 相似的一类混合编码器。与 MPEG-1 和 MPEG-2 相比，MPEG-4 的不同主要体现在以下几点：基于内容的编码，不是像 MPEG-1、MPEG-2 基于像素的编码，而是基于对象和实体进行编码；编码效率的改进和并发数据流的编码；错误处理的鲁棒性，有助于低比特率视频信号在高误码率环境（如移动通信环境）下的存储和传输；基于内容的可伸缩性，用户可以有选择地只对感兴趣的对象进行传输、解码和显示。

（3）H.26x 系列标准

1）H.26L 标准

H.26L 作为面向电视电话、电视会议的新一代编码方式，最初是由 ITU 组织的视频编码专家组于 1997 年提出的，它的编码算法的基本构成延续了原有标准中的基本特性，同时具有很多新的特性，其主要性能如下：更高的编码效率，同 H.263v2（H.263+）或 MPEG-4 相比，在大多数的码率下，获得相同的最佳效果的情况下，能够平均节省大于 50% 的码率；高质量的视频画面，能够在所有的码率（包括低码率）条件下提供高质量的视频图像；自适应的延时特性，可以工作于低延时模式下，用于实时和没有延时限制的通信应用；错误恢复功能，提供了解决网络传输包丢失问题的工具，适用于在高误码率传输的无线网络中传输视频数据；有利的网络传输功能，语法在概念上分为视频编码层和网络应用层，VCL 层包含了代表视频图像内容的核心压缩编码部分，而 NAL 包含了用于特定网络传输的信息包传输过程。因此，H.26L 能够更好地适应网络数据封装和信息优先权控制。

H.26L 标准同原有的标准相比，能够获得更高的压缩比和更好的图像质量，它的根本方法仍然采用了经典混合编码算法的基本结构。

H.26L 的编码过程主要分为以下部分：将图像分成子图像块，以子图像块作为编码单元；当采用帧内模式编码时，对图像块进行变换、量化和熵编码（或变长编码），消除图像的空间冗余，帧内模式中还增加了帧内预测模式；当采用帧间模式编码时，对帧间图像采用运动估计和补偿方法，只对图像序列中的变化部分编码，从而去除时间冗余。解码过程为编码过程的逆过程。

2）H.264 标准

H.261 是第一个获得广泛应用的图像编码标准，它定义了完整的图像编码算法，采用了帧内图像编码、帧间误差预测、运动补偿、离散余弦变换、变长编码等技术，使用基于块的混合编码方案；H.263 是 ITU-T 针对甚低码率（低于 64kbit/s）的图像会议和可视电话推出的图像编码标准，它支持更多的图像格式，采用半像素精度运动估计、自适应的宏块（16×16）运动估计和块（8×8）运动估计，采用 3-D（LASTRUNLEVCL）游程编码、可选的无限制运动矢量、可选的算术编码、可选的重叠运动补偿和四运动矢量高级预测模式、可选的双向预测。与 H.261 相比，性能上有了显著的提高，在相同的主观质量下，H.263 编码率仅为 H.261 的一半，其运动补偿精度提高到 1/2 像素（胡伟军等，2003）。

与早期的 MPEG-U、MPEG-2 和 MPEG-4 标准类似，H.264 标准没有明确定义一个具体的编码标准，而是定义了一个视频码流的解码语法规则和为这个码流制定的解码算法，基本的功能模块以及熵编码均与之前的那些标准（如 MPEG-1、

MPEG-2、MPEG-4、H.261 和 H.263 等）有所不同。H.264 编解码器的优势在于对每一个起作用元素的特别处理上，H.264 文档中只描述了码流结构与语法，以及实现这些技术的方法，并没有明确规定编解码器是如何实现的，这也给用户开发提供了较大的自由度（Shanetal，1997）。H.264 编解码器采用了与之前视频编码标准相似的编码方案，很容易分辨出 H.264 与之前编解码器功能相同的单元，如预测、变换、量化和熵编码等，而每一个功能单元都有一些重要的变化；H.264/AVC 是 VCEG（图像编码专家组）和 MPEG（活动图像编码专家组）的联合图像组制定和发布的数字图像编码标准。H.264/AVC 标准采用统一的 VLC 符号编码、1/4 像素精度的运动估计、多模式运动估计、基于 4×4 块的整数 DCT 变换、分层编码语法等，其算法具有很高的编码效率。在相同的重建图像质量下，能够比 H.263 标准减少 50% 左右的码率，压缩效率比 MPEG-4 标准高出 40% 左右，同时码流结构网络自适应性强，能够很好地适应 IP 和无线网络的应用。

4. 压缩传输方案

下面以无人机视频影像压缩传输方案为例，进行具体说明。受微型无人机的载荷限制，系统首先选用重量较轻的高分辨率模拟摄像机采集视频信号，然后利用图像编码器将模拟图像生成分辨率较高的数字图像。编码后的数字图像数据量巨大，且无线通信信道的带宽有限，难以保证视频图像的实时传输，因此需要对数字视频图像进行编码压缩，压缩工作可以选用软件或专用硬件来完成。专用编码压缩软件代码规模较大，设备要求高，且机载微处理器功能有限，使其应用受到限制。为保证系统最优功能状态，选用 MPEG4 专用编码芯片对采集后得到的数字图像进行硬件编码压缩，生成 MPEG4 码流，实时性好，可靠性高。模块工作和码流流向由 ARM 微处理器调度管理。同时，微处理器通过 RS485 与摄像模块相连，传输摄像机镜头的控制信号，如变倍、变焦等。机载云台也通过 RS485 获得用户的远程控制信号，并通过水平和垂直方向的位置改变来满足用户的不同需求（黄家威等，2011）。

无人机航空遥感数据传输与压缩可选方案有三种：

（1）多模态遥感器系统通过工控机利用两条数据传输链路，同时将航拍数据一份存入硬盘，另一份传输给航拍数据压缩模块板，进行数据压缩。压缩后的数据通过通信接口与无人机数据传输设备通信，实现数据对地传输。

方案一需要解决的问题。多模态遥感器系统：要提供两个数据传输接口，一个与机载遥感平台控制板通信，另一个与数据压缩数字信号处理板卡通信，同时还要与机载遥感平台控制板共用无人机上高速 RS422 接口下传数据。

（2）多模态遥感器系统通过工控机利用两条数据传输链路，同时将航拍数据一份存入硬盘，另一份传输给数据压缩模块板进行数据压缩。压缩后的数据经过机载

传感器平台控制板数据传输线路，由无人机数据传输设备实现数据对地传输。数据压缩传输方案二

方案二与方案一的不同之处在于：压缩数据通过机载遥感平台控制板数据通道，统一经无人机上高速 RS422 接口下传数据。

（3）多模态遥感器系统通过工控机利用两据传输链路，同时将遥感数据一份存入硬盘备份，一份通过机载遥感平台控制板输入输出接口送入遥感数据压缩模块板进行数据压缩。压缩后的数据经过机载传感器平台控制板数据传输线路，由无人机数据传输设备实现数据对地传输。

方案三与方案一的不同之处在于：航拍数据直接送入机载遥感平台控制板数据通道，数字信号处理板卡通过接口与机载传感器平台控制板通信，获取数据、实现数据压缩并将压缩后的数据通过机载传感器平台控制板数据通道，经无人机上高速 RS422 接口下传数据。

通过比较并分析软硬件支持状况，以及实现数据传输与压缩的方便性，数据传输与压缩方案三为最佳方案。根据方案三的设计思路，研制组提出了具体的机上遥感数据传输与压缩方案：无人机搭载的多模态 CCD 相机对地成像，将获取的遥感图像以数字形式记录存储；机载遥感平台控制板通过输入输出设备读取遥感数据，数据通信程序将遥感平台控制板上获取的 BMP 式的遥感图像数据写到数字信号处理板卡的内存中；数据压缩模块板将获取的 BMP 图像数据压缩成 JPEG 图像数据，并将生成的 JPKG 图像数据写到指定的内存；由数据通信程序从板卡的指定内存中获取压缩后的 JPEG 图像数据，送到无人机数据传输链路。

遥感平台控制板与板卡数据传输通过 PC104+ 接口进行通信。考虑到图像数据量大，系统采取了 DMA（直接存储器存取）数据通信方式。DMA 特点是它采用一个专门的控制器来控制内存与外设之间的数据通信。这种方式消耗系统资源比较多，但数据通信速度比普通的接口通信方式速度快，能够适应航空航拍大数据传输的要求。

5. 压缩技术发展趋势

基于以上描述，可以获悉基于小波变换、嵌入式编码的压缩方案逐渐成为主流的研究方向和标准，压缩编码技术也朝着以下方向发展：算法的时效性，即算法的实时性能；算法的高效性，压缩比要显著提高，并且要保证高压缩比下的图像性能；算法的低空间复杂性，以满足一些特殊场合的应用需要；兴趣区域编码，能够对特定的区域实现特定要求的编码，从而在满足应用要求的条件下追求压缩的综合效益；存损与无损编码的一体化，即在同一个编码数据流中实现无损和有损的压缩；压缩编码结构的灵活性，以满足不同的解码需要。

基于模型基的压缩方法是高比率的图像压缩算法研究的热点之一，但是常规的基于语义和物体基的压缩需要提供图像的先验知识。因此，并没有较为实用的方法研究和应用，基于边缘模型的图像压缩算法，是这方面值得注意的一个发展方向。分形编码一直是研究热点，但也没有很成熟和高效的系统出现，基于小波和分形结合的研究是值得注意的方向。

从编码技术的发展看，图像编码技术要达到更高的编码效率，就必须综合运用更多的新知识、新技术。随着各种单独编码技术的成熟，将多种编码算法融合在一个编码器中，构成分层的编码结构其各层次自适应于不同的图像特征，这是新一代图像编码的研究方向。

二、数据存储与管理

随着对地观测技术的发展，观测数据逐步呈现多源、多尺度、多时相、全球覆盖和高分辨率特征，数据量呈爆炸式增长。如何有序高效地存储与管理海量数据，形成统一的存储组织标准（基准、尺度、时态、语义），实现信息的快速共享与分发，已经成为空间信息科学领域研究的重点之一（吕雪锋等，2011）。

1. 数据库信息特征

一般认为，影像数据库管理系统要管理的是影像数据本身和影像元数据。影像特征的组织与表示的问题是特征分析、描述与建模的主要任务，只有使用一种规范的特征描述机制，才可能实现应用的可重复性，才能针对纷繁复杂的影像数据得到相对稳定的分析结果。

（1）影像数据特点

1）影像数据内容特点见表 10-10。

表 10-10　影像数据内容特点

特点	内容
内容信息丰富	影像包含有丰富的内容信息，并且信息的内容不精确，难以准确描述，是对地表现象的整体描述，主题和主体特征不明显
数据解释的模糊性和多样性	由于人的认知能力的差异，对数据的解释存在模糊性和多样性，不像字符型数据那样有完全确切的客观解释，并造成查询时无法像字符型数据那样用指定的字段作为关键字精确地查询一个特定的记录。在影像数据库中，往往只能用相似性进行查询，即只能用近似匹配对影像数据库进行查询
存在大量的元数据信息	元数据是指对数据本身的描述。影像元数据是指描述与信息相关数据和信息资源的数据，主要是属性数据，包括文件名、尺寸、量化等级、行列数等。通过元数据，用户可以有效地定位、评价、比较、获取和使用影像数据；元数据发布可以极大提高影像数据共享和交换的效率，更好地满足影像数据的应用需求

特点	内容
数据量大	一个地区的影像数据可达到 GB 级甚至 TB 级，如果再考虑多数据源和多时相等特征，数据量更大

2）影像数据结构特点

①数据的空间属性。空间属性是影像一般都配有相应的地理参考，使得影像具有空间特征和几何量测特性，每一幅影像都对应地球表面的一定的区域范围。

②数据的时间属性。时间属性是指同一地区的不同时间的影像数据。影像数据同时具有时空属性，使得影像数据的表达和模型的建立变得困难。

③数据单元之间运算关系不明确。在文本数据中，各个数据单元之间的关系运算是十分明确的，可以方便比较，但对于影像这种关系却是十分复杂的，难以给出确切的定义，给影像的存储特别是存储数据库的建立和操作带来许多新的问题。影像数据是非结构化的数据，很难给出数据之间的相似性度量，直接检索是比较困难的。即使人为构造影像的结构，由于其主观性，使得数据之间的"相等"或"不相等"的关系十分复杂而且难以定义，只能用其"相似度"这个概念来衡量，给影像数据的索引、查询等带来许多问题，很难建立不同影像之间的相似性运算标准。

（2）影像元数据

随社会信息化程度的提高，海量数据的收集、组织、管理和访问的复杂性正成为数据生产者和用户最突出的问题（陈爱军等，1999）。如何从海量的信息资源中快速、准确地发现、访问、获取和使用所需要的数据就显得特别重要。元数据作为描述数据集内容、质量、表示方式、空间参考系、管理方式以及其他特征的数据，无疑是解决这一问题的关键，并被认为是实现数据共享和分布式信息计算的核心技术之一（沈体雁等，1999）。影像信息的元数据对实现影像的共享、分布式计算以及建立开放式的影像信息服务体系也同样至关重要（罗睿，2001）。元数据为空间数据的存储管理与共享提供了一个有效的手段，通过元数据信息，用户可以在没有真实数据的情况下，得到有关数据的相关信息，从而为数据的共享与利用提供了可能（毕建涛等，2004）。

元数据的简单定义是关于数据的数据，它是一个应用领域广泛的重要概念。对元数据的理解存在很多从不同专业领域出发的不同观点，这些不同的理解都同时强调了元数据两个重要的特质：一是关于数据集的描述与说明，二是应用系统的辅助信息。

地理元数据是关于空间相关数据和信息资源的描述性信息，是关于空间数据内容、质量、条件、表示方式、空间参考系、管理方式和其他特征的信息，其基本作用主要是帮助和促进用户有效地定位、评价、比较、获取和使用地理相关数据。元数据在广义的信息管理中的作用如下：元数据是实现数据共享的前提条件和基本保障，元数据提供的标准化的数据描述信息是实现在网络中快速发现、访问分布式数据源的基础；元数据是数据共享中数据交流的核心内容。数据共享的基本形式首先表现为元数据的共享，在用户获取不同元数据的时候，就可以了解到自己所需数据的存储地址、方式和如何实现访问，最终达成信息共享的终极目的；元数据是整理各种信息源的重要指导原则。元数据引用的数据标准、规范和格式，为综合整理各种信息源提供了依据；元数据提供组织和管理数据的重要手段。元数据的本质特性之一是它的目录索引特性，通过元数据的目录作用，可以有效、清晰地实现海量数据信息的管理和组织；元数据是重要的维护工具和说明文档。元数据实际上包含系统数据性质、组织方式、原则等重要的说明，因此它可以帮助实现系统的维护和帮助用户快速了解数据，以便就数据是否能满足其需求做出正确的判断。

影像的特征信息是基于影像内容检索的基础，研究主要集中在两方面：一是影像的特征信息提取和描述本身；二是如何有效地将影像特征表达在数据模型之中。对影像数据库信息特征的分析，其目的无非都是更好地反映由影像所表现的实际信息内容。而影像作为一种高于应用语义的对应用语义的描述，通过影像的低级视觉特征数据，在一定的智能机制（如分类）的作用下，可以间接地与影像所表现的现实语义对象产生联系。因此，几乎所有的影像数据库模型研究，都将影像的视觉特征作为影像数据库数据模型研究和表达的主要内容之一；影像数据库建模所需要解决的主要矛盾是如何有效地反映影像对象自身与影像所描述的客观世界中的对象语义之间的有效联系问题，同时由于有多种信息与影像数据存在复杂的联系，合理地组织这些信息从而使系统能够独立地支持不同层次的应用，如简单的关系查询或具有智能特点的基于内容查询，就显得特别重要。

2. 面临的问题

在数据规模上，影像数据涵盖了不同分辨率、不同时间周期的数据，具有多源性和多尺度性。海量数据的存储与管理，经历了3个困难阶段：

（1）初期面临的最大问题是如何能够有效地存储与管理所有数据，即如何先解决把所有数据都存储下来的问题。

（2）随着数据量的巨大增长，面临的最大问题是如何在浩瀚的数据中帮助用户快速找到他们所需要的任何数据，并且快速地将数据分发给用户。

（3）随着数据存储与管理规模的发展，目前面临的问题是如何更高效地存储、管理与维护数据。

影像数据一般是非结构化的数据，它与传统的文本型数据、结构性数据不同，其特点给影像数据的管理带来了很大的问题，主要表现在以下几个方面（方志中，2010）：

（1）影像特征提取困难

在传统的文本数据库中，只要对每一个记录指定用某一个关键字来标示，就可以精确地用于数据库的管理和检索中；但是对于影像数据而言，要从中提取可以描述自身的特征，是一项十分困难的工作。一方面，与个人的经验、知识以及对影像信息的理解程度密切相关，而且并不是所有特征都能用字符描述出来的；另一方面，需要对影像内容的描述建立一个标准化的术语集，以保证不同的操作者能选择统一的特征描述符。

（2）数据检索缺乏规范

基于内容的检索是影像检索的实现方式，是指根据影像的内部特征进行检索，以提取出与特征相符或相似的影像数据。对于每一种查询，都需要结合影像处理、影像理解、数据库技术，建立合适的影像数据模型，提取可靠的特征，采用有效的查询算法，使用户能够在智能化查询接口辅助下完成影像检索工作。尽管许多研究者致力于此，但众多的研究工作难以互相兼容，目前还没有形成统一的规范。

（3）用户接口支持弱

传统数据库的接口比较简单，因为对字符型数值查询时，查询输入和输出结构都是明确的；但对于影像数据而言，无论是查询输入还是输出结果，都需要描述影像的内容、时间、空间更深层的问题是，影像数据的查询是要协同用户描述查询的思路和内容，并在接口上以直观的影像描述将查询结果表现出来。因此，影像数据的管理要求智能化用户接口的支持，而这又是一个跨学科的研究领域。

（4）不同来源影像及相关信息的整合问题

由于设计目的和应用领域的不同，影像在信息存储位数以及分发文件格式等方面并不相同，因此需要解决不同来源影像数据之间的格式差异。不同来源影像具有不同的参数，如空间覆盖范围、获取时间、空间分辨率等；对于经过加工处理的数据产品来说，还需要记录数据在获取、处理、分发、质量控制等不同环节的处理情况。因此，如何尽可能地整合和保留不同的参数信息以便于用户使用，是影像共享平台整合的主要问题（冯敏等，2008）。

（5）超大规模存储系统的维护与能耗问题

存储量达数十PB的超大规模存储系统，其存储节点高达上千，存储规模扩大时，能耗问题随之诞生。现有的"三线"（在线、近线、离线）存储架构在提供数据服务时需要在线和近线的存储节点或盘阵全在线运行，耗能巨大，需要建立合理的存储组织模型与存储架构。根据用户区域访问的特性，将数据与存储资源关联起来，形成需要哪个区域的数据，哪个区域的存储资源就在线，否则就关机或待机离线地按需全在线调度机制，以支持系统维护和有效地节约能源。

3. 基本解决法案

（1）存储系统解决方案

存储系统的基本存储器是硬盘或磁盘阵列、磁带库和光盘。硬盘和磁盘阵列的带宽相对较高，访问时间快，存储费用偏高。磁带库一般包含多个磁带驱动器和用于将磁带盒负载到磁带驱动器的机械手，其特点是可提供最佳的兆字节费用，但带宽较低、支持并行访问的数量小，访问时间长，磁带盒的交换效率低。因此，如何有机地选择、配置和分布存储设备对存储系统设计就显得特别重要。目前比较典型的海量存储系统解决方案主要有以下 3 种：

大容量并行实时存储系统。MARS 的体系结构包含一组独立的存储节点，这些节点通过高速网络互连并由中心管理器来管理；中心管理器是该系统的核心，主要负责系统数据分布管理、检索、访问控制等，高速网络使用 APCKAMT 端口互连控制器）分组交换方式互连；存储节点利用大型高性能磁盘或磁盘阵列和光盘存储器，提供均匀或层次的存储系统。中心管理器对于分布式存储节点的管理和对网络带宽的控制方法值得影像海量存储系统借鉴。

基于共享内存的 IMDM 多处理器存储服务器。把共享内存的 IMDM 多处理器机器当作专用的存储服务器是设计海量存储系统的又一途径，它可以将连接在系统上的单独存储设备如磁盘阵列等当作单独的逻辑设备或卷，从而按一般的文件系统管理办法，实现对存储设备的管理。由于处理器和操作系统优异的并行性能以及应用程序可以自主地决定数据在不同的逻辑设备上的分布，因此可以大大提高存储系统的并行访问能力。

大规模并行 SIMD 多处理存储服务器。它与基于 MIMD 多处理器的体系基本类似，只是专用的独立设备更为特殊一些，从而成本也更高。MARS 体系结构的优势在于可以使用流行的通用配件构筑运行系统从而使系统成本较低，同时利用网络技术共享分布存储资源，具备良好的可伸缩性和极大的存储潜力，但其应用软件开发的难度较大。基于 MIMD 或 SIMD 服务器解决方案的主要缺点是服务器提供的独立存储设备接口有限，在做更大的扩展时需要专用的接口部件，因而可伸缩性较差，另外系统成本也相对昂贵（冯敏等，2008）。

（2）影像数据管理方式

采用商业数据库管理的方式。对于轻量级的影像存储，目前商业软件主要采用成熟的数据库管理系统技术来管理数据，如 ARC、GIS 、Jerra、Server 等软件都是将影像数据上传到数据库中进行统一管理。该方式的缺点也是显而易见的：在有的情况下，数据库本身并不适合存储非结构化的影像数据，尤其是大范围高分辨率数据，如果将这些影像存储在数据库中，数据库将变得异常庞大，并且一旦影像更新频繁，数据库管理就会变得非常被动；此外，采用 DBMS 技术还会给系统开发带来一定的影响，使系统开发规模受制于 DBMS 系统所提供的管理能力。

采用文件系统与数据库相结合的方式。采用分布式文件存储和大型关系型数据库相结合的方式是目前比较常用的一种解决方案（Wuaal，2009），欧空局（ESA）数据中心、中国资源应用中心、国家气象中心等部门的数据管理方式都属于这个范畴（Nakanoetal，2010）。该方法主要通过文件系统来组织存储影像文件，利用关系型数据库管理影像的元数据信息。但是在面向海量影像数据时，大量的时空检索和实时变化的数据变更需求往往会使关系型数据库成为整个系统的瓶颈，数据库服务器一旦出现故障，将会导致存储设备中的数据无法读取。整个系统性能在很大程度上取决于数据库服务器的性能。随着数据规模的增大，检索效率将降低，也在一定程度上制约了系统的扩展，同时该存储方式由于受制于架构本身，无法很好地实现扩展，难以满足数据增长需求。

采用影像数据的直接寻址方式。影像数据直接寻址是指通过已知的数据信息，如文件名、元数据信息等，直接构建出数据存放路径，从而跳过海量数据检索等高耗时的步骤，达到数据快速定位与获取的目的（Pendleton，2010），具有快速定位、脱离关系型数据库等特点。该方式常见于商业影像地图服务平台，对于组织和管理海量影像数据具有一定的优势，但同时也存在几点不足：数据以地图服务为主导致其在数据共享方面存在欠缺，不具备数据模糊检索功能；影像数据直接寻址主要是为缓存库设计的，在未知部分条件信息情况下，因无法构建出数据存储完整路径而无法直接定位数据；不适应分布式可扩展的存储体系架构。直接寻址方法因其基于实现约定的存储规则，一般适用于静态存储系统（单机或固定的多机存储系统），不能直接适用于存储站点动态变化的分布式可扩展的存储体系架构；无法支持多用户的并发访问。

（3）数据存储管理技术综述

KOSDIS 为了有效地存储地理定位数据，为各种类型的数据产品在分布式系统环境中提供一个统一的访问接口，并采用统一的分层数据存储格式——HDF-EOS（Weietal，2007）；通过建立交换站作为各个数据中心之间的一个互操作性的中间件，提供用于数据与信息交换的时间和空间元数据交换平台，建立统一的时空元数据目录框架（Mitchelletal，2009）。KSA 在海量数据存储管理上，更趋向于寻求一种基于网格的资源共享方式，通过统筹规划与建立地面高速网络连接各个分布式资源，实现各类数据的充分共享和地面设施的资源共享（Fuscoelal，2009）；通过建立 SAFE 的信息模型，逻辑模型与物理模型统一了数据存档格式（Berutietal，2010），实现多源影像数据的信息共享与互操作。EarthSimulator 在一定尺度下划分地球表面（Nakajima，2004），每个处理器或节点负责所属网格单元区域的数据计算，即按照影像数据的空间区域特征，每个计算处理器或节点负责存储与管理所属网格单元区域的影像数据；采用处理器内部并行、节点内部并行、分布式节点并行等分级高度并行调度机制，进行数据的计算处理以及存储与管理（Itakura，2006）。

中国资源应用中心在存储架构上，采用集中存储、系统管理和分布式处理的分布式体系结构，即由 PC 服务器集群与 SAN 存储系统构成的分布式体系结构；在网络环境方面，内部网络采用千兆交换网络，系统外部采用百兆带宽接入，内部与外部网络采用网闸隔离；在数据管理上，数据实体按景组织存储，元数据采用商业数据库系统（Oracle）管理，数据检索访问服务采用 Web 方式，数据产品采用统一的 GEOTIFF 格式（Wuaetal，2009）。国家气象中心的气象数据存档和服务系统（SDAC）是目前国内数据规模最大的海量存储系统之一，气象中心努力推动数据中心存储管理的自动化、高可靠、存储资源的无缝扩展与低能耗的发展（赵立成等，2002；钱建梅等，2003）。在存储架构上，采用 SAN 与服务器集群存储；在网络部署上，通过在多套服务器之间部署 Itifmiband 和捆绑的千兆网络光纤来实现内存之间直传的方式，提升大规模共享内存，提高大容量数据的传输与处理速度（贾树泽等，2010）；在数据存储管理上，系统采用 SQLServer 与 Sybase 企业级数据库管理，数据实体按照条带组织、分类与日期分类编目；存档数据产品采用国际通用的科学数据格式 HDF，客户端采用 Web 访问方式。

综合国内外海量数据存储管理技术状况，可以从物理存储架构、存储组织方式、存储管理方式几个方面进行划分。

1）物理存储架构

按照物理存储架构划分，可以分为分布式服务器集群存储架构、集中式服务器集群存储架构、计算集群系统架构、云存储等。

分布式服务器集群存储架构属于在地域上逻辑上集中、物理上分散的架构，主要用于国家级超大规模数据存储综合中心的数据存储保障服务，主要解决在现有不同业务存储体制和统一集中存储之间的矛盾。

集中式服务器集群存储架构为地域上集中架构，主要应用于部门级海量数据存储中心的数据存储保障服务。

计算集群系统架构，是在数据存储池的存储架构上以网络存储、对象存储与服务器集群存储为基础的"三线"（在线、近线、离线）存储架构。该架构在一定程度上有效地解决了数据访问速度与存储容量之间的矛盾，但在实际业务应用中，也存在着数据调度问题：在线存储资源有限，随着数据量的快速增长，难以实现在线存储资源的动态扩展或按照空间区域特征的灵活配置；大量数据处于近线和离线状态，获取数据时，迁移数据耗时，无法实时在线直接访问和使用任意空间位置的数据。

云存储是将网络中大量各种不同类型的存储设备作为存储资源池，提供统一的可动态扩展的存储服务，采用大文件分块、分布式存储和多份拷贝的技术架构；可以根据需要自动调度数据和所需的存储资源；通过冗余存储保证数据的可靠性和访问处理的高效性。云存储具有其他技术无可比拟的可扩展性和设备复用性，能满足数据量不断增长的按需扩展要求，同时可以降低设备成本，提高数据的可靠性和访问效率（赖积保等，2013）。

云计算及基于云计算的云存储模式是海量数据存储和处理的一种最有潜力的解决途径，但对于超大规模海量数据的存储管理，特别是高分辨率的数据，其在线备份冗余数据量庞大，数据存储也没有考虑数据的空间分布特征，在一定程度上不太利于数据的区域性计算与处理。

因此，现有的存储体系不仅要考虑将数据存储起来，还需要建立数据存储模型，结合数据的空间区域特性和数据的生命周期管理特征，高效地管理与调度海量数据。

2）存储组织方式

按照数据存储组织方式划分，有基于球面格网的多分辨率金字塔瓦片、基于时空记录体系的存储管理方式、基于多尺度层级结构的网格瓦片等。

属于基于球面格网的多分辨率金字塔瓦片，主要应用于数据的无缝组织和可视化视图，解决基于影像的现实世界的真实表达与呈现，但在横向上都欠缺同一区域的多源数据管理。

基于时空记录体系条带或景存储管理方式，按照接收时间顺序采用条带存储。由于分割标准不统一，产品数据标识缺少地学含义，同一地区的多源、多尺度、多时相数据之间缺少空间尺度与位置关联，并且由于同一区域的多源数据也往往记录在不同的条带中，要想大跨度或者跨部门整合一个特定区域的多源、多时相数据非常耗时，从而带来数据管理和整合的不方便。

具有多尺度层级结构的网格瓦片，按照地球空间区域存储组织数据，有利于结合数据的空间特性，将数据的实际应用服务与空间尺度和位置形成直接关联，从而有利于形成基于球面部分的地球空间位置标识和空间对象标识，建立统一的空间存储基准和具有地学含义的数据标识，更好地存储与管理海量数据。

3）存储管理方式

按照数据存储管理方式划分，分为基于文件的文件系统管理、关系型数据库管理、面向对象数据库管理、对象—关系数据库管理等，具体内容见表 10-11。

表 10-11　存储管理方式

管理方式	内容
基于文件的文件系统管理	是通过标识码建立空间数据和属性数据之间的联系，具有结构简单、维护方便、技术成熟等优势，可以灵活设计所使用的文件存储结构来存储影像数据文件及相应的元数据；其缺点是安全性差、不支持多用户操作、元数据管理较弱、缺乏予以查询及内容查询的支持等，文件的数据结构、组织形式等通用性差，只针对具体应用来具体设计；一旦应用范围发生变化，数据结构等都需要重新修改编译
关系型数据库管理	是把影像数据和属性数据都用关系数据库来进行管理，具备集中控制、独立性强、冗余度小、数据的安全性高、完整性好、数据库恢复比较容易、数据并发控制容易实现、可以实现多用户访问等优点，是无人机影像数据的主要管理方式
面向对象数据库管理	系统提供一致的访问接口和部分空间服务模型，不仅支持变长记录、对象嵌套、信息继承与聚集，而且具有数据模型更直观、性能更方便、可维护性更强等特点，实现了数据和空间服务模型共享；其缺点是没有通用的 SQL 查询语言，灵活性差、安全性、可扩展性、并发控制、服务器性能等方面有待进一步提高
对象—关系数据库管理系统	建立在模型对象和关系数据库基础上，利用面向对象的建模能力，对复杂数据提供一系列方法来操作管理，是一种可扩展的模型。通过开放的 SQL 平台，避免复杂对象定义专有的数据结构，用户可以对各种类型的数据进行方便的存储、访问、恢复等操作，在安全管理和数据共享上有突出的优点

针对海量数据存储问题，应该采用一种什么样的数据组织与存储方式，建立统一的空间存储基准，更高效地存储 PB 级海量数据，在数据存储管理上根本性地提高海量数据的整合、共享、快速访问与分发等综合管理能力，实现按需直接全在线服务与应用，同时高效地节约能耗，这些是值得思考与研究的问题。

4. 数据存储与管理系统

影像存储与管理系统是指以影像数据库为核心的提供影像信息管理、影像信息服务的复杂系统，建立在影像信息资源基础上，集成空间决策支持和影像处理技术，实现影像信息管理和影像信息服务功能（罗睿，2001）。

（1）系统特点

相对于应用领域中占绝大多数的事务型数据库应用系统，面向影像管理和查询的领域特色使影像存储与管理系统具有如下的特殊性：影像数据是连续的、具有很强的空间相关性的数据，一幅影像就是一个逻辑的整体，难以像一般数据那样可以较自由地分解和组合；影像对象的输入输出都需要数据库应用系统具有灵活的可视化手段实现；影像数据的检索具有特殊性，需要很多计算密集型的算法模型支持。

影像内容的丰富性与查询时可引用属性的相对匮乏之间矛盾，要求影像数据库在尽可能的层次上支持基于内容的查询。

影像数据库系统往往都借助于计算机视觉和影像分析技术，通过自动识别和配合，以及人工的交互注解，建立影像视觉特征与符号化的语义信息之间的联系。影像数据及其检索的特殊性从根本上要求对影像的信息特征做深入分析，融合影像分析和知识处理模块，以支持像特征的抽取与表现、实现与内容语义的联系，丰富查询的手段（罗睿，2001）。

影像数据库数据模型和物理存储方案的设计是建立影像信息系统的基础与核心技术之一。数据模型是查询要求的具体体现，相应也影响查询手段的设计，在数据模型设计中，必须顾及影像信息系统其他关键技术（如影像查询、特征索引结构、影像数据压缩存储和传输等）的需要。此外，在网络环境中对数据库可互操作，要求在数据模型的设计中要依据一些实际的数据标准来建立影像的元数据描述，从而实现系统的开放性设计，为与其他系统实现数据的互操作建立必要的基础。

（2）影像数据存储模型

影像数据库设计和实现困难的根源在于影像数据的特殊性，人们很早就认识到影像基于内容查询对影像数据库应用的特殊意义，对影像数据库的研究通常都考虑影像的各种视觉特征的存储管理问题，从而增加了影像数据库数据模型的复杂性。

为了实现海量影像信息的实时显示和高速服务，需要对影像数据进行有效的存储管理，而运用多分辨率金字塔和影像分块技术是有效的解决途径。

①影像多分辨率金字塔。为了提高海量影像数据的实时缩放显示速度，快速获取不同分辨率的影像信息，需要对原始的数据生成影像金字塔，并根据不同的显示要求调用不同分辨率的影像，以达到快速显示的目的。影像金字塔就是由原始影像开始，建立一系列影像级别，各级影像反映详尽程度不同。影像金字塔结构的不同层具有不同分辨率的特点，在对影像数据浏览时，需要根据当前显示的分辨率抽取相应金字塔层的数据，以实现影像数据的快速浏览。

②影像数据的分块管理。影像分块是将一幅大的影像数据分割成许多小块来存放，在影像显示时仅根据显示区加载相应的分块数据，从而减少数据读盘时间。影像分块的目的在于把影像数据划分成若干较小的物理数据块，以便于存储与管理。影像分块大小通常采用2的幂次方，影像块太大或太小都会影响系统的有效性能。如果影像块太大，则可能导致读取过多的冗余数据；若影像块太小，增加了硬盘寻址和读写操作的次数，不利于节省总的数据输入输出访问时间。因此，根据影像数据情况，选择数据块大小是影像数据存储管理必须考虑的重要因素。

③金字塔模型的线形四叉树索引。多分辨率影像金字塔生成后，为了提高检索

显示区涉及的影像块的速度，必须对影像块创建高效索引。若分层数据以 2 倍率抽取，则采用线性四叉树的结构建立索引是一种合理的方案（王华斌等，2008）。线性四叉树通过节点编码建立节点间的关联，从而摆脱了传统四叉树索引链式结构带来的冗余信息。同时，在金字塔模型中运用线性四叉树索引可实现影像块索引定位时间的恒定性。在金字塔模型中构建线性四叉树索引分为影像分层分块和影像块编码两个步骤：影像分层分块从原始影像数据开始，按照从左至右、自上而下依次按分块规则进行划分，然后进行上一级金字塔数据的分块，以此类推，直到所有影像分块完毕；影像块编码从底层开始，按从左至右、自下到上的顺序依次进行编码。

（3）影像元数据体系设计

影像元数据是用于描述数据集的内容、质量、表示方式、空间参考系、管理方式以及其他特征信息，是实现影像的共享与应用的关键。影像元数据物理存储上采用可扩展的标记语言进行描述，利用扩展样式表转换语言针对不同影像类型定义相应的样式单进行显示（王华斌等，2008）。

影像数据库的元数据体系，是关于数据库数据类型、组织方式和格式的描述与说明，是数据库系统的辅助信息。它提供基于数据库级的数据共享和数据库服务功能的可互操作性，同时也是影像数据库系统数据结构的重要说明文档和系统维护的依据。影像数据库的元数据主要应该考虑数据库数据宏观组织的描述，另外关系数据库本身可提供数据库记录字段的定义信息，但部分字段由于相互连接的引用可能导致歧义的理解。因此，也需要在元数据中加以说明。影像数据库元数据的设计目标（罗睿，2001）是：

描述数据库中数据概貌，系统数据性质、组织方式、原则等重要的说明，使用户快速理解数据库中的数据内容。

各类应用影像在数据库中的管理方式，如航空影像，它的相关信息在数据库中是如何分类，相互之间如何联系等的说明。

数据库特殊字段意义的说明，如对缩略图的格式说明，以及影像视觉特征字段的说明等。

在元数据的管理系统中，元数据通常根据描述对象的不同，分为不同的层次，一般有两种不同的存储策略：①与数据实体分散存储的方式；②与数据集中在一起的管理方式（沈体雁等，1999）。

影像数据库的元数据体系可以从宏观上定义在以下 3 种层次上：

①数据库级描述性元数据：主要包括数据库的宏观说明，数据库管理的应用影像对象目录说明、元数据发行信息、部门描述信息等。

②应用影像对象描述元数据：主要包括存储结构说明、光谱特性说明等。

③字段级元数据：主要是对各种数据表中的特殊字段意义和来源的说明。

为了保证元数据结构的灵活性，还必须允许各个层次存在自己的子层次结构。就应用影像对象层次的元数据来说，应用影像从数据库数据的组织层次上，已经被抽象为物理影像、逻辑影像、应用层影像的不同层次管理，其元数据的描述也应该具有一定的层次性，同时还要顾及元数据与实际数据的相对存储关系。

从影像数据库系统的元数据组织形式上，它同样也区分为结构化的元数据和非结构化的元数据。本质上，关系数据库完全可以提供可结构化的元数据管理功能，而非结构化的元数据则用 XML 描述和编码，并使之成为 Web 信息发布的主要内容之一。数据库级元数据都是非结构化的数据；而应用对象级别的元数据，部分属于结构化，部分属于非结构化的。对于字段级的元数据都设计为结构化的元数据，并以数据库数据字典的方式管理，但在数据库级的元数据中给出其数据库结构方面的基本说明。

第十一章 无人机移动测量数据处理研究

第一节 数据处理总体技术流程

一、数据处理特点

无人机移动测量具有生产设计成本低、作业方式快捷、操作灵活简单、环境适应性强、影像分辨率高等特点，在局部信息快速获取方面有着巨大的优势。与传统的影像获取方式相比，存在以下特点（见表 11-1）：

表 11-1　无人机移动测量的特点

特点	内容
影像像幅小、数量多	通常采用普通的非测量数码相机，影像像幅较小；同时为了获取较高的空间分辨率，降低无人机航摄高度，造成地表覆盖范围减小，导致影像数目增加
影像变形大	受飞机载荷限制，搭载的传感器主要为轻小的（非量测型普通 CCI）数码相机，单幅影像与地物空间的透射映射关系比较复杂，镜头畸变很大，影像内部几何关系比不稳定，影像倾斜变形较大，影像间的明暗对比度也不尽相同，不能直接满足测绘生产精度要求。同时，为获取较高的成像分辨率，无人机进行超低空飞行，地面的起伏对分辨率影响较大。无人机体积较小、质量较轻，在飞行作业过程中受气流变化的影响较大，常常造成无人机的飞行姿态随之变化，尤其是在航带转弯处，飞行姿态抖动严重，造成图像成像的效果较差，甚至导致图像不可用
POS 定位精度低	无人机移动测量过程中，携带的 POS 系统的精度比较低，只能起到导航和控制飞机的作用，还达不到专业摄影测量的要求，在后期处理的过程中这些数据只能起到辅助的作用
航迹不规则	受气流剧烈变化的影响，常常会导致无人机在部分区域偏离预设航线飞行，导致影像重叠度不足，尤其影响旁向重叠，有的甚至达不到应用要求，造成绝对漏洞，需要定点补飞。同时，由于影像间的重叠度相差较大，导致特征匹配难度大，匹配精度降低

由于无人机移动测量系统的特点，给影像匹配、影像定向等内业处理带来一系列的困难，导致其影像数据处理方式不同于传统遥感影像数据处理方式，具有以下

特点：

（1）处理周期短，具有快速保障的能力。传统遥感影像处理的周期长，而无人机移动测量影像数据处理的时间则大大缩短，仅为几天甚至几小时。

（2）处理方式智能化、自动化。与传统遥感影像数据处理相比，无人机移动测量影像数据处理采用智能化、自动化的处理方式，人工干预少，作业效率高，作业过程简单。

（3）应急成果精度相对较低。应急测绘数据在处理过程中大量采用自动运算，人机交互式编辑较少；由于野外控制测量较少，或者完全没有野外控制测量，造成成果精度低于传统影像处理。

二、数据处理技术流程

无人机移动测量数据处理的对象主要包括视频数据和影像数据，处理内容主要包括数据预处理、影像拼接、影像分类解译、测绘产品生产等。

1. 视频数据处理

在无人机移动测量数据处理中，视频数据多是用来对作业区域进行简单显示，处理相对较少。在应急快速反应场合，可以利用机载传感器完成现场空间位置信息、动态影像信息的实时采集、高效处理，实现地理空间信息直播，达到动态测绘和移动目标精确测绘的目的。通过快速确定有效影像并准确实时进行外方位元素赋值，实现无人飞行器在空中悬停或绕飞状态下序列视频成像的地理空间标注。以同步测量的动态 POS（定位定姿）参数为基础，采用高效率的参数内插与瞬时赋值算法，依照规则的元数据体系对序列视频图像的地理空间实时注册，达到对目标区抵近观测、凝视观测的定量化表达。此外，也有学者利用视频影像制作正射影像，如李朝奎等（2006）利用微型低空无人飞机获取高精度的视频影像流，对影像流进行重新采样，借助直接线性变换方法，以 GPS、INS 集成系统获取的摄像机外方位元素为初始值进行内方位元素解算，进行视频影像分割后单幅影像的几何纠正，拼接、制作了正射影像。

2. 影像数据处理

对于光学影像的处理是无人机移动测量数据处理中最主要的工作，包括影像数据常规处理和应急影像处理。

（1）影像常规处理

影像常规处理主要用于生产 DOM（数字正射影像图）、DEM（数字高程模型）、DRG（数字栅格地图）、DLG（数字线划地图），也可以用于大比例尺制图、地籍数据更新、地理国情普查等。其处理流程如下：准备无人机原始测量影像、航摄信息、测区资料等；输入传感器参数信息，进行影像畸变差校正；利用 POS 数据和测区控制资料，进行空三加密，生成空三加密成果；利用空三加密成果，制作 DEM，生成 DEM 成果；在 DEM 的基础上，进行正射影像 DOM 制作，生成 DOM 成果。

（2）应急影像处理

应急影像处理主要用于生产应急影像图等应急测绘产品。无人机影像在应急中影像图的绝对定位精度往往并不是首要的，快速得到感兴趣区域的正射影像或准正射影像及不同地类相对的面积值，这通常是灾害预警、救灾及灾害评估的前提（宫阿都等，2010）。影像处理速度是主要因素、精度是次要因素。其处理流程如下：获得无人机数据以后，首先对影像做旋转、主点修正、畸变改正或格式转换等预处理；结合 POS 数据，进行自动相对定向、模型连接、航带间转点等，完成自动空中三角测量；利用特征提取技术从影像中提取数字表面模型（DSM），DSM 经滤波处理得到 DEM；再用生成的 DEM 对影像进行数字微分纠正，得到正射影像 DOM；对正射影像进行自动拼接和镶嵌匀色，得到应急影像图等应急测绘产品。

第二节　空中三角测量

空中三角测量是利用连续摄取的具有一定重叠的航摄影像，依据少量野外控制点，以摄影测量方法建立同实地相应的航线模型或区域网模型，从而确定区域内所有影像的外方位元素。本节主要介绍了空中三角测量的原理、方法及技术流程，分析影响空中三角测量精度的因素，并阐述其精度评价指标和精度要求。

一、空中三角测量原理

空中三角测量是根据少量的野外控制点，在室内进行控制点加密，求得加密点的高程和平面位置，为缺少野外控制点的地区测图提供用于绝对定向的控制点（陈大平，2011）。在传统的摄影测量中，空中三角测量是通过对点位进行测定来实现的，即根据影像的像点测量坐标和少量控制点的大地坐标，来求解未知点大地坐标和影像的外方位元素，所以也称空中三角测量为摄影测量空三加密（秦其明等，2006）。

空三加密的意义在于：不需要直接接触测定对象或地物，凡是影像中的对象，不受地面通视条件限制，均可测定其位置和几何形状；可以实现大范围内点位测定的时效性，从而可节省大量的实测调查工作；平差计算时，加密内部区域精度均匀，且很少受区域大小的影响。

空中三角测量的目的就是为影像纠正、数字高程采集和航测立体测图提供高精度的定向成果（Yuan，2008），最主要的成果就是影像定向点大地坐标和影像外方位元素。空中三角测量主要涉及资料准备、相对定向、绝对定向、区域网接边、质量检查、成果整理与提交等主要环节（姜丽丽等，2013）。

二、空中三角测量方法

空中三角测量的方法主要有利用 POS 数据直接定向和利用已有控制点资料定向两种（见表 11-2）。

表 11-2　空中三角测量的方法

方法	内容
利用已有资料转刺像控点进行空中三角测量	控制点量测工作是区域网平差中最烦琐的工作之一，实现自动展点就成了提高摄影测量区域网平差效率的关键。利用 POS 数据实现自动展点，将会提高后续空中三角测量和影像快速拼接的效率（鲁恒等，2010a）。鲁恒等（2011a）提出了一种适用于大重叠度影像的自动展点方法，通过纠正 POS 数据、判断控制点所在的影像，实现自动展绘控制点，大幅提升了展点的工作效率，有效减少了大重叠度影像漏展控制点数目。在没有野外控制点、IMU 数据又不能满足要求的情况下，通过在正射影像数据、DEM 数据、数字地形图、纸质地形图等已知地理信息数据中选取已知特征点作为控制点的方法进行控制点采集（陈大平，2011），满足了应急保障和突发事件处理的测绘需求
利用 POS 数据直接定向	低空无人飞机飞行的不稳定性使其获取的外方位元素存在粗差及突变，在利用 POS 辅助平差前可对其进行一定优化。首先利用飞机获取的外方位元素中的线元素进行同名像点匹配，并进行平差，得到新的外方位元素，剔除部分粗差，实现对原始 POS 信息优化。在影像外方位元素已知的情况下，量测一对同名像点后，即可利用前方交会计算出对应地面点的地面摄影测量坐标（连蓉，2014）

三、空中三角测量流程

空三加密流程一般包括相对定向与模型连接、平差解算与绝对定向等步骤。影像相对定向和绝对定向主要原理是利用一个测区中多幅影像连接点（加密点）的影像坐标和少量的已知影像坐标及其物方空间坐标的地面控制点，通过平差计算，求解连接点的物方空间坐标与影像的外方位元素（熊登亮等，2014）。

首先进行立体像对的相对定向，其目的是恢复摄影时相邻两张影像摄影光束的相互关系，从而使同名光线对对相交。相对定向完成以后就建立了影像间的相对关系，但此时各模型的坐标系还未统一，需通过模型间的同名点和空间相似变换进行模型连接，将各模型统一到同一坐标系下。利用立体像对的相对定向构建单航带自由网，确定每条航带内的影像在空间的相对关系（毕凯，2009）。构建单航带后，利用航带间的物方同名点和空间相似变换方法对各单航带自由网进行航带间的拼接，将所有单航带自由网统一到同一航带坐标系下形成摄区自由网。由于相对定向和模型连接过程中存在误差的传递和累积，易导致自由网的扭曲和变形，因此必须进行自由网平差来减少这种误差。自由网平差后导入控制点坐标，进行区域网平差，目的是对整个区域网进行绝对定向和误差配赋。

1．相对定向

相对定向的目的是恢复构成立体像相对的两张影像的相对位置，建立被摄物体的几何模型，解求每个模型的相对定向参数。相对定向的解法包括迭代解法和直接解法。其中，迭代解法解算需要良好的近似值，而直接解法解算则不需要。当不知道影像姿态的近似值时，利用相对定向的直接解法进行相对定向（崔红霞等，2005）。

相对定向主要通过自动匹配技术提取相邻两张影像同名定向点的影像坐标，并输出各原始影像的像点坐标文件。

通过多视影像匹配技术自动提取航带内、航带间所有连接点，通过光束法进行区域自由网平差，输出整个区域同名像点三维坐标（熊登亮等，2014）；通常利用金字塔影像相关技术和最大相关系数法识别同名点对，获取相对定向点，在剔除粗差的同时求解未知参数，从而增加相对定向解的稳定性。由于无人机的姿态容易受气流的影响，重叠度小的相邻影像间的差异可能很大，匹配难度增加，大的重叠度则可以减少相邻影像间的差异，使得同名点的匹配相对容易（崔红霞等，2005）。

2．绝对定向

绝对定向是无人机航空影像定位的重要环节，实现了相对定向后立体模型坐标到大地坐标转换（段连飞等，2008）。在实际定向解算中，需要求解两个坐标空间的3个平移参数、3个旋转角参数、1个比例参数。绝对定向后，即可依据无人机影像的图像坐标计算目标大地坐标。绝对定向参数求解的可靠性与精度直接影响定位的精度，乃至最终定位能否实现。绝对定向步骤如下：首先进行平差参数设置，调整外方位元素的权和欲剔除粗差点的点位限差，通过区域网光束法平差计算，分别生成控制点残差文件、内外方位元素结果文件、像点残差文件等平差结果文件；查看平差结果是否合格，如果不合格，继续调整外方位元素的权和粗差点的点位限差，直至平差结果合格为止；生成输出平差后的定向点三维坐标、外方位元素及残差成果等文件（熊登亮等，2014）。

（1）绝对定向解算

通常在影像定向解算时，经过相对定向后，建立了与地面相似的立体模型，计算得到各模型点的摄影测量坐标。但是摄影测量坐标系在大地坐标系中的方位仍是未知的，模型的比例尺也是近似的，需要对立体模型进行绝对定向，即：依据提供的准确控制点坐标，通过解算求出 7 个绝对定向元素，即模型的旋转、平移和缩放参数，该过程在数学上称为空间相似变换，如下式所示。

$$\begin{bmatrix} X_{tp} \\ Y_{tp} \\ Z_{tp} \end{bmatrix} = \lambda \begin{bmatrix} a_1、 & a_2、 & a_3 \\ b_1、 & b_2、 & b_3 \\ c_1、 & c_2、 & c_3 \end{bmatrix} \begin{bmatrix} X_p \\ Y_p \\ Z_p \end{bmatrix} + \begin{bmatrix} \Delta Z \\ \Delta Y \\ \Delta Z \end{bmatrix}$$

（2）光束法区域网平差

光束法区域网平差的原理是：以投影中心点、像点和相应的地面点三点共线为条件，以单张影像为解算单元，借助影像之间的公共点和野外控制点，把各张影像的光束连成一个区域进行整体平差，解算出加密点坐标的方法。其基本理论公式为中心投影的共线条件方程式（见下式）。由每个像点的坐标观测值可以列出两个相应的误差方程式，按最小二乘准则平差，求出每张影像外方位元素的 6 个待定参数，即摄影站点的 3 个空间坐标和光线束旋转矩阵中 3 个独立的定向参数，从而得出各加密点的坐标。

$$x = -f \frac{a_1(X - Xs) + b_1(Y - Ys) + c_1(Z - Zs)}{a_3(X - Xs) + b_3(Y - Ys) + c_3(Z - Zs)} \Bigg\}$$

$$y = -f \frac{a_2(X - Xs) + b_2(Y - Ys) + c_2(Z - Zs)}{a_3(X - Xs) + b_3(Y - Ys) + c_3(Z - Zs)} \Bigg\}$$

空间相似变换迭代求解方法具有较高的解算精度，已经广泛应用在高精度测图、工业摄影测量等领域，但是迭代求解需要有较高精度的初始值，对控制点的分布、数量具有较为苛刻的要求，在控制点误差较大或者分布不均时往往会造成绝对定向参数解算的失败。而在无人机航空影像定位处理中，往往存在提供的控制点不均匀、精度不高等问题，这往往会形成传统的定位设备出现无法进行解算的问题。程超等（2008）提出了采用单位四元数构成旋转矩阵来代替 3 个旋转角构成的旋转矩阵，在解算过程中无须解算 3 个旋转角参数，而是将旋转矩阵作为整体进行求解，这种方法避免了非线性方程的线性化问题，是一种非迭代求解方法。试验证明了方法的可行性，能够满足无人机航空影像定位的需要。

区域网空中三角测量，需要布设地面控制点和检查点进行区域网平差，影响精度的最主要因素是地面控制点采集的精度，而且这个误差是很难纠正的。在选择的时候需要均匀分布整个拍摄区域，或者地形特征较明显的地物点，或者是在地物特征不明显区域人工制作控制点，将大大提高整个结果的精度（鲁恒等，2011b）。若在无人机上安装高精度的 GNSS 接收机，并在飞行过程中实时差分，可以实现 GNSS 辅助空中三角测量，从而达到无控制点或少控制点，进一步提高无人机低空遥感影像的获取和处理效率。控制点的布设选择上，由于大多数控制点采用的是地面自然特征点，因而空三的精度会因为屏幕控制点的量测产生误差，在进行屏幕量测控制点时，利用自动刺点的算法可以减小误差（鲁恒等，2011b）。

四、空中三角测量精度评价

1. 精度评价指标

评价一个测区平差结果主要看检查点和控制点的精度（罗伟国，2012）。在精度统计分析过程中，分别统计分析了各测试模型中平差后控制点和检查点精度，采用的误差统计分析指标有：

（1）平均值：估算样本的平均值（算术平均值）见下式。

$$u = \frac{\sum \Delta}{n}$$

（2）标准差值：估算总体的标准偏差，样本为总体的子集。标准偏差反映相对于平均值的离散程度，见下式。

$$\sigma = \sqrt{\frac{1}{N}\sum_{i=1}^{n}(X_i - u)^2}$$

（3）中误差值：在相同观测条件下的一组真误差平方中数的平方根，见下式。

$$m = \pm\sqrt{\sum_{i=1}^{n}(\Delta_i\Delta_i)/(n-1)}$$

式中，m 为检查点中误差，单位为 m；Δ 为检查点野外实测值与解算值的误差，单位为 m；n 为参与评定精度的检查点数。

（4）粗差剔除：按正态分布观测值的 95% 概率进行误差值粗差剔除。

（5）最大值：取粗差剔除后控制点和检查点值中的最大值。以剔除粗差后多余控制点不符值的中误差及最大误差进行空三精度评价。

2. 精度评价要求

无人机影像进行空三优化时，对空三优化结果的评价主要依赖于像点坐标和控制点坐标的残差、标准差、偏差和最大残差等指标，同时还需考虑点位的分布、数量和光束的连接性等因素。残差反映了原始数据的坐标位置与优化后坐标位置的差；偏差源于输入原始数据的系统误差；最大残差是指大于精度限差点位的残差；标准差反映了优化后的坐标与验前精度的比较，反映了数学模型优化的好坏。对无人机影像空三优化结果进行评价，应从表11-3中的几个方面考虑。

表11-3　无人机影像空三优化结果评价应考虑内容

名称	内容
对于空三结果精度报告的评价	一般要求连接点在 x 和 y 方向上的像坐标标准差值小于3像素；连接点在 x 和 y 方向的像坐标最大残差值小于1.5像素；每张影像的像坐标平面残差小于0.7像素。地面控制点与自由网联合平差计算时，控制点精度应符合成图要求，特殊地类、特殊影像可以适当放宽
对于应急响应的项目，空三优化可以放宽精度要求	连接点在 x 和 y 方向的像坐标标准差值可以放宽到0.6像素以内，x 和 y 方向的像坐标最大残差值在5像素以内，每张影像的像坐标平面残差值在1像素以内。每张影像上连接点个数不低于10个，对于特殊地图类型连接点个数不能少于8个，航带间的连接点个数不能少于2个，满足以上精度要求可以提交快速空三成果，生成应急正射影像图，但不能构建立体相对和生成数字表面模型（DSM）
对于连接点数量	一般要求每张影像上的连接点个数不能少于12个，且分布均匀。对于沙漠、林地和水体等特殊地区类型，可以降低要求，但也不能少于9个。每条航带间的连接点不能少于3个

3. 精度影响因素

影响空三精度的主要因素有控制点精度、影像分辨率、量测精度和平差计算精度。

（1）控制点精度：控制点的可靠性与精度直接影响定位的精度，乃至最终定位能否实现。

（2）影像分辨率：影像的精度依赖于影像分辨率。根据成像比例尺公式可知，影像的分辨率除与CCD本身像元大小有关外，还与航摄高度有关，在焦距一定的情况下航高越低，分辨率越高。

（3）量测精度：光束法加密时，对量测像点坐标观测值精度要求很高，但测量作业中粗差往往难以避免。粗差发生最多的是地面控制点和人工加密点。它不仅影响误差的增大，而且会导致整个加密数学模型的形变，对加密的精度是极具破坏性的。另外，如果控制点或连接点存在较大的粗差，而没有剔除就进行自检校平差，会将粗差当作系统误差进行改正，导致错误的平差结果。因此，有效剔除粗差是提高加密精度的必然选择。

（4）平差计算精度：光束法平差要将外业控制点提供的坐标值作为观测值，列出误差方程，并赋予适当的权重，与待加密点的误差方程联立求解。在加密软件中，控制点权重的赋予是通过在精度选项中分别设定控制点的平面和高程精度来实现的。为防止控制点对自由网产生变形影响，不宜在一开始就赋予控制点较大的权重。一方面，可避免为附合控制点而产生的像点网变形，得到的平差像点精度是比较可靠的；另一方面，绝大多数控制点都不会被当作粗差挑出，避免了控制点分布的畸形（朱万雄，2013）。

第三节　影像匹配与融合

一、影像匹配

1. 影像匹配定义及难点

影像配准主要是利用重叠区域找出各影像之间的位置关系，并通过某个变换模型将所有影像变换到统一的坐标系下，并在该坐标系下来描述每一张影像。

由于无人机移动测量系统的特点，使得无人机影像的匹配存在以下难点：相邻影像的航带内重叠度和航带间重叠度变化大，加上低空影像摄影比例尺大，因而无法确定匹配的初始搜索范围；相邻影像的旋偏角大，难以进行灰度相关；飞行器的飞行高度、侧滚角和俯仰角变化大，从而导致影像间的比例尺差异大，降低了灰度相关的成功率和可靠性。

2. 影像匹配方法

根据配准过程中利用的影像信息的不同可以将匹配方法归纳为4类：基于坐标信息的方法（马瑞升，2004）、基于灰度信息的方法、基于变换域的方法（姚喜等，2008）、基于特征匹配的方法（韩文超，2011）。

（1）基于坐标信息的影像匹配

基于坐标信息的影像匹配比较简单，主要利用POS系统或者其他系统提供的地理坐标信息和无人机飞行姿态信息进行匹配。它是根据无人机携带的POS系统，获得影像的内方位元素、外方位元素以及摄影中心点的高程信息，满足影像数字微分纠正的条件；基于坐标信息的影像拼接的基本思路是：首先根据间接法对原始影像进行微分纠正，接着根据POS提供的影像的经纬度信息将影像投影到统一的坐标系

航空摄影测量技术与无人机移动测量研究

下，根据坐标信息对影像直接进行配准；目前带有导航定位与姿态测量系统的无人机应用越来越多，但因为无人机的载重有限，其携带的 POS 系统的精度比较低，主要用途是负责无人机的导航和无人机飞行姿态的控制。基于 POS 系统的影像拼接方法研究得较少，对大量的影像数据进行快速的拼接合成，该方法会造成每两幅相邻影像间存在较大的配准误差，拼接合成影像的效果很差，难以用于实际工作中（韩文超，2011）。但是与其他方法相比，匹配拼接合成的影像具有地理坐标信息，可以用于空间定位，全面、及时掌控灾情分布情况，服务于减灾、救灾等应急事件。

（2）基于灰度信息的影像匹配

基于灰度信息的影像匹配，是指从影像中选择一小块区域，在另外一幅图中搜索具有同一样大小的一块区域，使两者的相似度量最高。根据模板方式的不同，可将其细分为三种方法：块匹配法、比值匹配法和网格匹配法。不同的相似性度量，又可以形成各种不同的匹配方法，其中基于统计理论的方法在相似性度量中得到了较广泛的应用，主要包括相关函数、相关系数、协方差函数、差绝对值、差平方和等方法（韩文超，2011）。其中最常用的是灰度差的平方和，公式如下：

$$E = \sum (I_1(x_i, y_i) - I_2(x_i, y_i)) = \sum e^2$$

式中，$I_1(x_1, y_1)$ 和 $I_2(x_1, y_1)$ 分别表示相邻影像重叠区域中的像素值表示像素值差。

基于灰度信息的匹配算法，比较简单直观，也比较容易实现，所以发展比较成熟。但是，因为过分依赖影像的灰度信息，对噪声和灰度差异方面缺乏鲁棒性，所以该方法常常不能对影像进行有效的匹配；而且该方法无论采用哪种相似性度量，其计算量都比较大，搜索速度也很慢，不适用于快速影像配准和大量的影像处理。

（3）基于变换域的影像匹配

基于变换域的影像匹配是将影像先变换到频域，然后利用影像的频域信息来进行配准。变换域方法中傅里叶变换是其中最为典型的算法。傅里叶变换方法通过对影像进行变换，并通过在频域中的相位差峰值间接找到影像间的重叠区域。影像在空域的平移、旋转等变换，在频域都有与之对应的量。

相位相关法是根据傅里叶变换的平移性质，用于影像间具有平移变换配准的方法。如果影像 I_1 和 I_2 存在相对位移 (d_X, d_Y)，其中（见下式）。

$$I_2(x,y) = I_1(X - d_X, y - d_y)$$

那么对应的傅里叶变换关系为（见下式）。

$$F_2(u, v) = e - j2\pi (ud_x + vd_x) F_1(u, v)$$

上式说明，在频域中影像 I_1 和 I_2 具有相同的幅值，那么互功率谱的相位就可以等效地表示它们之间的相位差：

$$e^{-j2\pi(ud_x+vd_x)} = \frac{F_1(u,v)F^*_2(u,v)}{\left|F_1(u,v)F^*_2(u,v)\right|}$$

变换域方法对于频率出现的噪声具有良好的鲁棒性。该方法具有较高的匹配精度，但对影像间的重叠比例具有较高的要求，计算量一般都非常大，其不能满足无人机影像实时处理的要求。

（4）基于特征信息的影像匹配

基于特征信息的影像配准方法主要是先通过提取影像的特征信息，然后基于提取出来的这些特征（尤其是基于特征点）信息进行特征匹配（葛永新等，2007），最后再基于这些匹配后的特征来实现整个影像的配准。其中，影像特征主要包括特征点（角点和高曲率点等）、线（直线和边缘曲线等）和面（闭合区域和特征结构等）。

基于特征的影像匹配方法一般包括 4 个步骤：特征提取、特征匹配、几何模型参数估计和影像变换与插值，具体内容见表 11-4。

表 11-4　基于特征的影像匹配方法的步骤

步骤	内容
特征提取	特征提取是影像配准最关键的一步，特征提取的好坏直接决定了影像配准后续工作的速度和精度。其原则是特征要明显，方便提取，而且数量多分布广
特征匹配	首先结合特征自身的属性来进行特征描述，初步在相邻影像间建立特征集之间的对应关系，再通过合适的算法对存在匹配错误的特征进行剔除
几何模型参数估计	构造合适的几何变换模型，根据已经建立好的特征匹配关系来确定相邻影像的整体变换关系，最后得到几何变换模型参数
影像变换与插值	根据求解出的几何变换模型的参数，将影像变换到统一的坐标系下，并对影像进行插值处理

基于特征匹配的影像匹配算法是目前研究的热点。与基于灰度的匹配方法相比，基于特征的匹配在畸变、噪声、灰度变化等方面具有一定的鲁棒性，并且具有计算量小、速度快等优点，该方法的匹配性能主要取决于影像特征提取的质量。

1）特征点检测

影像匹配是通过影像重叠部分的相关信息来实现的（雷小群等，2010）。若是将所有重叠区域的像素信息全部来进行配准，这无疑会导致计算量巨大，尤其是在影像很大且数量很多的情况下，这种方法基本不可行。特征点的提取相对于其他特征（如线段、多边形、边缘等）的提取是相对简单，易于实现且计算量要少。同时，特征点对灰度变换、影像变形及遮挡都有较好的适应能力（周骥等，2002），可以减小噪声对配准的影响。在进行影像配准时，对特征点进行精确匹配，然后再基于相应的变换模型就可以实现影像配准，且能够达到很高的配准精度（陈香等，2013）。常用的特征点提取算法有 Moravec 算法、Harris 角点检测算法、SUSAN 角点检测算法、SIFT 算法等。

Moravec 算法原理相对简单，易于实现，但是该算法对噪声的影响十分敏感，计算量大且算法不够鲁棒。

SUSAN 算法是另一种常用的角点检测算法，被广泛应用于边缘检测，该算法对角点的检测效率要高于直线边缘的检测效率。由于不需要计算梯度信息，SUSAN 算法的效率较高，并且其采用圆形模板在影像上滑动，所以其具有旋转不变性，并且其对于噪声和光照变化影响都有一定的抵抗能力。但是，在某些弱边缘上不容易检测出正确的角点，阈值不好设定，稳定性不强，可靠性较差。

Harris 检测算法是在 Moravec 算法的基础上改进而来，影像的角度旋转对于角点的检测影响比较小，而且光照的影响对于 Hams 角点的检测也很有限，在计算上效率也比较高。采用 Harris 算法提取的兴趣点具有旋转不变性，并且光照和噪声对其影响也较小，但 Harris 算法对影像尺度变化则特别敏感。

尺度不变特征变换算法由 D.A.Lowe 于 1999 年提出并在 2004 年进行了总结，是一种基于尺度空间的、对影像缩放和旋转甚至仿射变换保持不变性的特征匹配算法，具有良好的鲁棒性、较强的匹配性，能够处理影像之间尺度变化、视角变化、旋转、平移等多种情况下的匹配问题（Lowe，2004）。SIFT 算法提取的特征是影像的局部特征，对旋转、尺度缩放、亮度变化保持不变性，对视角变化、仿射变换、噪声也能保持一定程度的稳定性，同时信息量丰富，适用于在海量特征数据库中进行快速、准确的匹配（宫阿都等，2010）。研究显示，SIFT 算法对区域的描述是最好的（Mikolajczyketal，2005），同时经过优化的 SIFT 特征匹配算法甚至可以达到实时的要求，因此非常适合数量多、变形大的无人机影像匹配。

SIFT 算子特征匹配步骤：

建立不同的尺度空间（见下式）：

$$
\left.
\begin{aligned}
G(x,y,\sigma) &= \frac{1}{2\pi\sigma^2} e^{-(x^2+y^2)/2\sigma^2} \\
L(x,y,\sigma) &= G(x,y,\sigma)W^* I(x,y)
\end{aligned}
\right\}
$$

式中，(x,y) 表示点的坐标旧表示尺度空间参数，取值不同，尺度不同；$G(x,y,$

σ）为高斯函数；$L(x, y, \sigma)$ 为尺度空间；＊代表卷积操作（Lowe，2004）。利用高斯差分精确定位极值点，初步确定关键点位置和所在尺度（陈志雄，2008）。

精确关键点的位置和尺度，同时去除对比度低的关键点和不稳定的边缘响应点，以增强匹配稳定性、提高抗噪声能力。

确定为特征点后，利用其邻域像元的梯度方向分布特性为每个点指定方向参数，使特征具备旋转不变性。

关键点描述算子生成，即生成 SIFT 特征向量：位置、尺度、方向。

SIFT 算法具有以下优点：稳定性强，具有局部特征，对尺度缩放、旋转、光照差异等多种变化保持不变性，对影像的多种尺度变化、多种几何变换都具有很强的匹配能力；信息量大，速度快，能够在海量的特征数据库中迅速获得准确的匹配；特征向量多，少许具有明显特征的地物就能够产生大量的 SIFT 特征向量；扩展性强，可方便地与其他特征向量进行联合。

SIFT 算法匹配缺点如下：特征点定位精度不高，在计算过程中主要利用高斯差分算子，找到的特征大部分是圆状点，不是明显的角点等人眼明显识别的特征点，局部纹理不够丰富，定位精度不如角点特征高；匹配后的特征点分布不是很均匀，在建筑物区域正确匹配的数量较少；建立高斯差分金字塔和特征描述符维数过高，使计算过于复杂，运算时间长；不考虑特征点构成的几何形状之间的缩放和平移变换，导致在粗匹配的结果中存在一定的误差。

2）特征点匹配

特征点被检测出来后，需要对影像间的特征点进行匹配。目前判定相似性程度的大小一般都采用各种距离函数，如欧氏距离、马氏距离（李玲玲等，2008）、BBF 算法（温文雅等，2009）。匹配的主要思路是，以某一影像中的关键点为基准，在另外相邻影像中进行搜索，找到与之距离最近的关键点和距离次近的关键点，并将最近距离的关键点除以次近距离的关键点的比值与某个阈值做比较，如果小于该阈值，则接受，否则舍弃。通过改变比例阈值，可以控制匹配点的数目：阈值越低，匹配点数目就会减少，但也更加稳定。

通过上面的方法进行特征点匹配后，已经实现了粗匹配，但其中还存在较多匹配误差，主要有以下两个方面的原因：一是从影像中提取的特征点的位置并不完全精确；二是特征点的初始匹配并不能完全保证所得到的点对是正确匹配的。为了达到较高的匹配精度，需要借助外部限制来消除这些错误的匹配点对，提高匹配点对的鲁棒性，常用的有 RANSAC 算法等（田文等，2009）。

二、影像融合

影像匹配后，若是只根据影像间的几何变换模型将所有影像经过简单的投影叠加起来，那么在影像拼接线附近就会出现明显的边界痕迹和颜色差异，严重影响了合成影像整体的视觉效果。造成这种情况的主要影响因素有两个：一是影像色彩亮度的差异，主要是由影像采集环境的不同和相机镜头曝光时间的不同造成的；二是影像配准的精度，特征点的匹配精度和几何模型的变换都影响了影像配准时的精度。无人机影像融合的目的就是消除影像间出现的拼接"鬼影"，消除影像间的曝光差异，实现无缝拼接。本节主要介绍无人机影像融合的特点及常用的最佳拼接线融合算法。

无人机影像的配准精度决定了影像的拼接精度，而无人机影像的融合则决定了影像的视觉效果。在影像融合时，如果影像配准精度不够准确，融合后的拼接常常会出现"鬼影"现象；当影像上存在运动物体时，也会因为同一物体叠加在一起而产生"鬼影"。由无人机影像的成像特点可知，在影像配准中距离影像中心越远，影像间配准误差就越大。若在拼接时，简单地将一幅影像直接覆盖在另一幅影像上，而不做任何的融合处理，则必然会使得拼接后的影像产生明显的拼接线，并且在拼接线两边会出现局部错位。由于拼接线位于远离影像中心的边缘区域，而远离中心的边缘区域其畸变是最为明显的，这就导致在拼接线两边会出现明显的错位。无人机在获取影像时，飞行姿态极不稳定，使得无人机影像存在光强和色彩的差异。由于无人机影像的高重叠性，要实现无人机影像的无缝拼接，则必须在生成最终拼接影像之前对影像之间的重叠区域进行无缝融合。所谓无缝融合，就是要在生成的拼接结果当中看不到明显的拼接缝，去除光强和色彩的差异。

影像融合根据表征层可以分为三类，包括像素级、特征级和决策级（倪国强，2001）。无人机影像拼接中，一般不需要进行过高层面的数据融合，而主要集中在基础级层面上的像素级，是在影像重采样的过程中完成。目前常用的影像融合方法主要有：直接平均融合法、加权平均融合法、范数融合法、多频带融合法以及图切割法等。

第四节　影像分类与信息提取

影像分类与信息提取是影像处理的关键环节，处理结果与决策密切相关。常用的分类与信息提取方式有两种：一种是目视解译，也称目视判读；另一种是计算机自动分类解译。目视解译与信息提取是目前应急测绘中常用的方式，对精度要求不高，其结果与解译人员的知识水平和经验密切相关；计算机自动分类解译方面，是传统的提取方法，如：监督分类、非监督分类，主要是依据影像上的多光谱灰度特征（宫鹏等，2006）。除光谱特征外，人们越来越注重影像的空间特征（如纹理、形状和地学数据等）在信息提取中的作用。本节主要对面向对象、决策树、分形分类、支持向量机、人工神经网络等新型分类和信息提取方法的原理进行介绍，并阐述各种方法的特点。

一、面向对象分类

面向对象方法在影像分析中已经有很多应用。一般是在多个尺度下对影像进行分割，尺度参数的大小、分割尺度参数的选择对影像的分类精度有着很大影响。一般影像中的地物类型比较复杂，需要选择合适的分割参数以得到更高的分类精度，分割参数常根据经验和知识确定（薄树奎等，2009）。

1. 分割尺度选择

为了克服传统技术的缺点，M.Baatz 和 A.Schape 根据高分辨率影像的特点，提出了面向对象的影像分类方法（何少林等，2013）。影像数据是对依赖于尺度的地表空间格局与过程的特征反映，影像多尺度分割是通过设定不同的对象异质性最小的阈值（尺度）生产一系列分割分类层次体系，针对不同类别的对象单元进行统计分析，找出不同地表类型，提取相应的最优尺度影像对象层。对于某一种确定的地表类型，最优分割尺度使分割后的多边形能将这种地表类型的边界显示清楚，并且能用一个或几个对象将其表示出来；分割之后的影像对象的内部异质性尽可能小，而不同类别影像对象间的异质性尽可能大（Kimetal，2008）。多次试验表明，最优分割的参考值发生在亮度均值标准差的峰值（林先成等，2010）。

面向对象单一尺度分割分类容易产生"过分割"和"欠分割"问题（何敏等，2009）。利用多层分割尺度对地表类型进行分类，能够实现各地类在各自最优分割层上被提取，最终按照一系列的分类规则重新聚类，得到较好的分类结果（龚剑明等，2009）。

2. 分割参数选择

影像分割对面向对象分类的影响是指，不同参数下的分割结果导致分类精度不同。常用的分割参数主要有分割尺度、形状权重和紧凑性权重等（Binsetal，1996）。

基于训练样区的分割参数选择思路如下：首先为每个地物类别选择训练样本，然后由训练样本计算各个类别的分割参数，根据所得分割参数对原影像进行分割，最后完成面向对象的影像分类和信息提取。可以采用试探性的方法，对每个训练样区以不同的参数进行多次分割，选择最优的分割结果所对应的参数，并根据分割影像内的区域同质性和区域间的异质性计算目标函数,以此作为评价分割质量的依据。

区域内的同质性度量可以由分割后所有影像区域的内部方差来表示(见下式):

$$v = \sum_{i=1}^{n} a_i v_i / \sum_{i=1}^{n} a_i$$

式中,v_i 和 a_i 分别是区域 i 的方差和面积;区域内方差 u 是一个加权平均值,各个权重为每个图像区域的面积,对象越大、权重越大,避免了小区域导致的不稳定性。

区域间的异质性可以由空间自相关指数 I(Espindola et al, 2006)表示(见下式):

$$I = \frac{\sum_{i=1}^{n} \sum_{j=1}^{n} w_{ij}(y_i - \overline{y})(y_j - \overline{y})}{(\sum_{i=1}^{n} (y_i - \overline{y})^2 (\sum_{i \neq j} \sum w_{ij})}$$

式中,n 是影像内分割后的所有区域数目;y_i 是影像区域 R_i 的平均灰度值;$\overline{y}$ false 是整个影像的平均灰度值;w_{ij} 是空间邻近性度量,如果两个影像区域 R_i 和 R_j 在空间上相邻接,那么 $w_{ij}=1$,否则 $w_{ij}=0$。

将上面两个石子正规化后合并起来作为目标函数,即

$$F(v+I) = F(v) + F(I)$$

式中,$F(v)$ 和 $F(I)$ 是正规化的区域内方差和空间自相关指数函数值。目标函数值最大时,分割最优。

在一定范围内将分割参数值进行特定间距的划分,得到一系列离散的参数值,按从小到大的顺序依次对训练样区影像块进行分割,并计算分割后的目标函数值。在同一训练样区的所有分割结果中,选择使得目标函数极大的分割参数值作为与该类别相对应的最佳分割参数,得到多个分割参数值。在各自的分割参数下对原影像分割,并基于分割结果进行面向对象分类,然后融合各个类别的分类结果,得到最终的影像分类。

影像分割是高分辨率影像面向对象处理的前提和基础,其质量直接影响后续处理精度。但是,针对影像尤其是高分辨率影像的分割方法较少。目前的研究主要集中于影像分割新方法探索、不确定性分割、基于分割的特征提取及面向对象分类应用等方面。存在对不同尺度、不同内部变化地物的分割精度显著不同,以及缺乏统一可靠的影像分割精度评价标准等问题;适宜分割尺度的选择能使影像对象与实际地物斑块形状、大小基本一致。在各自地表类型最优的尺度分割层上,分析影像对

象的特征信息，包括光谱、纹理、形状、空间分布等，依据影像对象的特征信息差异，建立地表特征提取规则，在各自的最优尺度分割层上提取地物，并进行分类。采用面向对象的多尺度分类思想，将影像多层次分割，获取不同地表类型相应最优层次上的影像对象，弥补在单一尺度下某些类型地物分割不佳的缺陷，提高分类精度，达到快速、准确提取地表信息的目的（何少林等，2013）。虽然面向对象的多尺度、多层次分类方法能取得较高的精度，但在分类过程中最优分割尺度选取和提取规则设置都需要人工参与，对分类者的要求较高。

二、决策树分类

决策树分类（申文明等，2007）作为一种基于空间数据挖掘和知识发现的监督分类方法，突破了以往分类树或分类规则的构建中，利用分类者的生态学和知识先验确定，因此其结果往往与其经验和专业知识水平密切相关的局限，而是通过决策树学习过程得到分类规则并进行分类，分类样本属于严格"非参"，不需要满足正态分布，可以充分利用 GIS 数据库中的地学知识辅助分类（邸凯昌等，2000）。分类精度高、速度快，完全能满足大规模影像数据分类和信息提取的需求，已经开始应用于各种影像信息提取和地表土地覆盖分类。

决策树是通过对训练样本进行归纳学习生成决策树或决策规则，然后使用决策树或决策规则对新数据进行分类的一种数学方法。决策树是一个树型结构，它由一个根结点、一系列内部结点及叶结点组成，每一结点只有一个父结点和两个或多个子结点，结点间通过分支相连。每个内部结点对应一个非类别属性或属性的集合（也称为测试属性），每条边对应该属性的每个可能值；叶结点对应一个类别属性值，不同的叶结点可以对应相同的类别属性值。

决策树除了以树的形式表示外，还可以表示为一组 IF-THEN 形式的产生式规则。决策树中每条由根到叶的路径对应一条规则，规则的条件是这条路径上所有结点属性值的舍取，规则的结论是这条路径上叶结点的类别属性。与决策树相比，规则更简洁，更便于人们理解、使用和修改，可以构成专家系统的基础，因此在实际应用中更多的是使用规则。

1. 决策树方法

决策树方法主要包括决策树学习和决策树分类两个过程。决策树学习过程是通过对训练样本进行归纳学习，生成以决策树形式表示的分类规则的机器学习（machinelearning）过程（李德仁等，2002）。决策树学习的实质是从一组无次序、无规则的事例中推理出决策树表示形式的分类规则。决策树学习算法的输入是由属性和属性值表示的训练样本集，输出是一棵决策树（也可以是其他形式，如规则集等）。

决策树的生成通常采用自顶向下的递归方式，通过某种方法选择最优的属性作为树的结点；在结点上进行属性值的比较，并根据各训练样本对应的不同属性值判断从该结点向下的分支；在每个分支子集中重复建立下层结点和分支，并在一定条件下停止树的生长；在决策树的叶结点得到结论，形成决策树。通过对训练样本进行决策树学习并生成决策树，决策树可以根据属性的取值对一个未知样本集进行分类，就是决策树分类。

目前最流行的决策树算法是基于 ID3 算法发展起来的 C4.5/C5.0 算法，它不仅可以将决策树转换为等价的产生式规则，解决了连续取值的数据的学习问题，而且可以分多个类别，增加了 BOOST 技术，能更快地处理大数据库（申文明等，2007），更能适用于大范围数据的处理。

2. 决策树分类特点

决策树分类技术有以下特点：具有非参数化的特点，不需要假设先验概率分布。当影像数据特征的空间分布很复杂或者多源数据各维具有不同的统计分布和尺度时，用决策树分类法能获得理想的分类结果（Friedletal,1999）；不仅可以利用连续实数或离散数值的样本，也可以利用"语义数据"；生成的决策树或规则集，结构简单直观、容易理解、计算效率高，可以进行分析、判断和修正，也可以输入到专家系统中，在大数据量的影像处理中更有优势；能够有效地抑制训练样本噪声和解决属性缺失问题。

三、基于分形理论分类

"分形"是由数学家芒德布罗（Mandelbrot）在 20 世纪 80 年代从非规整几何的量测问题出发创立的新型理论，它被定义为"一种由许多个与整体有某种相似性的局部所构成的形体"，可以用来描述自然界中传统欧几里德几何学所不能描述的一大类复杂无规则的几何对象。这些对象的一个共同特点是具有明显的不随观察尺度的减小而消失的不规则性，由于随机因素的影响，它们的形态具有某种意义的整体与局部、局部与局部之间的自相似性。这种自相似性是分形的基本原则，而分形维数则是定量表征自相似性的最佳工具，也是分形理论应用于各领域的基本出发点。自然界中大多数物体表面在空间上具有分形特性，这些表面的灰度影像也同样如此，为分形理论在影像分析方面的应用研究提供了理论基础。

分形理论是非线性科学领域的一大支柱，它为人们解决非线性世界的问题提供了新的思想和方法，广泛地应用于诸多领域（胡杏花等，2011）。对于影像而言，不同地物的纹理粗糙程度往往不同，分形维数作为分形的一种度量，可以较好地表征纹理的粗糙度，可以利用分形理论提取影像纹理特征并以此区分不同的地物。目前，分形理论在影像纹理分析中的研究取得了一些成果，但对于影像而言，应用分形理论的研究尚不多见，已有的研究内容主要包括影像压缩编码、生成虚拟现实影像和影像纹理分析等。由于分形维数与影像不同地物纹理结构间存在着紧密联系，使分形理论在影像的纹理特征提取中具有强大的应用潜力。

1. 分形维数计算

分形维数作为描述分形自相似性的一种度量，最早由 Peruland 于 1984 年应用到影像处理中来。分形维数在影像分析中，常将影像从二维平面拓展至三维空间形成灰度曲面，最直接的意义在于它可以反映出这种灰度曲面的起伏程度，并具有多尺度、多分辨率的不变性。分形维数与人类对影像表面纹理粗糙度的感知是一致的，即影像表面越粗糙时分形维数越大，反之越小，因此分形维数可以很好地反映出影像纹理的粗糙程度，可用来描述影像的纹理特征。目前分形维数的计算方法众多，发展比较成熟，常用的有双毯覆盖模型等。

2. 纹理特征提取

影像的纹理特征不仅来自于单个像素，还与该像素周围的灰度分布状况有着非常密切的联系。它反映了影像的灰度在空间上的变化情况，这种空间变化特征不能直接获得，而只能用数学变换和数学分析的方法获取。目前提取影像纹理特征的方法众多，归纳起来可分为统计方法、结构（几何）方法、模型方法以及基于数学变换的方法。分形是一种基于模型的方法，它通过分形维数来表征影像纹理的粗糙程度，可以通过计算影像每个像元的分形维数进而获得纹理特征影像。

为了提取整幅影像的纹理特征，必须计算每个像元的分形维数，而单个像元的分形维数计算是基于其所在的邻域范围的。因此要计算整幅影像中每个像元的分形维数可采用类似卷积的方式，在滑动窗口内按模型进行计算，并选择合适的窗口尺寸来遍历影像中的所有像素。

以双毯覆盖模型为例，分形维数影像提取步骤如下：确定需计算的像素 (i, j)，$1 \leqslant i \leqslant M$；$1 \leqslant j \leqslant N$，$M$、$N$ 为影像的行、列数；确定像素 (i, j) 的邻域范围；用双毯覆盖模型计算此范围内的分形维数，并将计算结果作为像素 (i, j) 的返回值；重复计算，遍历影像中的所有像素，得到与原影像同样大小的基于双毯覆盖分形维数的影像，从而提取出原影像的纹理特征图。

对于影像而言，分形维数的取值范围在 2～3 单位，将其映射到 0～255 单位后形成纹理特征影像。为取得较好的效果，可以采用不同尺寸的滑动窗口提取影像的纹理特征，对比提取结果，确定最佳窗口尺寸。纹理信息提取后，即可结合光谱信息等进行分类（胡杏花等，2011）。

四、支持向量机分类

根据高分辨率影像的特点，由于类间方差较大，同类地物样本的光谱特征比较分散，并非紧紧围绕着某些中心，即高分辨率影像的光谱样本没有明显的中心。对于 RBF 核来说，其对于远离节点中心的样本输出几乎为零，样本根据离中心距离的远近有不同的权重和响应值；然而多项式核却不存在局域性，所以它更适合作为高分辨率影像特征的核函数；选择 SVM 作为空间特征的分类器，是因为它无须特征空间正态分布的假设，而且核空间的映射更适合多维的空间特征输入。SVM 提供的模型复杂度与输入特征维数无关，这使得输入特征可以多元化，核函数将输入特征映射到高维空间可能产生原始数据所不具备的新特征（黄昕等，2007）。空间邻域介入分类器增强了决策过程中相邻像元的相关性，提高了分类精度。

半监督分类支持向量机。支持向量机能够较好地解决高维数据的非线性分类问题，因而被广泛地使用（李涛等，2013）。标准的支持向量机是基于监督学习的，Joachims（1999）将半监督学习引入到支持向量机中，形成了直推式支持向量机 TSVM，可以预测潜在的未知数据，因此 TSVM 在通常情况下也被认为是半监督分类支持向量机（Semi-Supervised-SVM，S3VM）。

由于 S3VM 同时利用已标记和未标记样本去最大化分类间隔，从而使得其目标函数是非凸的。目前，S3VM 的研究主要集中在非凸目标函数的优化上。这些算法主要解决的是 S3VM 目标函数的非凸优化问题，需要反复迭代运算，计算复杂度较高，难以应用于大规模数据的分类（Zhu，2008）。其半监督思想主要体现为：在标准支持向量机的目标函数中加入了无标记样本的损失项，使用混合样本进行学习，经过求解使得目标函数达到极小值的最优决策超平面来得到一个泛化性能更好的分类器。最终达到通过利用无标记样本的信息来调整决策边界，从而得到一个既通过数据相对稀疏的区域又尽可能正确划分有标记样本的超平面。而根据聚类假设，如果高密度区域的两个点可以通过区域内某条路径相连接，那么这两点拥有相同标记的可能性就比较大。

Chapell 等在非凸目标函数的优化的基础上，提出了构造聚类核的整体框架，其具体过程是：根据已有的标记样本和无标记样本去构造核矩阵，通过使用不同的转换函数去改变核矩阵，经过特征分解后的特征值来得到不同的核。基于聚类核的半监督支持向量机分类方法依据聚类假设，即属于同一类的样本点在聚类中被分为同一类的可能性较大的原则去对核函数进行构造；采用 K- 均值聚类算法对已有的标记样本和所有的无标记样本进行多次聚类，根据最终的聚类结果去构造聚类核函数，从而更好地反映样本间的相似程度，然后将其用于支持向量机的训练和分类。理论分析和计算机仿真结果表明，该方法充分利用了无标记样本信息，提高了支持向量机的分类精度（李涛等，2013）。

五、人工神经网络分类

近年来，随着人工神经网络理论的发展，各种神经网络模型在影像分类中的应用受到广泛关注。常用的人工神经网络模型是采用误差反向传播算法或反向传播算法变形的前馈多层感知机神经网络，具有大规模并行处理能力、分布式存储能力、自学习能力等特性，但是不适合表示基于规则的知识，只能处理数值型数据，不能处理和描述模糊信息。鉴于模糊逻辑和神经网络在模拟人脑功能方面各有偏重，模糊逻辑主要模仿人脑的逻辑思维，具有较强的结构性知识表达能力；神经网络主要模仿人脑神经元的功能，具有较强的自学能力和数据的直接处理能力。

多层感知机网络（也称 BP 神经网络）是人工神经网络中研究最多、应用最广的网络之一，该网络常作为分类器用于影像分类，其分类的基本过程如下：向网络提供训练样本，给定网络的实际输出和理想输出之间的误差；通过反向传播算法改变网络中所有连接权值，使网络产生的输出更接近于期望的输出，直到满足确定的允许误差或者达到最大的训练次数。样本训练过程结束时，影像分类中使用的 BP 神经网络模型的各个参数就确定了；将影像上待分类区域送入训练好的网络分类器中获得分类结果，完成对影像的分类任务。

BP 神经网络的学习过程由正向计算传播和误差反向传播组成，通过逐次处理训练样本，将每个样本的理想输出与实际输出做比较，将比较结果反馈给网络的前层单元中，修改单元之间的连接权值，使得理想输出和实际输出之间的均方误差达到最小。

神经网络是通过点对点映射描述系统的输入输出关系，且训练值都是确定量，因而映射关系是一一对应的；反映输入输出关系的曲面通常比较光滑，精度较高。所以，神经网络不能直接处理结构化的知识，需要用大量的训练数据，通过自学的过程，以并行分布结构来估计输入输出的映射关系。

人工神经网络方法的学习机制，使其具有自学习、自适应能力，已经广泛用于影像分类。但是，神经网络对于问题的求解具有黑箱特性，不具有可解释性，并且对样本的要求较高。与其他系统相结合，如模糊系统（模糊系统能够利用已有的经验知识，对样本要求较低），充分利用彼此优势，可以有效处理分类过程中的模糊性和不确定性，大大提高了分类的精度。

地物信息提取对于 GIS 数据更新、影像匹配、变化检测、应急救灾等具有重要意义（Zhuetal，2005）。高分辨率影像能提供更多的地面目标和更多的细节特征，为地物信息的提取提供更大的可能性和更高的准确性。典型信息提取涉及影像分割

（Mengetal，2011）、面向目标的分类（Juanetal，2011）、规则提取与表达（Lietal，2018）等问题。地物信息提取应进一步加强下述内容的研究（宫鹏等，2006）：高分辨率影像的地物特征分析和理解；利用分类、分割等结果进一步提取目标；深入应用数学、模式识别等理论方法；提取的目标在 GIS 数据更新、城市管理、变化检测等方面的应用。

对于多时相影像进行变化检测与动态分析，变化信息提取是重要问题，变化检测方法面临的问题包括：对象比较法是高分辨率影像变化检测方法的主要特点，但面临对象的自动提取难度大、准确度低；对象如何比较，如何判断对象是否发生改变，与对象类型和分割方法有密切的关系。在现有方法的基础上，提高检测方法的自动化程度，将时态数据挖掘与变化检测结合（宫鹏等，2006），建立影像库和特征信息知识库以满足实时检测需求的增长，是以后的研究方向。

第五节　测绘产品生产

测绘产品生产是影像处理的最终目的，也是决策支持和信息服务的依据。无人机移动测量中生产的测绘产品主要有数字高程模型（DEM）、数字正射影像（DOM）、数字线划图（DLG）、数字栅格地图（DRG）和应急影像图等。本节将主要介绍测绘产品生产技术流程、常用方法等。

无人机影像产品生产流程：了解测区情况和生产任务概况，进行数据分析；建立工程文件，以项目区为单元建立测区，设置"相对定向限差"和"模型连接限差"等基本参数；建立相机文件，输入相机参数，设置相机检校参数，填写航带的航向重叠度。进行数据预处理，预处理的主要工作包括辐射校正和畸变校正。辐射校正的目的是调整影像间的反差和亮度，消除成像条件（天气条件、光照条件、硬件条件等）对影像的各类影响，尽量保持各航片目视影像效果一致。畸变校正是根据数码相机的内方位元素及畸变差模型系数，使用核正软件对原始航摄影像进行处理，消除影像的畸变差和主点偏移量；精确变换原始影像，进行原始影像主点校正及畸变和旋转，输出无畸变差影像，为下一步自动空三做好准备。自动空三，主要包括相对定向和绝对定向。通过影像匹配技术自动提取相邻两张影像同名定向点的影像坐标，并输出各原始影像的像点坐标文件，进行相对定向。利用已有的控制资料进行绝对定向，进行交互编辑，删除粗差大的像点，直至得到的结果满足要求；数据产品生成。利用密集匹配和空三加密结果自动生成 DEM，再利用 DEM 制作测区 DOM、DLG、

DRG 及应急影像图等专题产品）。

一、数字高程模型

数字高程模型是在某一投影平面（如高斯投影平面）上规则格网点的平面坐标（X，Y）及高程（Z）的数据集。

DKM 数据源是构造 DEM 的基础，其主要的获取方法有航天和航空影像、全站仪和 GPS 等仪器野外实测、从现有地形图上采集、利用机载激光雷达（INSAR）采集、干涉雷达（INSAR）采集等方法。无人机光学影像获取 DEM 的主要方法是全自动匹配提取与自动量测多点，排除和过滤掉不合格的点后，经内插构造 DEM（毕凯，2009）。DEM 有多种表述形式，主要包括规则矩形格网与不规则三角网等。DKM 的格网间隔应与其高程精度相适配，并形成有规则的格网系列。根据不同的高程精度，可分为不同类型，为完整反映地表形态还可增加离散高程点数据。但是，采用规则格网 DEM 表示不足以反映出地形特征点、山脊线、山谷线、断裂线等复杂地形表面现象，将把地形特征采集的点按一定规则连接成覆盖整个区域且互不重叠的许多三角形，构成一个不规则三角形网，以此表示的 DEM 能够很好地表示出地貌特征。往往在地形比较复杂的地区，采用三角网 DEM 或 TIN 表示。

制作 DEM 主要是为满足 DOM 快速制作的需要，因此手工编辑并不是必要步骤，可根据任务时间决定是否手工编辑以提高精度（Zhang，2008）。

1. 崎变校正

无人机航测在影像获取的过程中未进行检校，其畸变差较大，无法直接用于后续的空三与测图处理。在进行空三加密之前，必须先进行畸变差校正（任志明，2011）。通常根据提供的相机鉴定报告，提取像主点的坐标、焦距、径向畸变系数、偏心畸变系数和 CCD 非正方形比例系数。然后，利用影像畸变差校正模块进行影像的畸变差改正。

2. 空三加密

无人机影像的 POS 数据仅用于无人机的飞行导航，精度低，无法采用 POS 辅助空三加密的方法。目前，无人机影像的空三加密通常按照加密周边布点的传统航测加密方法，经过影像的内定向、相对定向与模型连接、自由网平差处理后，转刺野外控制点，进行光束法区域网平差。

由于无人机影像的重叠度大，为避免大量同名点的自动匹配错误及减少计算量，通常航带内隔片抽取影像参与空三加密，并且需人工合理地选取航线间的初始偏移量。无人机影像的像幅覆盖范围小、重叠度大、影像数量多，可以通过分网加密的方法加快处理速度。为了减少测区内部的加密分区接边，分网处理达到要求之后再进行合网加密处理；在空中三角测量中，利用影像匹配技术来确定同名像点。影像匹配分为全自动和半自动影像匹配两种方法。对于绝大部分的工程，一般的软件都可以实现全自动影像匹配，对于困难地形要实行基于人工辅助的半自动影像匹配。

①相对定向。通过影像匹配技术自动提取相邻两张影像同名定向点的影像坐标，并输出各原始影像的像点坐标文件，以第一张影像的影像坐标系为基准，对其他同航带影像做相对定向。通过光束法进行单航带自由网平差，生成单航带定向点文件。将第一条航带内所有与下条航带相同的定向点当作控制点，对下条航带做绝对定向，从而使下条航带内所有影像统一至上一条航带坐标系内。然后对该航带再做一次自由网平差计算产生新的航带定向点文件，作为下条航带的控制点来使用。以此类推，将所有航带统一到一个坐标系内。通过多视影像匹配技术自动提取航带间所有连接点，通过光束法进行区域自由网平差，输出整区域定向点（同名像点）三维坐标。全自动相对定向需要解决的关键问题有如下几点：提取特征点；计算影像重叠区；剔除粗差点。

②绝对定向。利用野外实测像控点成果，对各分区影像进行绝对定向。绝对定向分为两个步骤：一是集中添加野外控制点；二是利用野外控制点坐标进行绝对定向运算，然后进行平差计算得到最后的空三结果。调整外方位元素的权和欲剔除粗差点的点位限差，通过区域网光束法平差计算，生成各分区平差成果。将生成的各分区全部合格成果进行整网约束平差，生成平差后的定向点（同名像点）三维坐标、外方位元素及残差成果等文件。绝对定向完成后，根据地面控制点坐标提取全区控制点子影像，根据平差计算结果依次对每个控制点的位置进行调整，直到达到精度要求。

3. DEM 生成

根据空三加密成果，对原始影像重采样生成核线影像；然后利用高精度的数字影像匹配算法自动匹配大量三维离散点，得到成图区域的数字表面模型（DSM）；最后，自动滤波便可得到数字高程模型（DEM）。

二、数字正射影像

数字正射影像是利用数字表面、高程模型（DSM、DKM），经数字微分纠正（逐像元几何纠正）、数字镶嵌（影像拼接），并按国家基本比例尺地形图图幅范围裁剪、整饰生成的数字正射影像数据集（张书煌，2007）。

数字正射影像是客观物体或目标的真实反映，信息丰富逼真，人们可以从中获得所研究物体的大量几何信息和物理信息（张平，2003）。数字正射影像具有精度高、信息丰富、直观、快速获取等优点，应用广泛。不仅可以应用在城市和区域规划、土地利用和土壤覆盖图，也可以以使用的地图为背景，分析控制信息，提取历史发展的自然资源和社会最新经济信息，并为防灾害和建设公共设施的规划申请提供可靠的依据，还可以提取和派生出新的地图，实现对地图的修测和更新（谢艳玲等，2011）。

作为极其重要的基础地理信息产品之一，数字正射影像图具有地图的几何精度，并且还具有影像的特征，其主要的特征如下：数据信息量大，内容丰富；按照比例尺分幅管理，比例尺和分幅标准同地形图一致；数学精度以及坐标系统与同比例尺的地形图标准一致；具有空间参考，可以直接在图形中测量。

1. 数字微分纠正

在已知影像内定向参数、内外方位元素以及数字高程模型（DEM）的前提下，可以进行数字微分纠正。通过计算地面点坐标、计算像点坐标、灰度内插、灰度赋值等步骤，即能获得纠正后的数字影像。

2. 影像匀色与镶嵌

选取摄区具有代表性的影像作为标准模板，采用基于蚁群算法的最小二乘原理，并行计算摄区所有影像，使摄区所有影像与标准模板的影像色调一致，达到进行整体匀色的效果。数字微分纠正得到了每张纠正影像左下角的地面坐标，利用此信息，结合匀色后的单片纠正结果，自动完成正射影像的镶嵌拼接和接边处理。

3. 手工编辑

全自动处理快速生成测区 DEM，但是 DEM 格网点不一定全部正确，局部粗差会导致影像的拉花山 SM 到 DEM 的过程中，也不一定能保证所有房屋、树木等高于地面的点全部滤除干净，所以必须对测区的 DEM 和 DOM 进行编辑，以达到正射影像的成果要求。编辑主要包括对点的编辑和对影像的编辑。

①点的编辑。DEM 置平：将多边形或矩形框区域内部选中的 DEM 点赋予相同的高程值。DEM 点的删除：删除选中的 DEM 各网点或 DSM 格网点。

②影像的编辑。当对 DEM 点进行编辑后，必须利用给定的采样片和当前的 DEM 或 DSM 重采样。当镶嵌线穿过了房屋、导致房屋被切割的情况下，采用选片采样，即利用给定的采样片和当前的 DEM 或 DSM 重采样。在影像中存在色调的拼接线问题时，要进行重新羽化。

4. DOM 拼接裁切

为了保证影像的完整性并且达到标准要求，通常情况下左右影像的正射影像都要同时生成并合并成像对，再将合并后的正射影像进行 DOM 的镶嵌。一幅标准图幅 DOM 通常需要多个像对的正射影像进行拼接镶嵌，所以必须提高镶嵌工艺的水平。采用不同的软件进行正射影像的拼接和裁切时，应选择合适的镶嵌线，最好选在河边、路边、沟、渠、田埂等地方。无法避开居民地时，应选在街道中间或河流中间穿过，尽量避开阴影、大型建筑物及影像差异较大的地方。为保证影像的协调性，DOM 镶嵌之前应调整每个像对的正射影像，使其达到近似一致的色调和对比度。

5. 拼接后检查

拼接后检查主要包括影像的辐射质量检查和影像的精度质量检查。

影像的辐射质量检查主要从影像的亮度和色彩两方面进行检查，一般采用目视检查法，主要包括：整幅图色调是否均匀，反差及亮度是否适中，影像拼接处色调是否一致，是否存在斑点、拉花痕迹等（连蓉，2014）。影像要色彩均衡，饱和度适中、自然，无明显接边痕迹；影像的精度质量检查主要对图幅影像质量、图幅影像接边质量和影像数学精度进行检查。

图幅影像质量检查主要检查整个图幅 DOM 中各像对的正射影像之间是否自然过渡，有无明显接线，图幅影像是否存在影像"拉花"和"变形"的现象，要确保图幅 DOM 清晰易读、反差适中、色调均匀一致。图幅影像接边质量检查主要检查相邻图幅 DOM 接边线两侧节点处是否有影像错位现象，观察相邻图幅 DOM 之间影像是否模糊、色彩是否均衡等。

DOM 数学精度最直接的检查是在 DOM 上选择一定数量的明显地物点，进行外业施测坐标，与数字正射影像上的同名点坐标的比较，每幅图的检测点数量按照有关规范要求，通常不少于 30 个点。

三、数字栅格地图

数字栅格地图是以栅格数据形式表达地形要素的地理信息数据集。数字栅格地图数据可由矢量数据格式的数字线划图转化而成，也可由模拟地图经扫描、几何纠正及色彩归化等处理后形成。在利用测区已有地形图的基础上，利用无人机影像制作数字栅格地图的常用制作方法有单张影像纠正法、拼接后纠正法和空中三角测量法。

1. 单张影像几何纠正法

由于无人机单张影像的覆盖范围相对较小，需要首先确定单张影像所覆盖地形图的大致范围。从影像的匹配区域左下角开始寻找明显的地物信息（如道路交叉口、房屋墙角、平坦地面等），同时观察地形图上是否有与其对应的点，如果有，则在影像上做出控制点标记，并输入点号；在地形图上找到同名点并注上点号，以方便检查过程中的快速定位；量取同名点的地理坐标，根据这些地理坐标对影像进行纠正。为了获得更好的影像纠正效果，应从左到右、从下到上比较均匀地标出影像上的控制点，同时在地形图上标出同名点的位置和点号，直到整幅影像4个角、左右边的中间和上下边的中间位置都标上控制点为止。多项式纠正法避开了成像的几何空间过程，并将影像的总体变形看作是平移、缩放、旋转、仿射、弯曲以及更高层次变形综合作用的结果，通常采用多项式模型进行纠正。将纠正后的单张影像进行镶嵌处理，并与地形图叠加，形成整个测区的数字栅格地图。

2. 影像拼接后纠正法

在完成匹配后，利用 POS 数据、特征、分块拼接等方法即可对无人机影像进行拼接。将拼接后的影像利用地形图上的控制点进行几何纠正。

3. 空中三角测量法

利用专业的摄影测量软件，根据测区控制点数据完成空中三角测量，准确地求取每张影像的外方位元素，生成测区影像的 DEM。利用生成的 DKM 数据和相机的内外方位元素，通过相应的构像方程对影像进行倾斜纠正和投影差改正，将原始的非正射数字影像纠正为正射影像，然后对测区内多个正射影像拼接镶嵌。

从影像接边处镶嵌的视觉效果来看：单张影像几何纠正法中由于单幅影像覆盖范围较小，且每幅影像中能够找到的控制点数目不一，造成了每幅影像纠正的精度不一样，最终导致在接边处存在误差；影像拼接后纠正法仅是从影像学的角度出发，并没有考虑到地形的起伏，在特征不明显的地区匹配精度不高，这些因素都降低了拼接模型参数求解的精度，同时在后期的接边处理过程中又采用了羽化拉伸，因此在接边处的错位就演变成了扭曲；空中三角测量法纠正的影像则不存在错位和扭曲现象。

就成图精度而言：由于空三测量方法是从严格意义上的摄影测量学角度出发，考虑了地形起伏、镜头畸变等其他诸多因素的影响，其成图无论是从视觉效果还是精度上都是三种方法中最优的；影像拼接后纠正法前期将各单张影像的误差都混合带到了最终的拼接影像中，加大了后期的影像配准难度，其成图精度最低；单张影像几何纠正法是在前期对各单张影像进行了纠正，减少了误差的传播，因此其总体误差相对较小。从方法的难易复杂程度考虑：单张影像几何纠正法和 SIFT 拼接后纠正法的复杂程度相同，只要将控制点和相应的纠正模型选好，即可对其进行纠正；空中三角测量法不仅需要设置很多参数，而且当迭代不收敛时还需对各个参数的设置和控制点的点位进行反复微调，直至解算收敛，相对比较复杂。在实际作业中，选择何种方法要根据实际情况而定。

四、数字线划图

数字线划图是以点、线、面形式或地图特定图形符号形式表达地形要素的地理信息矢量数据集。点要素在矢量数据中表示为一组坐标及相应的属性值；线要素表示为一串坐标组及相应的属性值；而面要素表示为首尾点重合的一串坐标组及相应的属性值。利用无人机机动、快速航摄等特点，获取的高分辨率影像通过布设一定的像控点，再进行空三加密处理，在航测数字测图系统中进行地形图测绘，并结合外业调绘数据、外业检测点数据进行地形图修测，提供了 DLG、DOM 等丰富的数据产品，精度满足规范要求。无人机航空摄影测量技术在大比例尺基础测绘工程应用中，在一定程度上可以提高工作效率，有效缩短工程周期。

①DEM/DOM 生成。自动空三完成后，即可通过自动匹配生产测区 DEM。但因现实地物的复杂性，为了提高 DEM 的精度，需要对树木、水域和人工地物进行人工编辑。根据编辑的高精度 DEM，可以对影像进行几何纠正，通过镶嵌线自动搜索和人工编辑，并进行适当的色调均衡处理，自动镶嵌处理成全区正射影像 DOM。

②内业采编。无人机影像处理软件提供了强大的图形编辑功能，基本实现 DLG 采编一体化。在进行地物采集之前要进行比例尺的设置和图廓的生成。可以根据外业调绘片仔细辨认地物属性，及时进行标记，以免遗漏。在森林覆盖区域，先采集植被覆盖缝隙裸露地面的高程点，再采集概略等高线，然后以采集的高程点作为地形控制点修改概略等高线，最终将采集成果进行编辑和图层转换。

③调绘与修补测。为提高生产效率，先内业判绘，再外业调绘。以编绘原图为工作底图，利用 RTK、全站仪等工具进行地名、地物属性调绘标注、房檐改正。重点补测内容包括影像模糊地物、阴影遮挡地物、水淹云影地段、新增地物等。

④输出成果与精度评定。所有数据采集、编辑完毕后，就可以输出数字线划图，对输出的线划图进行精度评定。需要在线划图上均匀选择几个控制点，然后进行野外实地测量，通过计算线划图点坐标与实测坐标中的误差进行精度评定。

五、应急影像图

无人机应急影像图是在没有布设地面控制点和没有高精度位置姿态测量系统的情况下，将无人机获取的序列影像直接快速拼接成图，然后经纠正处理后与地形图融合而成。

无人机移动测量虽具有机动性、灵活性、时效性和分辨率高等特点，但如果无人机所拍摄的影像不经过处理或只经过简单拼接处理，那就存在变形大、定位精度差、可用信息少等缺点，不能充分发挥无人机低空的作用。无人机影像和地形图都有自身的特点和局限性，把它们结合起来相互取长补短，可以发挥各自的优势、弥补各自的不足，能更全面地反映地面目标，提供更强的信息解译能力和更可靠的分析结果。无人机应急影像图不需要工序复杂、耗时长的空中三角解算，既可以充分利用影像图的直观、形象的丰富信息和现势性，又利用了地形图的数学基础和地理要素。

无人机影像快速拼接过程中，影像序列中的相邻影像之间都会有一定的重叠区域，通过重叠区域的特征点匹配，理论上可以将影像进行快速地拼接成全景图。但是，由于无人机的影像是中心投影而且影像的变形比较大，如果将无人机的影像无选择地进行顺序拼接就必然会造成旁向或者航向的分离，所以拼接的难点就集中在特征点匹配和影像的拼接方法之中。

无人机获取影像拼接方法主要有基于姿态参数（POS 数据）的拼接、基于 SIFT 算子的特征点拼接、区域分块综合法拼接等。

①基于 POS 数据影像拼接。无人机上安装的导航定位装置和云台上的陀螺测微装置分别可以测出每张像片曝光时刻的地理坐标和旋转角度，根据航高和焦距可以计算出每张像片的比例尺，通过比例尺可以将曝光点的地理坐标转换成像素坐标，通过这些坐标点可以将影像快速拼接。目前，由于提供的 POS 数据存在误差，且影像的变形严重，对于航带中的像片拼接可以达到无缝，但整个区域的拼接效果不是很理想。随着无人机硬件设备的改进，将来提供的 POS 数据越来越准确，其拼接效果也会随之改善。

②基于特征的影像拼接。基于特征的拼接方法的核心是特征点匹配，即在两个具有重叠度的像片中寻找多个同名点、线。寻找同名点、线的方法有很多，但是无人机空中姿态稳定性差，拍摄影像存在倾斜、变形、色彩不均匀等缺点，常规匹配方法错误率高，甚至无法匹配，因此要求特征点、线的算法具有一定的适应性。特征点匹配算法首先对无人机影像提取特征点、线，利用距离函数进行粗匹配，通过距离中误差进行精匹配，减少影像间投影转换次数，在匹配完成后需要对影像进行重采样，最后拼接成一幅完整的影像。

③分块影像拼接。分块影像拼接首先根据无人机航拍时所提供的外方位元素，将其按照一定的数据格式制作成野外测量数据。在测量软件中导入制作好的航线数据文件，绘制出无人机拍摄的航线图。在航线图中可清晰地看出各个像片的相邻影像，即同名相对。将这些像片名称按照航带图上的顺序制作成相对表，并根据相对表文件确定分块大小，将第一次拼接后的影像再次进行分块拼接，直至将所有影像拼接为一张全景影像。分块影像拼接中，应注意每个影像块不宜过大，否则就起不到降低拼接误差的作用。

基于 POS 方法耗时最低，在通信良好的情况下可做到实时拼接。这种拼接算法需要高精度的 POS 数据和无人机影像畸变处理算法，其准确性和稳定性较差，精度不能满足需求。基于特征的拼接方法虽然相对于前者耗时量有所增加，但精度有了大幅提高。与基于 POS 数据的拼接方法和基于特征的拼接方法相比，分块拼接方法综合利用了 POS 数据和特征提取的优点，在精度和效率上有了明显的提高。

第六节　无人机影像处理软件

无人机影像与常规卫星影像和载人航拍影像相比，具有相幅小、分辨率高、重叠度大、数量多的特点，传统影像处理软件不能满足其处理需求，需要用专门的软件进行处理。当今，数字摄影测量和制图生产的从业人员正在面临越来越大的压力：既要在较短的时间内处理海量的数据，但又不能以降低精度为代价。大多数的数字摄影测量软件，虽然可以提供强大的功能和足够的精度，操作却相对复杂，不但价格昂贵，而且生产效率不高。本节主要介绍了几种国内外主流的无人机影像处理软件平台及其特点，包括 ERDASLPS、Pix4Dmapper、Pixel Factory、INPHO、IPSGeomatica 等国外软件以及 PixelGrid、MAP-AT、Geolord-AT 等国内软件，并以 IPS、INPHO、PixelCrid 为例，分析了软件在应急工作中的适应性能。

一、国外常用影像处理软件

1. ERDASLPS 数字摄影测量及遥感处理软件

LPS 是徕卡公司最新推出的数字摄影测量及遥感处理软件系列。LPS 为影像处理及摄影测量提供了高精度及高效能的生产工具。流程管理使得自动连接点量测、自动地形提取和智能多影像装载等工作变得简单。界面简洁明了，易学易用，工具栏按照工作流程设计，以过程驱动，并能引导操作，为项目管理者形成了流线型生产流程。具有强大数据的兼容性，在 LPS 中可以直接使用从其他主流摄影测量软件导出的数据。模块式结构能够适应各种摄影测量、遥感图像处理和 GIS 的工作流程。

（1）LPS eATE 增强的自动地形提取模块

LPS eATE 是从立体影像对中提取高分辨率地形信息的模块，用高级算法实现密集高程表面的生成和分类，支持从卫片到框幅式相机、数字推扫式传感器等数据类型在多处理器、多机器环境中的操作。它以像素级的密度输出表面，并集成了点分类和 BareEarth 生成，利用分布计算和并行计算来提高效率。它针对不同的传感器、辐射测量、地形类型和地面覆盖提供了灵活的处理选项，能充分利用现在机载和卫星传感器越来越高分辨率的特征,生成高密度地形数据。既可以利用多核计算机系统，也可以通过一组网络计算机来支持并行处理，提供了可伸缩的解决方案，适于不同范围的地形生产工作。允许用户同时生成包括 LAS 点云在内的多个不同密度的输出格式，并可关联 LAS 文件地形点和影像的 RGB 值，以三维的方式显示影像，增加处理的灵活性。

（2）LPS Core 立体像对正射纠正数字摄影测量模块

LPS Core 为影像处理及数字摄影测量提供高精度及高效能的生产工具，对各种具有一定重叠度的卫星与航空影像进行区域网正射纠正，并具有区域网平差的功能。其功能主要包括处理各种航天及航空的各类传感器影像定向及空三计算、正射影像纠正以及影像处理。LPS Core 包含 ERDAS Imagine Advantage 遥感处理软件，能够完成包括卫片、航片在内的各种影像处理。LPS 将数字摄影测量和遥感图像处理完全流程化管理，简单方便。

LPS Core 提供了自动处理和分析的工具，形成批量生产摄影测量数据的处理工作流，在维持甚至提高数据产品精度的同时，能达到更高的生产效率。它提供了工作流向导式工程管理系统，可以访问摄影测量过程的所有阶段。界面友好、易用，带有参数设置和可视化、报告和管理工具，满足专业的分析需求。它包含 Imagine Advantage 模块的所有功能，允许用户在一个无缝的工作流中用影像处理和遥感分析工具处理数据，支持 150 多种不同数据格式的地理空间数据。

LPS Core 包含 ERDASmosaicPm，可以利用 Mosaic Pro 对两幅甚至上千幅影像进行无缝的匀色拼接。ERDASMosaicPro 提供了简单的工作流，使用单一的工作界面，所有工具都集中在一个统一的工具条中；改进了拼接线编辑界面，并可以立即显示编辑后的裁切效果；带有丰富的匀色工具集，批处理、区域预览、直接写为压缩格式，满足高生产力需求。

（3）LPSATE 数字地面模型自动提取模块

LPS ATE 是 LPS 的扩展模块，提供了从包含大量影像的项目区域中自动提取数字地面模型（DEM）的能力。通过 LPSATE，可以快速地创建中等密度的表面；利用向导式处理工作流，可以快速地建立 DTM 工程，然后自动进行提取，也可以进行地形过滤、裁切等更高级的操作。内嵌的质量控制和精度报告工具保证输出的精度。

LPSATE 是一个快速提取相对低密度（与 LPSeATE 比较）的地形产品工具。虽然算法不如 eATE 高级，在相关性策略、输出设置和分类方面不够灵活，并且不能进行多线程操作或分布式操作；但是，LPSATE 在有限的处理条件下，运行的速度比 eATE 快，一些影像类型可以产生相同的低密度的地形结果。它通过自动提取三维地形数据提高生产力，仅仅要求对输出进行编辑，而不用在全手动编辑上耗时，并可以通过多样的质量检查和精度报告工具来保证自动提取结果的详细追踪和质量控制。

（4）LPSTE 数字地面模型编辑模块

LPS TE（erraineditor）是编辑 DTM 全面有力的工具，可迅速更新地图，包括立体模式下的点、线和面地形编辑。地形编辑支持多种 DTM 格式，包括 Leica Terrain

Format、SOCKTSET TINs、SOCET SET Grids、TerraModel TINs 和 Raster DEMs 等。

地形模型的质量影响正射校正的几何精度，摄影测量工作流程至关重要的部分就是质量控制和改进 DTM，来提高整个摄影测量处理过程。LPS Terrain Editor 是一个动态的编辑工具，某个点一旦被修改，可以实时更新地形的显示。为了地形模型的可视化，LPSTerrainEditor 可以显示地形图元，包括在立体影像上叠加点、线、网格和等线层，用于编辑和质量保证。支持广泛的数字地形模型格式，包括多种 GRID 和 TIN 格式。这些地形数据可以用大 M 的编辑工具编辑，包括点、断线和地貌线状的编辑等。

（5）LPS ORIMA 空三加密模块

LPS ORIMA 是一个区域网空中三角测量与分析的软件系统，能够处理大量的影像坐标、地面控制点和 GPS 坐标。ORIMA 利用高级的工具集，实现包括在点测量的过程中多窗口显示、在立体或单景模式下连接点全自动量测（APM）和半自动的控制点量测的功能，在流程化的处理过程中尽可能地达到精确。它可以为补偿本地系统误差计算校正格网，可以处理 Airborne GPS 和 Inertialmeasurement Unit（IMU）姿态数据，包括 GPS 偏移和 IMU 误差参数，完全支持航空 GPS1MU 数据。支持 LPS 支持的所有坐标系统和基准面，在非笛卡儿（Cartesian）坐标系统中为三角测量提供了一个严密的数学解决方案，所有需要的坐标转换都可以在 ORIMA 中进行处理。有高度自动化的统计进行错误检查和消除及防止误差的全面扩散，有全自动化点位量测和地面控制点转换。按序——按序校正可以令量测更方便，并且尽早发现误差；有互动式的图形工具，如误差椭圆、矩形、射线贯通几何图形和影像区域辨别等；可进行成组分析，辨认和消除大错误或者虚弱的区域，用点——点击监视进行重测。

（6）LPS PRO600 数字测图模块

LPSP RO600 是交互式特征采集并在 MicroStatkm GeOGraph1Cs 环境下进行编辑的性能完善的软件包，为用户提供了灵活易学的以 CAD 为基础的用于立体影像大比例尺数字成图的工具，包括标记、符号、颜色、线宽、用户自定义的线型和格式等；提供广泛全面的工具集，PRO600 的采集和编辑工具为高精度的生产制图提供了完整的解决方案，自动备份和多种采集模式提高了生产效率。利用 PRO600 中 PROCART 模块详尽的特征提取，为数字制图提供最高的精度。PRO600 的 PRODTM 模块整合了地形处理功能，为广泛的制图需求提供一个完美的解决方案。

（7）LPSStereo 立体观测模块

LPS Stereo 以多种方式对影像进行三维立体观测，能够在立体模式下提取地理空间内容，进行子像元定位、连续漫游和缩放以及快速图像立体、分窗、单片和三维显示等。应用 LPS 立体观测模块可以以多种方式对影像做三维立体视测，它的立体显示可让使用者更有效地使用所推荐的图形卡。

LPS Stereo 为满足各种立体可视化的需要，提供了多个同时显示的立体窗口、连续和非连续的缩放、子像元光标定位和测量、各种各样的光标移动和显示选项等功能。这些广泛的工具集和快速制图透视结合起来，使 LPS Stereo 直观易用。可以高效地从多种方式重叠的影像上收集和编辑同名点、控制点和检查点，为影像的显示和测量建立多个单景和立体窗口，这些窗口中的影像基于传感器模型可以被关联缩放、旋转和漫游，以达到最佳的跟踪效果。具有完善的三维可视化功能，可以进行亮度、对比度和动态距离调整等。

（8）ERDAS Imagine Equalizer 影像匀光器

Imagine Equalizer 是 LPS 修正和增强影像质量的工具，可以对影像进行匀光处理，均衡和完善单幅或多幅影像的色调，并具有交互式和批处理工作方式。它采用高级的算法进行辐射调整，提供去除热点、斑点及产生均匀辐射校正结果的工具，创建均衡的辐射校正影像。预览功能能使用户在没有真正运行调整的情况下，立即查看应用算法参数的效果，这使用户在处理影像数据之前确保结果的质量。

2. Pix4Dmapper

Pix4Dmapper（原为 Pix4UAV）是瑞士 Pix4D 公司的全自动快速无人机数据处理软件，是集全自动、快速、专业、精度为一体的无人机数据和航空影像处理软件。无须专业知识和人工干预，即可将数千张影像快速制作成专业的、精确的二维地图和三维模型。具有完善的工作流程，能动获取相机参数，无须 IMU 数据，自动生成 Google 瓦片和带纹理的三维模型。

其功能特点如下：处理过程完全自动化，并且精度更高。只需要简单地操作，不需专业知识，飞控手就能够处理和查看结果，并把结果发送给最终用户；通过软件自动空三计算原始影像外方位元素，利用区域网平差技术自动校准影像。软件自动生成精度报告，可以快速和正确地评估结果的质量，提供详细的、定量化的自动空三、区域网平差和地面控制点的精度；无须 IMU，只需影像的 GPS 位置信息，即可全自动一键操作，且不需要人为交互处理无人机数据，大大提高处理速度。自动生成正射影像并自动镶嵌及匀色，将所有数据拼接为一个大影像；利用自己独特的模型，可以同时处理多达 10000 张影像。可以处理多个不同相机拍摄的影像，可将多个数据合并成一个工程进行处理。同时处理在同一工程中来自不同相机的数据，拥有多架次、大于 2000 张数据全自动处理的直观便捷的界面，便于添加 GCP 和快速成图。

3. Pixel Factory

像素工厂（pixel factory，PF）由法国地球信息（Info Terra）公司研制开发，是一套用于大型生产的对地观测数据处理系统，是一种能批量生产且由一系列算法、工作流程和硬件设备组成的复合最优化系统，包含具有强大计算能力的若干个计算节点。输入航空数码影像、卫星影像或者传统光学扫描影像，在少量人工干预的条件下，经过一系列自动化处理，输出包括 DSM、DEM、DOM 及 TDOM 等产品，并能生成一系列其他中间产品。

像素工厂具有大数据量并行计算、高效快速生产制图数据，以及高度自动化生产等特性，具有专门的硬件配置（优化的网络、计算机组、巨大的存储量）和与该硬件结构对应的算法，进行并行计算，加速生产流程，提高了生产效率。

其系统特点见表11-5：

表 11-5　Pixel Factory 的特点

特点	内容
高效的影像镶嵌和出众的影像云光匀色功能	影像镶嵌时拼接线计算采用 DSM、DKM 数据，并结合影像灰度算法，可以使航带拼接线很好地绕过地面建筑物，并结合航带影像灰度数据，保证航带影像接边颜色最为接近。影像匀光匀色具有大气辐射校正功能，能很好地过滤影像表面的水汽，使得匀光匀色效果更为出众
强大的并行计算能力、自动化处理能力和存储能力	极高的生产效率、整体运行效率和高度自动化程度，并且软件对程序任务运行控制做到随心所欲，具有"执行、暂停、继续"等功能。可以使用较少的人员完成很大的 DEM、DOM 数据生产。像素工厂提供了建立精密传感器模型的 SDK 软件包，能够通过参数的调整来适应不同的传感器类型，只要获取相机参数并将其输入系统，像素工厂系统就能够识别并处理该传感器的图像。系统可处理全部已有航空数字传感器，还可轻易地添加新的传感器模型而不需要系统和工作流程重大改变。像素工厂使用严密的物理数学模型计算出精准的结果，不仅可以对传感器参数进行线性近似估计，也可以对推扫式传感器进行内部检校，对于框幅式相机还支持径向畸变参数的调整
高效的空三解算能力和快速的 DSM 自动计算能力	采用计算机并行运算技术，不需要人工干预，自动完成 DSM 计算，其分辨率最高为 1 个像素，精度可以和 UDAR 相媲美。具有一套成熟的 DSM 到 DEM 的编辑方法，采用自动滤波技术，可快速对成片地面物体进行滤除，外加点云数据处理方法，在二维环境下进行人工检查编辑，生成 DEM 成果
对传统算法的改进和 200 多种先进的算法	传统摄影测量是通过对每张影像单独进行纠正来获取正射影像的，然后通过镶嵌使每张影像的视差达到最小。但是对于像素工厂来说，正射纠正的方式正好相反：正射影像上面的每一个像素都是单独考虑的，每个点都是通过它在原始影像上的像点结合它在 DSM 中的高程信息来确定的。这一步骤是全自动化的，也是分布式的。它可以保证地面上的每一个点都是从垂直角度看去的（高层建筑的倾斜可以消除），提供的一款全新高效的模块，可对已有的数字正射、镶嵌影像进行迅速更新。该处理通过从参考数据库提取所有需要的参数，自动完成光束法平差和辐射校正。该功能极大缩短了镶嵌影像的制作时间，且与原有数据完美契合，无生产环境限制

特点	内容
像素工厂采用并行计算技术，大大提高了系统的处理能力	不仅提供多任务功能以管理并行的工作流，而且对处理数据量无限制。像素工厂允许多个不同类型的项目同时运行，并能根据计划自动安排生产进度，充分利用各项资源，最大限度地提高生产效率，缩短项目周期。像素工厂具有强大的自动化处理技术，在少量人工干预的情况下，能迅速生成正射影像等产品。在整个生产流程中，系统完全能够且尽可能多地实现自动处理。从空三解算到最终产品如 DSM、DEM、正射影像、真正射影像，系统根据计划自动分派、处理各项任务，自动将大型任务划分为若干子任务。像素工厂在数字产品生产过程中会产生比初始数据更加大量的中间数据及结果数据，只有拥有海量的在线存储能力才能保证工程连续的、自动的运行。像素工厂使用磁盘阵列实现海量的在线存储技术，并周期性地对数据进行备份，以最大限度避免意外情况造成的数据丢失，确保数据安全
周密而系统的项目管理机制和内嵌生产工作流机制	像素工厂具有周密而系统的项目管理机制，能够及时查看工程进度和项目完成情况，并能根据生成的信息适时做出调整；对前任务序列进行自动进程管理，对并行计算机的使用进行优化，提供持续 100% 利用所有计算机的能力，以致系统闲置节点的运行无须等待优先任务完成；可配置大于实际硬件计算机的虚拟计算机数量，平衡所有计算机的任务计算，避免瓶颈，产生调度系统，易于对硬件故障进行管理。像素工厂包含了内嵌生产工作流机制，帮助用户在生产过程中查找相关任务。该工作流机制基于产品自动处理而设计，同时也保持了用户直接与工作流交互的灵活性。管理工具可帮助用户查看每个项目的进展情况，且根据需要停止或重启某个工作。以完全重算或只计算失败任务的方式，重载工作像素工厂的工作流编辑器可以使用户通过图形界面定义满足特定需求的工作流。这个工具允许用户根据自身的特殊需求，建立一个新的工作流程，而且这个新建的工作流可以仍然采用像素工厂中所包含的各个独立的处理手段，如影像相关、光束法区域平差、真正射处理等。像素工厂自我管理其数据和生产工作流，以便让用户可以关注于更高层次的生产任务，如项目管理和质量控制
开放式的体系结构	像素工厂是基于标准 J2EE 应用服务开发的系统，具有本地开放式的体系结构，使用 XML 实现不同结点之间的交流和对话，可在 XML 中嵌入数据、任务以及工作流等，支持跨平台管理，兼容 LinUX、Unix、Triie64 和 Windows 等操作系统。像素工厂有外部访问功能，支持互联网网络连接（通过 hup 协议、RMI 等），并可以通过互联网（如 VPN）对系统进行远程操作；支持扩展包和动态库方法；支持通过范性 XML/PHP 接口整合任何第三方软件，辅助系统完成不同的数据处理任务，其中主流应用软件提供接口

软件主要功能如下：

（1）全自动提取密集数字表面模型（DSM）。像素工厂可以在 25cm 至 1m 的地面采样距离（GSD）之间自动进行 DSM 计算，无需人工干预。在加载了影像数据之后，像素工厂会利用专有的算法生成大量立体像对，并将这些立体像对分配到可用的计算结点上进行并行计算，这样可以减少立体像对匹配过程所花费的时间。根据对多视角数据的自动多重相关，可轻松提取 DSM。航向和旁向的立体像对之间通过多相关方法进行匹配，优选立体像对进行交叉相关，逐点进行计算，每个像素值来源于多个像素高程值的复杂解算。自动化算法可从原始影像每两像素提取高程信息，最后通过融合得到数字表面模型。此外，像素工厂系统可以导入、导出 LAS（LiDAR）格式数据，因此可对 LiDARDSM 和多重相关生成的 DSM 进行混合。DSM 的计算是进行真正射计算过程中最重要的一步，只有利用数字表面模型才可以进行对正射影像的真正射校正，以确保影像上任意点的几何精度。

（2）半自动提取数字地形模型（DTM）。通过对 DSM 采取滤波算法，可半自动化地生成 DTM，减少大量的人工编辑。

（3）大规模生产真正射影像和传统正射影像。像素工厂可以通过对多视角的影像逐点计算，消除所有倾斜，生成真正射影像（trueortho）。在大比例尺影像图中，避免了高大建筑的倾斜对其他地物的遮挡，在拼接地区能够实现平滑自然的过渡。利用完美的 DSM，能够生成完美的真正射影像。像素工厂实现了真正射产品的商业化和大规模生产，并实现了针对真正射影像的物理纠正、匀色等一系列解决方案，大大降低制图成本，提高作业效率。真正射影像通过高精度 DSM 纠正，消除了所有视差，建立了完全垂直视角的地表景观，建筑物保持垂直视角。因此，在真正射影像上只显示了建筑物的顶部，不显示侧面，避免了高大建筑物对其他地表信息的遮挡，恢复了地物的正确方位。

（4）大面积影像无缝自动镶嵌及匀色。像素工厂实现了对正射影像的自动拼接，并具有强大的匀色功能，在大面积区域的处理更能体现该套系统的高效率和高质量。对于传统正射影像，系统可以对任何光谱波段结合高分辨率全色波段生成融合影像。自动生成算法可以提高多光谱影像的分辨率，且保留其光谱信息，并且像素工厂可以根据影像光谱特征自动生成最优的图像组合方式，在融合后的图像上进行分类不会产生伪影。

4. INPHO 摄影测量系统

INPHO 摄影测量系统是由世界著名的测绘学家 Fritz Ackermann 教授于 20 世纪 80 年代在德国斯图加特创立，历经 30 年的生产实践、创新发展，INPHO 已成为世界领先的数字摄影测量处理及数字地表地形建模的系统工具，为全球各种用户提供高效、精确的软件解决方案。

①ApplicationsMaster 模块。ApplicationsMaster 模块是各种应用软件的控制中心，并为工程的处理提供广泛、全面的基本工具。通过 INPHO 的模块系统，用户可以灵活地为自己的生产选择最佳的系统配置，为自己特定的工作流程选择所需要的模块。

工具界面包含了传感器定义、数据输入和输出、坐标转换以及影像处理等过程所需要的所有功能，使得用户只需要进行一系列简单、便捷的设置就可以完成操作，帮助用户实现流水线式处理地理空间工程。广泛地支持各种类型的数字影像，输入、输出支持众多的影像格式、GPS/IMU 数据、正射影像、DTM，可以为完整的摄影测量工程制作一个开放的系统，从而可以非常容易地整合到任一第三方的工作流程中。

②MATCH-AT 空三模块。MATCH-AT 基于先进而独特的影像处理算法，提供高精度、高性能、数字航空三角测量。空三的所有处理即使是大的工程也均是完全自动化，从项目设定到连接点的精确匹配，再到综合的测区平差，以及带有漂亮图解支撑的测区分析，所有的工作流程都符合逻辑并且容易操作。严格支持 GPS 和 IMU 数据，可以进行视轴校准及平移、漂移修正。综合多窗口立体模块可以轻松进行立体查证，以及控制点和其他连接点的量测。具有灵活的数据转换能力，MATCH-AT 可以很容易地与任一第三方摄影测绘系统结合。

③inBOCK 测区平差模块。inBLOCK 结合先进的数学建模和平差技术，通过友好的用户界面极好地实现交互式图形分析，平差功能十分灵活并可配置。可完全支持 GPS 和 IMU 数据平移和漂移修正，通过附加参数设置实现自校准，以及有效的多相位错误检测，可以进行包括变量组成、精度、内外测量可靠性等信息统计。极好的绘图工具可以方便监测测区平差结果。适用范围广泛，适于对任何形状、重叠、任意大小的航空测区进行平差，是数字航空框幅式相机校准的理想工具。

④MATCH-T DSM 提取模块。MATCH-T DSM 自动进行地形和地表提取，从航空或卫星影像中提取高精度的数字地形模型和数字地表模型，为整个影像测区生成无缝模型。将所有影像重叠区均加入计算，并通过应用先进的多影像匹配和有效的数据滤波实现提取的最高精度和可靠性。在 DSM 模式下，影像重叠至少 60% 时，城市区域的狭窄街道都可以被探测出来，生成的地表模型非常适于城市建模。

⑤DTMaster DTM 编辑模块。DTMaster 为数字地形模型或数字地表模型的快速而精确的数据编辑提供最新的技术，是一款强大的 DTM 编辑软件，拥有极好的平面或立体显示效果。它为 DTM 项目的高效检查、编辑、分类等提供最优技术，非常容易地处理 5000 万个点。此外，DTMaster 可以将数千幅正射像片或完整的测区航片放在 DTM 数据下作为底图，通过提供高效率的显示和检查工具来保证 DTM 的质量。

⑥OrthoVista 镶嵌模块。OrthoVista 利用先进的影像处理技术，对任何来源的正射影像进行自动调整、合并，从而生成一幅无缝的、颜色平衡的镶嵌图。对源于影像处理过程的影像亮度和颜色的大幅度变化进行自动补偿，在单幅影像中计算辐射平差以补偿视觉效果，如热斑、镜头渐晕或颜色变化。此外，OnhoVista 通过调节、匹配相邻影像的颜色和亮度进行测区范围的颜色平衡，将多景正射影像合并成一幅

无缝的、色彩平衡的而且几何完善的正射镶嵌图。对于由上千幅正射影像组成的大型测区，无须进行任何细分处理就可以直接处理。新的全自动拼接线查找算法可以探测人工建筑物体，甚至是在城市区域依然能够获得高质量的结果。这大大简化了手工拼接线的编辑，改进了数字正射镶嵌影像产品的效率、质量，镶嵌结果无缝并且色彩平衡，为用户提供了最优的辐射和几何质量。

⑦ SCOP^{++} 地形建模模块。SCOP^{++} 被设计出来以高效管理 DTM 工程，数据源可以是 LiDAR、摄影测量或其他来源。SCOP^{++} 提供非常卓越的 DTM 内插、滤波、管理、应用和显示质量，所有模块均具有处理成千上万个 DTM 点的能力，具有综合的数据库系统，非常适合大的 DTM 工程，尤其是国家级的 DTM。SCOP^{++} 处理混合式 DTM 数据结构十分高效，内插方法灵活而先进，保证了严格考虑到断裂线和合适的数据过滤问题。它可以对机载激光扫描数据进行滤波，以自动将原始点分成地面点和非地面点，为进一步 DTM 的处理提取真正的地面点。对不同的地面类型和地表覆盖，进行灵活的调整，从而采用不同的有效的内插技术。它涵盖了做等高线、做山体阴影图、做断面图、体积计算或者坡度分析等众多的 DTM 应用。

⑧ SummitEvolution 数字摄影测绘立体处理模块。SummitEvoluticm 是一款界面友好的数字摄影测绘立体处理工作站，可将收集的三维要素直接导到 ArcGIS、AutoCAD 或 MicroStation。通过整合 SummitEvolution 的部分功能后，DAT/EMCapture 和 AixGIS 的 StereoCapture 提供广泛而精确的要素收集功能。通过 SummitEvolution 获得或从 GIS、CAD 系统中导入的矢量数据，可以分层直接导入模型，从而极好地为制图、改变及更新 GIS 数据提供解决方案。采集数据时，自动批量图形编辑提供最优制图性能，包括了常规的数据生成、检查及自动的线编辑。SummitEvolution 基于投影环境运作，该投影区是由 MATCH-AT 或其他软件生成的三角测量影像区，用户可以在整个投影区生成任意大小的无缝图。基于 SCOP^{++} 技术的可选模块 CaptureComour，在 SummitEvolution 环境下提供联机等高线的生成。

5. IPSGeomatica

IPSGeomatica 是 IPSGeomatics 于 1982 年开始自主研发的，以影像处理软件开发为核心的完整地理资讯系统解决方案。IPSGeomatica 作为图像处理软件的先驱，以其丰富的软件模块、支持大多数的数据格式、适用于各种硬件平台、灵活的编程能力和便利的数据可操作性代表了图像处理系统的发展趋势和技术先导。软件产品采用模块化管理方式，用户可根据自己的需要，合理选择不同的功能模块进行组合，最大限度地满足其专业应用需求。

功能特点。见表 11-6。

表 11-6　IPSGeomatica 的功能特点

特点	内容
专业的数据可视化、分析及制图	专业的制图环境，完全的矢量拓扑支持，属性表、数据编辑工具，图表显示工具，可实现基于地理编码的数据浏览；拥有丰富的数据检查工具，包括直方图、散点图等；通用的数字图像处理，监督及非监督分类及分类后处理
强大的数据输入输出	采用 IPS Geomatica GeoGateway（IPS 通用数据转换工具）技术，强大的数据转换工具包可输入输出 100 多种影像、矢量和其他数据格式；投影变换工具支持 90 多种不同的投影，并且允许用户自定义投影；支持 OracleSpatial10g 空间数据库；强大的矢量操作支持包括任意数量的矢量层和存放属性数据的电子表格；多种格式的栅格、矢量和其他信息快速而直接的访问
强大的专业制图工具	可进行模板定制与快速成图，定制地图图饰，注记按任意形状矢量线排列，具有完备的符号库，实现专业地图生产
丰富的图像处理算法	具有各种直方图变换工具，可进行缺省的直方图显示；具有丰富的滤波器，并能实现定制；具有多种高级分类算法，如小波变换分类、模糊逻辑分类器、基于频率的上下文分类器、多层感知器神经网络分类器、Narendra-Goldberg 方法、模糊多中心聚类、子象元分类等
领先的大气校正技术	支持用户自动检测影像中的云和雾，使用户更加直观地执行云覆盖区域的无缝镶嵌；自动化的元数据提取技术极大提升用户工作流的速度和精度；全新的向导界面，实现包括薄雾检测去除、云检测和掩模工作流程
基于 Web 方式的空间数据管理	Geomatica Discover 空间数据管理器，是一个基于 Web 方式的空间数据管理工具，能为大型、复杂的空间数据生产提供空间数据管理，能够快速、有效地扫描本地或系统局域网内部的与生产有关的空间数据（包括空间栅格数据和矢量数据），并自动为其创建覆盖范围，更有效地帮助用户组织空间数据生产，支持空间数据及文本的查询功能
高精度 DEM 提取	应用全新的 DSM 提取算法，可从高分辨率的立体像对提取具备更多细节的 DEM；启用 OpenMP，具有更高精度、更好效果；新的滤波、地形选项，更好处理起伏地形；新的简化工作流程，自动处理 100 ~ 1000 景立体像对，效率提升

二、国内常用影像处理软件

国内常用的软件主要包括 PixelGHd、MAPAT、GeOlOrd-AT、JX-4、Vinuzo 等，其中 JX-4 和 Vimizo 应用已经相当普及，这里不再赘述。

1. PixelGrid-UAV 模块无人机影像数据处理系统

高分辨率遥感影像一体化测图系统 PixelGrid 是以全数字化摄影测量和遥感技术理论为基础，针对目前高分辨率遥感影像的特点和现有数据处理软件及系统中仍然存在的困难和不足，采用基于多基线多重匹配特征的高精度数字高程模型自动匹配、高精度影像地图制作与拼接等技术开发的新一代遥感影像数据处理软件。系统全面实现对多种高分辨率影像的摄影测量处理，构建集群分布式网络，采用计算机多核并行处理、自动化和人工编辑相结合作业的方式，完成遥感影像从空中三角测量到各种国家标准比例尺的 DEM/DSM、DOM 等产品的生产。它具有先进的摄影测量算法、CPU/GPU 集群分布式并行处理技术、强大的自动化业务化处理能力、高效可靠的作业调度管理方法、友好灵活的用户界面和操作方式，能全面实现对卫星影像数据、航空影像数据、低空无人机影像数据等数据源的集群分布式、自动化快速处理，能够在稀少控制点或无控制点条件下完成从空中三角测量到各种比例尺 DEM/DSM、DOM 等测绘产品的生产任务。

系统的特点主要包括：

①多数据源支持。采用统一的 RFM 传感器成像几何模型、数据处理算法及作业流程，支持多种传统扫描航空影像数据和新型数字航空影像数据，并支持大数据量的影像处理。针对无人机获取高分辨率遥感影像及后续数据处理的特点，支持非量测相机的畸变差改正，能够高效完成无人机遥感影像从空中三角测量到各种国家标准比例尺的 DEM/DSM、DOM 等测绘产品的生产任务。

②自动匹配技术。首次提出并研发了独特的基于多基线、多重匹配特征（特征点、格网点及特征线）的自动匹配技术，有效解决了复杂地形条件下 DEM/DSM 的全自动提取；利用立体遥感影像，仅需要少量人工编辑，自动生成的 DEM 可以满足国家标准规范对 DEM 精度的要求。

③DEM 自动提取。采用基于多基线、多重匹配特征（特征点、格网点及特征线）的自动匹配技术，有效解决了复杂地形条件下 DEM/DSM 的全自动提取。算法能够同时适用于多源遥感影像、多重分辨率影像、星载三线阵影像的高精度匹配，同时提高影像匹配和三维地形信息自动提取的可靠性和精度，减少对自动提取的地表三维信息的人工编辑工作量，提高作业效率。

④等高线半自动提取。自动提取的数字地面模型的立体编辑，等高线的立体叠加及修饰，采用基于地形坡度、高差分析和保持重要地貌特征的等高线数据自适应滤波、光滑等关键技术，进行测图区域等高线的半自动提取，可大大减轻内业数据采集的工作量。

⑤DOM 快速更新制作。结合遥感影像数据与已有 DOM 数据，利用 PixelGrid 软件，避免了常规的人工选点和数据拼接过程。采用基于多基线、多重匹配特征（特征点、格网点及特征线）的自动匹配技术，基于高分辨率航空影像与已有正射影像数据的自动配准功能，实现无控制或稀少控制的影像自动高效更新。

在进行数据全流程作业时，采用 PixelGrid 软件进行操作，仅需要极少量人员即可在极短的时间内完成生产，不仅提高了工作效率，而且由于软件的自动作业模式，一键式的操作可以实现夜间无人作业。

⑥分布式并行处理。使软件系统具有大规模并行处理能力和较大的数据处理吞吐量，结合集群计算机系统和无 / 稀少控制区域网平差以及多基线、多重匹配特征匹配等数据的自动化、智能化处理关键算法研究开发，基本上实现了基于松散耦合并行服务中间件的分布式并行计算，即把局域网中互联的所有计算机（包括 PC 机和高性能的集群计算机）通过软件的方式进行通信和协作，以一定的任务调度策略共同完成影像数据的分布式处理工作。分布式并行处理不仅能够减轻人员的工作量，而且还能够实现影像预处理、核线影像生成、影像匹配和正射纠正等作业步骤的高度自动化。

⑦扩展性强。软件系统采用模块化体系结构，能方便地接口或集成第三方的软件模块或插件，例如 MapMatrix、DPGncUX-4 等系统的地物要素采集模块等。

⑧生产效率高。PixelGrid 软件自动化程度高、控制点的需求少，只需极少量的控制点就能满足正射影像的精度要求，大大减少了外业控制点的测量工作，更节约了大量的费用。PixelGml 软件的分布式并行处理模块大大提高了生产效率。

2. MAP-AT 现代航测全自动空三软件

MAP-AT 现代航测自动空三软件突破传统航测在摄影比例尺、姿态角、重叠度等方面的严格限制，能够处理现有胶片相机、数码相机、组合宽角相机像片等面阵相机影像。通过普通飞机航摄、低空轻型机航摄、无人机航摄、无人飞艇航摄所获取的竖直摄影影像、交向摄影影像、倾斜影像以及复杂航线多基线摄影影像，可以通过多视影像匹配自动构建空中三角测量网，能进行多达 10000 片影像的大区域网光束平差；配合低空遥感的高分辨率影像，实现高精度航测定位；通过高速影像匹配、点云自动过滤和适量特征线，能快速自动生成 DEM、DOM、DSM、DLG 等产品。MAP-AT 软件在全自动化空中三角测量、自动 DEM 采集、自动 DOM 制作上取得了很多的技术突破，在目前的处理软件中是空中三角测量功能最强的软件，具有以下特点：

（1）突破传统航测在摄影比例尺、姿态角、重叠度等方面的严格限制，能够处理普通飞机航摄、低空轻型机航摄、无人机航摄所获取的影像，尤其是能够处理姿态和比例尺差别比较大的无人机、无人飞艇航摄所获取的影像。

（2）能够处理现有市场上所有的面阵相机的数据，如 DMC、UCD、UCX、SWDC-2、SWDC-4、LCK2、LCK4 等高端及组合数码相机所获取的数据，也能处理 Canon 系列、Nikon 系列等低端数码相机以及传统的胶片 RC 系列相机所获取的数据。

（3）能够批量处理海量数据且精度高。能进行多达 10000 片影像的大区域网光束平差，其空三处理精度: 传统航空摄影成果进行计算可达到 1:500 地形图精度要求，无人飞艇航测系统、无人机低空航测系统成果可达到1∶1000地形图精度要求。

（4）处理效率高。可以自动构建自由空三网，自动寻找控制点，自动构建DEM，自动生成DOM。

MAPAT空三软件操作界面，主要包括MAP-AT、MAP-DEM、MAP-DSM、MAP-DAM4个模块，具体内容见表11-7。

表11-7　MAPAT空三软件操作界面的主要模块

模块	内容
MAP-AT 自动空中三角测量模块	根据POS或GPS等飞行数据自动建立航带内和航带间模型间的拓扑关系网，用于后面的全自动定向处理。自动内定向（用于RC相机）：自动识别影像框标、提取框标子影像用于修正错误以及计算内定向参数；根据航向自动修正影像的航偏角；自动提取定向点用于相对定向和建立平差网，自动生成DEM和等高线；自动检查模型内定向点分布和数量是否合理，是否要追加点；利用初始平差结果或者POS数据自动提取控制点子影像，做控制点的集中高精度量测；通过大量平差点以及快速平差算法，完全剔除粗差点；支持测区分块和合并平差计算；支持无POS、无GPS、有POS、有GPS等条件下的空三平差；支持有控制点和无控制点等条件下的空三平差
MAP-DSM 自动生成DSM模块	可以进行边沿多模型全自动匹配生成DSM，以及全像素多模型全自动匹配生成DSM
MAP-DOM 自动生成DOM模块	由DEM生成单幅正射影像、TIN生成单幅正摄影像、DEM批量生成正射影像等功能，制作DLG并编辑
MAP-DEM 自动生成DEM模块	可以进行DEM的切割与合并，DEM的批量或单模型修正与过滤；支持由TIN生成的等高线、离散点内插DEM、TIN，定向点批量生成DEM，由TIN或离散点内插DEM，DEM差分等功能

3. Geolord-AT 自动数字空中三角测量软件

该软件用于计算每张影像的外方位元素，还原影像航摄时的几何位置和姿态，解算"4D"数据采集时所用的控制点坐标问题。主要功能特点如下：对任何飞行质量差、影像质量差、地形复杂的困难测区，都能完成空中三角测量；采用数字影像匹配技术，全片密集选点，点位均匀分布，构网力度强，有效地降低了构网的系统误差，并在光束法整体平差时采用多种系统误差改正方法，所以加密成果精度很高；具有机载DGPS数据、POS数据联合平差功能，能大量减少地面控制点；具有构架航线整体平差功能，能大量节省地面高程点；作业过程的检测功能很强，每步作业完成后均可进行图示、图表化检测，直观醒目；数据粗差检测、粗差定位功能很强，每步作业、计算都具有数据粗差检测功能，尤其是对于航线间公共点、地面控制点中的粗差，检测、定位功能更强。

第七节　高效能数据处理技术

一、集群并行处理技术

集群概念最早由 IBM 公司于 20 世纪 60 年代提出。所谓集群，是通过高性能的互联网络连接的一组相互独立计算机（节点）的集合体（刘航冶等，2010）。各节点除了可以作为单一的计算资源供用户使用外，还可以协同工作，作为一个集中的计算资源执行并行计算任务（张剑清等，2008）。

从结构和结点间的通信角度看，集群是一种分布式存储方式的并行系统。集群系统中的主机和网络可以是同构的，也可以是异构的。集群中的计算机节点可以是一个单处理器或多处理器的系统，拥有内存、I/O 设备和操作系统。节点之间通过高速网络连接在一起，在物理上可以是邻近的，也可以是分散的。

从大的范畴来看，集群系统属于分布式存储多指令多数据流多处理机系统的一种。每台处理机都有自己的局部存储器（局存），构成一个单独的节点，节点之间通过互联网络连接。每台处理机只能直接访问局存，不能访问其他处理机的存储器，它们之间的协调以消息传递的方式进行。与共享存储并行机比较，分布式存储并行机具有很好的可扩展性，可以最大限度地增加处理机的数量；但它的每个节点机需要依赖消息传递来相互通信，而消息传递对编程者来说是不透明的，因而它的编程比共享存储复杂。

集群的一个主要特性是构成集群的各结点有独立的、不为其他机器所共享的存储器，处理器只访问与自己在同一结点内的存储器，当要与其他处理器通信交换数据时，需要借助消息传递机制。集群环境下的并行算法是一种基于消息传递的算法，或者被称为非共享存储器的算法。该类型的并行计算不可避免地会产生顺序计算过程不需要付出的开销；而集群中不同处理器间的通信正是并行开销的主要部分，是造成并行算法性能损失的主要原因之一（刘航冶等，2010）。因此，应尽量减少处理器间交互的频率，保证计算的局部性。即在计算过程中，处理器最好访问同一结点存储器上的数据块。同时，由于处理器负载的不平衡分布（即各处理器完成的计算量不均衡）引起的闲置时间也是影响并行算法性能的一个重要因素。为了提高数据处理效率，各处理器的计算时间应大致接近，这样就要求指派给各处理器的计算负载尽可能一致（李劲澎等，2012）。

集群并行处理系统具有以下优点（见表 11–8）：

表 11–8　集群并行处理系统具有的特点

特点	内容
资源利用率高	可以充分利用现有设备，将不同体系结构、不同性能的工作站连在一起，现有的一些性能较低或型号较旧的机器在集群系统中仍可发挥作用
系统性价比高	工作站或高性能 PC 机是批量生产出来的，售价较低，且由近十台或几十台工作站组成的机群系统可以满足多数应用的需求
系统容错性好	在软件上采用失效切换技术，当系统中的一个节点出错时，这个节点上的任务可转移到其他节点上继续运行，用户本身感觉不到这种变化
系统可扩展性好	从规模上说，集群系统大多使用通用网络，系统扩展容易；从性能上说，对大多数中、粗粒度的并行应用都有较高的效率

集群技术近年来取得了长足的发展，随着相关技术尤其是集群系统结构及高速网络技术的日趋成熟，集群系统的计算能力已经相当可观，而且受传统大型主机价格昂贵及升级困难等诸多条件的限制，成本相对低廉的集群已成为高性能计算平台的一个重要发展方向。

多核已经成为目前提升处理器性能的主要手段。如今，主流的处理器芯片几乎都是多核构架，如 Intel 的 6 核与 4 核 Xeon、AMD 的多核 Opteron，Sun 的 8 核 UltraSPARCTl 以及 IBM 的 Cell 等。并且，随着工艺技术的发展，单个芯片上集成的核越来越多，多核乃至众核构架将是今后很长一段时间内的主流处理器构架。与此同时，在高性能计算领域，多核处理器也将高性能计算集群带入了多核集群时代。

多核集群具有层次性、异构的特点，其中多核集成和多机分布两种架构是其最大的异构成分，这使得编程方式和优化技术也呈现出异构的特点（陈天洲等，2007），主要表现在以下两个方面：

①共享存储与分布式存储的不同。多机分布式环境中，每台机器都有自己独立的存储器，各节点机器的内存不共享，如果要进行全局共享数据读写操作，必须通过机器间的通信来进行数据传输。而在多核环境中，由于内存是共享的，对全局共享数据的访问不存在数据通信问题，只存在锁保护问题。

②编程环境的不同。集群是采用互联网络连接多台计算机，实现大规模的分布式并行，集群的单个节点以多核服务器为主，且单个处理器包含的核数越来越多，同一个程序在多个核上并行执行，这种多核并行方式是线程级并行。多核环境通常使用共享存储编程环境，也可以使用消息传递编程模型。但是，在多核环境中使用消息传递编程会带来性能上的损失，并且不是所有的共享数据类型都适合用消息传

递模型来解决（陈莉丽，2011）。多核集群天然具有多层次访问存储特性，集群内具有多层次的并行性。与之相适应，使用多层次的并行编程模式才更能挖掘体系结构的性能（Rabenseifner，2008），因此"消息传递＋多线程"的混合编程方式逐渐成为主流（Hageretal，2009）。

1. 集群环境下的摄影测量并行处理平台

为了提高摄影测量数据处理的效率，应当最大限度地发挥硬件的计算性能。传统集群并行处理通常都是借助基于消息传递的并行机制，节点之间的数据通信是制约并行处理效率的一大瓶颈。在多核集群中，节点间的数据通信方式没有变化，节点内部的多个处理核通过总线访问共享内存来实现数据通信，这种通信的效率远远高于节点之间的消息传递效率，可以有效地减小系统的总体数据通信延迟，提高系统处理性能。针对摄影测量的具体问题，可以根据并行的粒度采用多进程或多线程的并行处理方案。所谓线程是指控制线程，逻辑上由程序代码、一个程序计数器、一个调用堆栈以及适量的线程专用数据所组成不同线程共享对存储器的访问。而进程是拥有私有地址空间的线程，进程间交互需借助消息传递。并行的粒度是由线程或进程之间的交互频率所决定的，即跨越线程或进程边界的频率，通常使用"粗"和"细"来描述。粗粒度是指线程或进程依赖于其他线程或进程的数据或事件的频度较低，而细粒度计算则是那些交互频繁的计算。

对于单个任务计算量较大、内存开销较多而单任务之间交互较少的摄影测量数据处理，可以采用粗粒度的划分方式，将任务分配到各节点上，实现一种基于消息传递的多进程并行处理。例如：采用特征匹配方法对无人机影像序列进行匹配处理时，单幅影像特征提取的计算量较大，占用内存较多，但影像之间的计算彼此独立，不需要数据交换，就可将影像特征提取任务分配到各个节点并行同步完成。对于内存开销较小、单位任务之间数据交互较多的处理，则适合进行细粒度的划分，采用多核多线程的并行处理方案。针对具体的应用，也可以采取粗细粒度相结合的处理方案。例如：对小幅面的影像进行增强预处理时，单幅影像的计算量并不大，但影像数据的传输量是保持不变的，如果采用传统的节点间并行方式，网络延迟势必会严重影响并行性能。这时，将单幅影像增强任务的多线程并行计算放到单个节点上进行（即将影像按一定的格网大小划分为多个影像块，利用多个核对其分配到的数据块施加相同的操作），而在集群节点之间实现任务级的并行，是一种有效的解决方案。

2. 集群环境构建的基本内容

影像处理任务，存在着集群节点间粗粒度并行、节点内部多个核之间细粒度并行或两者结合的多层并行处理的可能。根据摄影测量数据处理的特点，选择相应的并行方案，才能最大限度地发挥集群体系的计算能力，达到理想的并行处理性能。

摄影测量集群平台的构建主要包括以下两方面内容：

①硬件选择。从主频和外频、每时钟周期执行指令数、缓存、发热量、制程、字长、价格方面考虑选择处理器，从容量和带宽方面考虑选择内存，同时选择相匹配的总线、磁盘与 I/O，以构建集群中的单个节点。节点间的网络互连形式包括以太网、光纤通道、Mynnet、Infimband 等，由于价格原因，一般常采用以太网，根据带宽、接口类型、总线类型等因素来选择网络适配卡（网卡），综合考虑机架插槽数和扩展槽数、最大可堆叠数、背板吞吐量、缓冲区大小、最大 MAC 地址表大小等方面因素来选择交换机，把分散的节点连成一个整体。可以选用独立的商品部件构建集群，也可采用制造商预先装配好的集群。

②软件选择。为构建高性能集群，第一个问题是操作系统的选择。操作系统应可以在大多数的 PC 机和服务器上运行，并具有稳定性，源代码开发具有众多的软件开发支持的特点。第一个重要问题是编程环境的选择，须是并行编程语言与环境。

3. 典型集群式摄影测量系统

数字摄影测量软件可处理的数据量越来越大，在应急响应中越快获知灾区情况越好。为了提高效率，并行处理方式在数据处理中被广泛应用起来。当接到任务时，任务调度模块首先根据性能检测模块的报告，按照负载均衡的方式将待处理的任务发送到相应的处理节点上，然后操作员通过软件界面实时了解任务进展，接收远端处理完的成果数据，并在本机上储存该数据。影像正射纠正中涉及的重采样操作往往耗时巨大，在高数据处理量的系统中，采用分布式计算。将系统计算功能分块并行计算，可大大提高处理效率。

在实际生产中，可以根据需要选择使用单机多核或者多机分布式处理。

（1）像素工厂系统

法国 Info Terra 公司研制的像素工厂系统（pixel factory，PF）是集成高性能计算技术构建的摄影测量处理平台。该平台采用计算机集群系统作为其硬件处理平台，并开发了适合遥感数据大规模并行处理的功能和算法，提供了遥感数据处理任务管理与调度功能。它的硬件由 4 个部分组成：①存储设备：负责输入原始数据和保存结果数据。②服务器：包括 2 个文件服务器和 1 个数据库服务器。服务器上安装的是 Linux 操作系统，通过 Windows 工作站进入服务器。③并行处理集群：包括 6 个计算结点和两个工作站。其中，计算结点只负责计算，每个结点将任务分为 4 部分并行处理。④备份库：在数字产品生产完毕后进行系统备份和项目备份。

海量数据大规模处理与管理功能由两大部分提供：一是存储系统网络对海量遥感数据存储和管理；二是集群并行处理系统针对海量数据的快速处理。这两个部分是提高摄影测量处理效率的关键，如果采用专用的快速网络实现数据的交换，可以大大减少网络延迟对数据传输与处理效率的影响。

高速的存储局域网络（SAN）提供了对海量遥感数据存储和管理的支持，降低了数据传输的延迟，多个磁盘阵列周期性地对数据进行备份，尽可能地避免了意外情况造成的数据丢失，使得数据管理具有很高的可靠性。管理部件对整个系统进行监控，提供对多用户和多任务管理的支持，实现对作业任务的调度。

集群并行处理系统是整个系统的核心部件，提供面向海量数据的摄影测量并行算法集。并行算法根据任务量和系统配置，选择最高效的并行方式，快速响应处理需求。通过并行计算技术，像素工厂系统能够同时处理多个海量数据的项目，根据不同项目的优先级自动安排和分配系统资源，使系统资源最大限度地得到利用。系统自动将大型任务划分为多个子任务，把这些子任务交给各个计算结点去执行。结点越多，可以接收的子任务越多，整个任务需要的处理时间就越少。因此，像素工厂系统能够提高生产效率，大大缩短整个工程的工期，使效益达到最大化。

（2）数字摄影测量网格系统

数字摄影测量网格系统是新一代高性能数字摄影测量处理平台，大幅提高了航空航天遥感影像数据处理的效率，提高了空间信息获取的实时性，系统主要由以下几部分组成。

1）集群并行计算机系统

DPGrid 使用的集群计算机是一种刀片式服务器（刀片机）系统。刀片式服务器系统是一种高可用、高密度的服务器平台，它的硬件系统主要包括四大部分：刀片服务器、磁盘阵列、工作站和千兆以太网交换机。每个刀片服务器有自己独立的 CPU、内存、硬盘和操作系统，每个刀片服务器为一个计算节点。磁盘阵列作为文件服务器，用于存储海量航空影像数据。工作站作为客户端，用于管理和分发任务。刀片服务器、磁盘阵列和客户端通过千兆以太网交换机和光纤通信等设备建立连接，集合成一个服务器集群。

2）集群计算机系统的并行处理机制

客户端（工作站）负责管理和分发任务，刀片服务器根据接收到的任务从磁盘阵列取出影像进行处理，然后将结果存入磁盘阵列。客户端要根据测区影像创建测区任务表，通过 TCP/IP 协议与服务器建立通信，并将测区任务分成若干子任务分配给每台刀片服务器；当刀片服务器接收到任务时，启动该服务器上相应的计算模块对磁盘阵列中的数据进行计算，在处理完任务以后将表示成功的消息返回给客户端，客户端根据与服务器的连接状态，自动地将任务表内的子任务发送到可用的刀片服务器进行处理，当某台刀片机服务器任务完成返回信息后，客户端继续给该台服务器分配新的任务。如果任何一台服务器的任务处理失败，客户端将此服务器的任务重新分配给其他服务器。

3）航空摄影测量中的并行处理算法

航空摄影测量中的并行处理算法的主要内容，见表11-9。

表 11-9　航空摄影测量中的并行处理算法

项目	内容
影像并行预处理	影像匹配 75% 以上的时间用于影像预处理，例如彩色影像转灰度影像、灰度影像的增强、特征点的提取、创建影像多级金字塔等。因此，影像的并行预处理可成倍地缩短匹配的时间
影像并行匹配	在传统空中三角测量中，匹配过程是按照航带顺序和像对顺序进行串行匹配，极大地限制了空三的效率，匹配处理方式已远远不能满足海量航空影像空三的需求。利用多台刀片服务器，可以将传统的匹配流程由串行变为并行，大大缩短了匹配的时间，成倍地提高了空三的效率
正射影像并行纠正	传统航空正射影像图的制作人工干预量大，并且编辑结果不直观，多个模型的接边区域往往需要进行多次编辑，效率较低。集群计算机的磁盘阵列容量大，可以将整个测区的正射影像保存为一个文件，并将数字微分纠正任务分配给多台服务器进行并行计算。这样不仅缩短了采样的时间，同时减少了文件的数目，易于数据的管理、编辑和浏览

二、GPU 处理技术

无人机影像数据量巨大，单靠 CPU 来处理这些海量数据很难达到时间的要求（张欢，2012）。解决这个问题的有效方法是引入图形处理器（GPU）通用计算，在统一计算设备架构下进行算法设计，将无人机影像特征提取的部分运算高度并行化，可以有效地减少无人机影像处理的时间。

NVIDIA 公司于 2006 年 11 月推出了 CUDA。CUDA 是一种新的处理和管理 GPU 计算的软件架构，其直接将 GPU 看作一个数据并行计算设备，通过代码直接对其进行控制来实现大量数据的并行加速。

由于 GPU 硬件设备本身的限制，并不是每个算法的所有步骤都全部适合在 GPU 端进行并行加速，所以基于 CUDA 开发的程序代码在实际执行过程中一般分为两类：一类是运行在 CPU（Hast）上的串行代码，这部分代码主要通过 CPU 负责处理整个系统中逻辑性较强的事务和串行计算；另一类是运行在 GPU（Device）上的并行代码，这部分代码主要通过 GPU 来负责处理系统中的并行计算。通过 CUDA 计算架构采用 CPU 和 GPU 协同处理模型，将 CPU 和 GPU 进行有机的结合，使 GPU 和 CPU 各司其职，实现对算法的并行加速。采用 CUDA 进行加速处理的完整程序是由主机端（CPU）

的串行代码和设备端（GPU）的 Kernel 函数共同组成。运行在 CPU 端的串行部分主要用于程序的逻辑控制、GPU 的初始化及实现 GPU 和 CPU 之间的通信控制等，而运行在 GPU 上的并行代码也被称为内核函数（Kernel），CUDA 程序中的并行处理部分是由 Kernel 函数来完成的。Kernel 函数是整个 CUDA 程序中的一个可以被 GPU 各个线程并行执行的步骤，多个线程并行地执行这个 Kernel 函数即可快速完成该步骤。GPU 端执行时的最小单位是线程，当整个 CUDA 程序执行到某个 Kernel 函数时，GPU 端先前的大 M 线程就会同时执行同一个内核函数。当执行这个内核函数的所有线程全部执行完毕以后（通过线程同步来实现），程序再返回到 CPU 端继续执行程序的下一个步骤。若下一个步骤需要用到 GPU 端前一个步骤的计算结果，则需将计算结果回传到 CPU 端。在最完美的状况下，GPU 端应非常紧凑地进行数据的并行计算，而 CPU 端则只负责数据准备和初始化工作。但由于当前的 GPU 架构和编程模型并不支持所有的计算模式，尤其对控制流的支持还比较弱，所以 CPU 端还需要负责一系列的数据计算和控制工作。因此在进行程序设计时，应尽最大努力使 CPU 和 GPU 的通信降到最少，因为 CPU 和 GPU 的通信特别耗费资源。若 GPU 端和 CPU 端频繁的通信，必然会使得整个程序的执行效率大大下降。

CUDA 将线程组织成了网格（grid）、线程块（block）和线程（thread）三个层次，执行内核（Kernel）函数的多个线程被组织成一个线程块。一个线程块内可以包含的最多线程数目是根据所采用的 GPU 的硬件配置来决定的。同一个内核函数（Kernel）可以同时被一个格网内的多个线程同时执行。

GPU 端的相关存储资源是通过 CUDA 采用分层的存储器模型来进行管理的，GPU 端的存储资源主要分为如下几个部分：寄存器、局部存储器、共享存储器、全局存储器、纹理存储器和常数存储器，其中纹理存储器和常数存储器是只读存储器。

GPU 技术以其卓越的图形处理功能，在数字摄影测量领域的应用越来越重要。根据其并行结构和硬件特点，使利用 GPU 实现通用计算和图像处理的高性能并行计算成为可能，并且发展成为趋势。利用 GPU 对摄影测量中相关图像处理算法的并行化，可以极大地提高摄影测量处理的效率。

参考文献

［1］王留召，张建霞，王宝山.航空摄影测量数码相机检校场的建立［J］.河南理工大学学报（自然科学版），2006，25（1）：46-49.

［2］袁修孝.当代航空摄影测量加密的几种方法［J］.武汉大学学报（信息科学版），2007，32（11）：1001-1006.

［3］张建霞，王留召，王宝山.小型数码航空摄影测量应用初探［J］.测绘科学，2006，31（6）：85-86.

［4］申家双，潘时祥.海岸地形航空摄影测量技术方案的确定［J］.海洋测绘，2002，22（3）：29-31.

［5］李德仁，刘立坤，邵振峰.集成倾斜航空摄影测量和地面移动测量技术的城市环境监测［J］.武汉大学学报（信息科学版），2015，40（4）：427-435.

［6］邹松柏，张剑清，刘会安.航空摄影测量一体化成图的两种方法［J］.测绘工程，2006，15（2）：50-52.

［7］高立.ADS 80航空摄影测量系统的特点与应用［J］.测绘与空间地理信息，2011，34（6）：212-214.

［8］吴俊.GPS/INS辅助航空摄影测量原理及应用研究［D］.解放军信息工程大学，2006.

［9］于广瑞，王欣滔，黄兴明.无人机测绘任务方案设计与应用［J］.测绘通报，2017（s1）：216-219.

［10］李志学，颜紫科，张曦.无人机测绘数据处理关键技术及应用探究［J］.测绘通报，2017（s1）：36-40.

［11］杨华.无人机测绘技术在农村集体土地确权中运用［J］.地球，2014（11）.

［12］顾张亮，黄斌，张晓姣，等.无人机测绘技术的工程应用研究［J］.数字化用户，2017（19）.

［13］衣峻.无人机测绘数据处理关键技术及应用探究［J］.中小企业管理与科技，2017（31）：158-159.

［14］杨明，牛海鹏，付超．无人机移动测量系统在重要基础地理信息快速更新中的应用［J］．山西建筑，2018（10）．

［15］金永宝，朱贵发，黄恩东，等．无人机测量系统在航道测绘中的应用探讨［J］．中国水运．航道科技，2017（3）．

［16］王松研，文晔．无人机测量技术在地形测量方面应用前景探究［J］．工程技术：全文版，2016（7）：00262-00262.

［17］邢辉．无人机测量内外业一体化制图流程研究［J］．科技资讯，2015（14）：22-23.

［18］孙磊．浅析无人机测量技术在地形测量方面应用［J］．建筑工程技术与设计，2016，36（18）．

［19］包华杰．新形势下无人机测量技术在地形测量方面应用分析［J］．华东科技：学术版，2016（12）：34-34.

［20］韩月娇．无人机测量的空中定位技术应用研究［J］．科学中国人，2017（24）．

［21］李兵，岳京宪，李和军．无人机摄影测量技术的探索与应用研究［C］．京港澳测绘技术交流会．2009.